安孫子麟著作集 2

永野由紀子［解題］

日本地主制と近代村落

八朔社

凡　例

1　本著作集は，著者の地主制論に関する主要論文と村落論に関する主要論文を２巻にまとめたものである。それぞれの巻の章別構成は著者自らが生前構想されたものである。

2　本文は原文を尊重することを原則とした。必要に応じて次のように訂正・整理を行った。

(1)　原文縦書きは横書きに変換した。そのため可能な限り漢数字を算用数字に変えた。漢字は原則として当用漢字を使用した。

(2)　明らかな誤字・誤植は訂正した。

(3)　章，節，項の区分名称は，各論文を各章に編集するにあたって修正している。

(4)　本文中の地名表記に，著者の注で初出時の現在名を記されたものについては，初出時の地名と現在名を編者注として併記した。

(5)　注は章末に通し番号で示すかたちで統一し，出版社，発表年，参照頁の順に配した。

(6)　前掲の書名や論文名の参照の際の略称は，正式名称に修正した。

(7)　図表の数字で正誤が不明の数字はそのままとした。

3　巻末には各巻のテーマについて解題を付した。

4　論文の初出書誌及び出典は巻末に明記した。

5　本巻の編集は永野由紀子が担当した。

協力：安孫子麟著作集刊行会（代表　大和田寛）

目　次

●第１巻　日本地主制の構造と展開

第1章　地主制と共同体

――いわゆる「部落共同体」の歴史的検討――

I　問題の所在と課題の限定

明治以降の農業生産を考察するにあたって，村落共同体（もしくは共同体的諸関係・共同体的規制）の存在をどう考えるか，という課題は，戦後の研究史上の大きな論争点の1つであった。こうした課題が，まさに戦後の研究においてとりあげられた（戦前には部分的にしかとりあげられていない[(1)]）ことの理由としては，すでに諸論者が指摘[(2)]するように，農地改革の評価をめぐって，地主制は解体したか否か，あるいは，「地主的半封建的」土地所有は解体したか否か，という課題に附随して，共同体の問題が日程にのぼったためであった。

それら諸研究の共同体の理解についてみると，その間にはきわめて多様な差違があった。その差違は，究極のところつぎの2点の理解の仕方に関わっていた。すなわち，第1は，地主制＝地主的支配と共同体乃至共同体的諸関係・共同体的規制との関係についての問題である。第2は，その共同体乃至共同体的諸関係を成り立たせている基礎はなにか，という問題である。

本章は，農地改革を直接に問題とするものではないし，また限られた紙数で上述の2点を全面的に解明し得るものでもない。そこでここでの課題を上述の第1の点に限定したい。本来，上述の2つの点は切り離して考察し得るものではないが，主たる論点を第1の点におきたい。この，地主制と共同体との関係の問題は，さらに詳しくみると，共同体の存在（存続）が，地主制を内在的に創出するのか，あるいは逆に地主制乃至地主的支配が共同体を固定化し存続させているのか，という問題である。この理解が農地改革の評価につながっていたことはいうまでもない。本章では，この点を歴史的に考察しようと思う[(3)]。それは，従来のこの点についての研究が，ややもすれば，明治期から農地改革までを一括して抽象的に論ぜられたことに対する反省でもある。日本農業の分析という歴史分析にあっては，そうした諸段階を追求した上で，この間の変化をどこまで抽象し一般化し得るかが改めて論じられなければいけないと思われる。このことによってはじめて，地主制と共同体との関連の問題が，日本資本主義の生成・発展の問題のなかに位置づけられる。改革後の日本農業もそこから明確になる。

II　前提──地主制展開の諸段階と「部落」

1　対象の限定──水稲単作農業

上に述べた課題を考察するにあたって，具体的な素材をどう選ぶかが問題となろう。それは課題の性質上，また現実の諸研究においても，問題とされたのが，地主支配の態様であり，共同的（必ずしも共同体的ではない）な諸関係だからである。それらは通常，平坦部農村・山村・都市近郊村等々でかなり違った形態を示すからである。たとえば，地主についていえば，巨大地主の居住する村と，中小地主もしくは自作農的地主のみの村とでは異なった形態を示す。また，林野の共同利用においても平地村と山村ではかなり異なる。こうした点を考えて，具体的事例としては，日本農業全体にまで一般化できないにしても，少なくとも「典型」（類型ではなく）として考え得るものを対象とすることが必要である。

かかるものとして，われわれはすでに，水稲単作農業を明治中期以降農地改革までの日本の典型的農業と考えて，分析を続けてきた。その理由を簡単に挙げれば，まず明治中期にその姿態を整える日本資本主義によって，もっとも重要視されたのは米作であったことである(4)。第2に，明治期以降の日本農業の商品生産化は米作と養蚕を主軸として展開したが，米作の方がより一般的であること。第3に，米作の商品生産化は，水稲単作農業においてもっとも広範に専門化＝社会的分業を押し進めてきたこと。第4に，その結果，水稲単作農業においてはかなりの度合で所有と経営の分離が進行したこと（小作大経営の成立)。第5に，同時に農民層分解（地主─小作関係が主）もまたもっとも深く，「明治以後のわが国地主制展開の中核(5)」といわれる巨大地主地帯となったこと，等々である。そしてこれらの基本的傾向に付随して，この地帯には幾多の特徴が現われていた。生産力—技術をみても，「地主的農事改良」と呼ばれた稲作技術体系が確立し，また耕地整理の進展も早い。さらに後に問題とするが採草地の急激な開田，部落有財産の実質的統一も進行した。そうして，こうした地帯の農業構造—地主制像が，農地改革の意図に反映していたのである。われわれが，明治中期以降の日本農業の典型，日本地主制の典型として，水稲単作農業構造をとりあげた理由は，ほぼ以上のようなものである。

なお，本章において具体的事例としてとりあげるのは，主に，宮城県遠田郡南郷村〔編者注：1954年の町制施行で南郷町，現在は美里町〕と山形県飽海郡中平田村〔編者注：1954年に酒田市に合併〕とである。前者は村内に50町歩以上所有の地主が9戸という典型的な大地主村であり，後者は50町歩以上2戸であるが，むしろ不在地主（本間家・酒井家を代表とする）の支配が強い村であった。

2　地主制展開の諸段階

明治期以降の日本地主制，およびその基礎をなしている地主的土地所有をどう規定するかについては，わたし自身の別稿[(6)]をみて頂きたい。そこにおいてわたしは，徳川期以降農地改革まで存在した日本の地主制を，発展段階もまた論理段階も異なる2つの段階に区分した。第1段階の地主制は，封建制より資本制へ移行する過渡期，すなわち原蓄過程の農民層分解の2つの道によって成立する，前期的資本の土地所有を基礎としている。この地主制は，近代化＝移行期の過渡的ウクラードとしての歴史的役割を果たすが，封建的生産様式を変革・廃棄しない意味では，あくまでも封建的本質を有している。第2段階の地主制は，資本制経済の確立後（画期は産業革命），資本主義的蓄積の下での農民層分解を基盤とし，なによりも日本資本主義の再生産構造の重要な一支柱をなし，有力な政治的勢力となっている前期的資本の土地所有体制である。それは本来資本主義経済と矛盾する前期的範疇であるが，日本資本主義の不可欠のウクラードとして組込まれたところにその歴史的意義がある。以上2つの地主制を区別する画期は，明治20〜40年（1887〜1907）とくに単作地帯では明治3，40年（1897〜1907）代であると考えられる。

以下，こうした視点から，単作地帯における地主制の展開を概観しておこう。

水稲単作地帯（典型的には明治30年代に成立。ここでは単に地域を指す）の地主制の形成過程をみると，対象とした宮城県大崎耕土と山形県庄内地方ではかなり異なっている。すなわち庄内地方では明治初年にかなり高い所有分解（小作地率）を示しているのに対し，大崎地方では低い[(7)]。これは村内についてみると一層明瞭な差違を示している。庄内中平田村では，不在大地主の支配がかなり顕著であるのに対し[(8)]，大崎の南郷村では村外地主の所有はほとんどなく，村内でもまだ1戸を除けば10町歩未満の小地主しか存在していなかった[(9)]。

こうした点から，庄内地方にあっては明治10年代を通じて地主制が確立すると考えた。これは，明治初年以降の地主による村落支配（共同体との関係）のありかたで，大きな差違をみせる理由となる。このことはⅢ以下で本格的に取扱うが，こうした差違がありながらも，明治10年代後年のデフレ期以降には，両地帯とも著しい地主の土地集積がみられることは注意しておくべきであろう。この主要なる要因は，地租改正に胚胎していた。この過程をわたしは，図式化していえば，商品生産の観点では，地租金納→貨幣需要→商品生産化促進→社会的分業促進→〔単作農業確立〕と考え，分解の観点では，地租金納→貨幣需要→商人高利貸資本の吸着→地主小作分解→社会的分業抑制→〔水稲単作農業の日本的形態[(10)]〕と考えた。この両者の統一した総過程が，明治初年以降急速に単作地帯で大地主制を創出したのである。そうした地帯にあっては，他の地帯より自給的抵抗性が弱く，他方，米の市場向け生産の全面的展開があって，地主制の成立は一層急速に進行した。これが明治中期以降次第に全国的に平準化され，どの地帯でも一応地主制が確立していくのである。

こうして土地集積を続けていった地主は，一方で貸付地経営＝小作料収取を拡大しながらも，他方で4，5町歩の手作経営を維持していた。そうして一般的に地主手作の生産力水準は，平均的な水準よりかなり高いものであった。ここにこの時期の地主制の一面がある。この一面は，地主の地方産業との結びつきによって一層明確に示される。地主の貨幣財産＝前期的資本の一部は，小産業資本へと転化するのである。この前期的資本の産業資本への転化は，単作地帯の地主にあっては必ずしも明瞭ではない。むしろ，山形県では村山・置賜両郡の地主にしばしばみられる。こうした地主の複雑な性格こそ過渡期，2つの道が存在した段階の問題である。つまり近代化過程の問題である。

ところが，こうした地主経営は，明治30年代に至って大きく変化する。[11] 諸営業から後退し，手作地を縮小し，貸付地経営に全面的に基礎をおく，単なる前期的土地所有者となる。この過程では同時に，地主の没落もまた顕著であった。それは，ようやく産業革命期を経過し支配的となった資本主義経済のなかで，競争＝集中の論理が貫徹し，都市大資本に地主資本が圧倒されてゆく姿であった。そのなかでも地主の農業支配はますます強まり，とくに米の主要なる所有者＝販売者として，また町村行財政の支配者として，資本主義社会の支配階級としての地位を占めるに至った。

単作地帯の大地主は，「部落」の支配者たる地位から抜け出し，部落的組織を基盤とするよりは，地主—小作という直接的な階級関係を基盤とするようになる。ここでは部落の変質もあったのである。この結果，地主制の矛盾は，農民経営とくに小作経営の発展によって顕現化することになった。[12] 以上が，第2段階の地主制の動きである。

ところで，つぎにこうした地主制の諸段階を背景として，共同体，ここでは村落構造の変化を，形態的・制度的側面からみておこう。

3　組織・制度としての「部落」

明治初期以降の村落共同体を具体的に論ずるにあたって，その実態をなにに求めるかは，きわめて重要な問題である。そしてまた，この実態を措定せずになされた議論がきわめて多いことも，反省されなければならない。実態をなにに求めるかは，村落共同体の理解の仕方にかかわるからである。われわれが共同体を問題とするのは，その共同体諸規制が自由な所有関係・自由な経営を制約し，資本関係の成立を抑制する内部的（さしあたり農業の）な生産関係となって維持されているところにある。

このような生産関係の基本をどこに求めるかは論者によって異なっている。第1に，古典的な村落共同体の理解からは「共同体的所有」が重視されるが，こうした立場では，耕地の共有—共用がほとんどないところから，共有農用林野の存在を重視せざるを得ない。それが，林野問題を中心とする村落共同体論の多い理由であろう。第2に，「共同体的諸関係」を重視する立場がある。われわれの岩手県煙山村の分析はこの立場にあった。また水利組織を重視するものも多くはこの立場にある。この場合，諸関係は「家」＝経営・生活体の間の関係として現象する。当然そこには「家」の間の差違＝階層性が把握され，共同体内のヒエラルキーが検証されてきた。あるいはまた，第3として，「成員としての諸権利」を中心とする考え方がある。権利の有無は，ただちに共同体の成員か否かを決定し，権利のないものは共同体，またはその成員に従属するものとして，共同体的諸関係には入るが共同体には属さないと考えられている。第4に，そしてこれがもっとも多いと思われるが，上述の諸点とも重複し，さらに制度的な面だけをみるものも含め，「共同的組織」の存在だけで，ただちに共同体とみなすことがある。ここではしばしば行政組織だけを，あるいは生産力としての共同（作業・利用等）をもって，共同体としてしまうという誤りを犯している。

以上のような各立場から共同体の実態を求めた場合，明治期以降については，「部落」とするものが圧倒的に多い。共有―共用の土地としては林野が大部分であるが，この所有主体としては（市町村制施行乃至部落有財産統一以後法認されないとしても），「部落」がもっとも多いのである。また共同体的諸関係でも「部落」を範囲とするものがかなりある。成員権にしても，規約として整うのは「部落」であり，部落会合（ゲルマン的共同体の民会と対比するのか）も公的である。水利組合等もしばしば「部落」を下部組織とし，権利は土地所有者に限定され，義務（水路補修等）は耕作農民全員に負わされている。共同組織あるいは制度上の単位としての「部落」はこれまた明らかにみられる。

いわば，「部落」は明治期以降に関する共同体論のなかで，最大公約数的に共同体と考えられている。ただ，前にもふれたように，共同体の実態措定を充分に意識せずに「部落」としているのが実情といえよう。この点で，「部落」を正面から取上げ，その意義を論じている潮見俊隆氏の所説をみよう。氏は，日本の農村を考える場合に，家の問題と並んで「部落乃至部落共同体」の問題が重要な鍵であるとして，その理由を，第1に「部落は，農民の社会生活（農業生産と生活―安孫子注）の第1次的な場として生活協同体を形成しているということである。……第2は，政治面からみて，部落が日本の政治が農民に達する過程の1つの重要な基軸となっている点にある(13)」といっておられる。つまりここでは部落即共同体とするとともに，その部落共同体を「農村に現実に存在する社会的諸制度（——社会的諸規範）と国家権力によって定立される法的諸制度（——法的諸規範）との両者[(14)]」の，矛盾をはらみながらも統一された規範秩序の 1 つ（他に家がある）と考えておられる。ここから 2 つの問題が生ずる。1 つは，前に述べた諸観点からみて「部落」を共同体としてよいかということであり，もう 1 つは，潮見氏のいう部落を規定する 2 つの規範のうち，どちらがより本質であるか，つまり，部落は内在的要因から規定されているのか，外部的に創出・維持されたのかという問題である。

「部落」をただちに村落共同体と考える場合，まず「部落」と近世の村との異同，したがって「部落」の形成過程をみなければならないだろう。そうして，「部落」のその後の変化，一般に共同体の弛緩・解体・再編としてみられている実態を追求する必要があろう。

本来，「部落」という言葉・用語が生じてきたのは，明治 22 年（1889）の市町村制により，行政的な町村の範囲が拡大し，旧村（近世村）が新町村の一部を占める村落に過ぎなくなったことによる。こうした部分村落を部落と称したのである。近世村が「部落」と称されるまでには，幾多の行政的改変があったのは周知のとおりである[(15)]。すなわち，明治 5 年（1872）に名主・肝入を廃止し，大小区制に基づいて，旧近世村には用係をおき，その数ヶ村を統合して小区とし戸長・副戸長をおいた。ここでは制度上旧村の自治的権限は失われ，戸長役場の下部単位にすぎなくなった。これは，旧村のもつ現実的機能からして著しく実情と矛盾しており，明治 11 年（1878）の郡区町村編制法（三新法のうち）で小区が廃され，旧村＝自治体として制度化されることになった。しかし，明治政府は，国家行政の強力な浸透を図るために町村財政確立と戸長官選を含みとして，明治 17 年（1884）には戸長管理制度を採用し，前の小区的体制を復活させた（戸長は公選)。これはさらに進んで，明治 22 年（1889）の町村制によってほぼ完成し，旧村は行政区となり区長をおくことになったのである。

「部落」を共同体とみるとき，如上の変化を単に外部的な要件として考察から除外し得るかどうかが問題なのである。この行政的改変は，町村制とともに部落有財産の新町村への統一を図る等，共同体的所有・諸関係にも変化を与えてきた。またそこに戸長・あるいは町村長・区長という行政官職を創り出し，村内・部落内の支配者に新しい支配権の構造を与えている。「部落」を共同体とする場合に，これらの点をも併せて論じなければならないだろう。

以上，通例明治期以降の共同体と考えられている「部落」について問題点を示したが，これらの点が水稲単作地帯ではどうであったかということは，本論の課題であるので，Ⅲ以下で具体的に検討したい。

Ⅲ　村・「部落」における地主の支配と共同体の解体過程

1　地主の形成と村落支配者の交替

Ⅱで述べたような地主制の展開と行政的側面での村の変革に伴い，徳川期の村の支配者と明治期の支配者とは果して変化したであろうか。この点で，旧村の村役人層が依然として系譜的に「部落」支配者に連続し，支配体制での差違もないところから，両者は本質的に同じであるとする意見があるが[(16)]，問題はこのように単純ではない。地主制が幕末期にすでに確立されたと考えられる山形県村山地方について，村落支配者＝村役人の交替が文化―文政期にみられることが明らかにされているが[(17)]，このことは地主制の展開の度合と密接に関連していると思われる[(18)]。

幕末・明治初年にすでに地主的土地所有が広範に成立していた庄内の中野新田村（旧村。以下用語としては部落＝旧村とする）では，徳川期にもしばしば村肝入を勤めた阿曽家が，明治期に入っても継続して勤めていた。すなわち同家7代目の阿曽重高は，嘉永4年（1851）以来肝入であり，明治5年（1872）に8代目重光に職を譲った。このとき肝入の名をやめ村長となり，中野新田は第5大区小2区となった。同10年（1877）に里正となっている。この間戸長を置くに当って，中野新田の外，土崎・大多新田・古荒新田・浜田の4ヶ村を管轄しその戸長となった。また同17年（1885）に，中野新田は手蔵田等と16ヶ村組合を作ったが（これが中平田村となる），この連合戸長をも勤めることになった。ところが町村制施行とともに，阿曽家は村会議員となり昭和期まで続ける。この間，中野新田の区長は，自作上層に属した佐藤孫右衛門家が，昭和期の新体制（部落会長制）まで続けていた（この間明治43～大正10年は佐藤家が中平田村の助役・村長となったため交替している）。中野新田には阿曽家以外に地主らしい家はないが，この阿曾家の役職関係をみれば，徳川期から連続しているといえよう。しかも阿曾家ははやくから戸長となり，また町村制以降は村会議員として，中野新田だけを統轄するのではなく，中平田村の村政を預かる立場になった。この間に自らも土地所有を拡大しているが，同時に旧鶴岡藩主酒井家の飽海郡支配人として，10ヶ町村にわたり32町7反5畝21歩を管理し，また大正期までは，中野新田の開発主たる酒井家家老竹内右膳の所有地11町5反1畝15歩の支配人も兼ねていた（大正期に竹内家では全部売却した）。自ら中地主であるとともに，こうした領主的大地主の支配人となっていた性格からみて，阿曾家が単に中野新田の範囲のみでの支配者ではなかったことは明らかである。そうしてまた，これら領主の系譜をもつ地主がその支配人として，藩政期の村役人層を把握したことはまた当然である。つまり中平田村では，単に，地主制の早期的展開によって，村役人が地主となり，それが交替することなく明治期の村落支配者になったというばかりでなく，領主の大地主化による上からの支配層の固定化があったと考えてよいであろう。

これに対して，宮城県南郷村の大柳部落の事例をみると，ここには南方27ヶ村の大庄屋佐々木本家（源三郎）が徳川期の村役人として存在した。後に200町歩地主となる佐々木家は安政3年（1856）12月20日に約5町4反歩の田を分与されて分家したものである。明治初年に20町歩地主であった野田家もまた村役人の系譜をもたず，それ自身徳川中期に野田本家から分家したものである。大柳の村役人は，こうした佐々木，野田両本家を中心とする層に属していた。明治初年の村役人の氏名は判明しないが，大地主となる野田，佐々木家が村落支配者として登場するのは，明治10年代後半であって，この期に明瞭な交替がみられる。佐々木本家は，分家の土地集積にもかかわらず，むしろ漸減し，明治末年の所有地5町3反歩を大正期にすべて失い，純小作層に転落する。また野田本家は，分家が103町歩に達した明治23年（1890）に，16町歩にすぎない。幕末に分家した佐々木家でさえも，この年には30町歩を越えていた。

このような旧村役人層の没落は，南郷村の他の部落にもしばしばみられる。大柳では他に鎌倉庄兵衛家があり，練牛では宮崎太蔵家がそうである。これに対して，後に50町歩以上の地主となる二郷の伊藤源左衛門家（267町歩，昭和17年。以下同），練牛の鈴木直治家（219町歩），大柳の野田慶治家（89町歩），海上宗一郎家（51町歩）等は，野田，佐々木家と同じく村役人の系譜をもたない。わずかに二郷の安住仁次郎家（64町歩）が元肝入家であり，また木間塚の上野直治家（81町歩）が涌谷藩士族であっただけである（他に松岡邦家は不明）。

このような交替は，村山郡はすでに幕末に生じていたものと同様と考えられる。南郷村では時点が明治なので諸条件が異なるが，旧村役人のもつ，近世領主制―封建的村落構造の基盤をなしていた古い生産構造に対して，それを打破しつつ展開する農民経営に基盤をもつ地主制の優位という本質では同様であったと思われる。そうして，旧村役人であっても，その新らしい基盤に対応しそれを把握し得たものは，地主へと転身し支配者たる地位を持続したといえよう。こうした交替過程を，旧村―部落の変質と関連させて，見事に実証されたのが，菅野俊作氏の南郷村練牛部落に関する分析である。菅野氏の分析が公刊されていないのは大変残念であるが（学会発表は1958年度農業経済学会。資料として「水稲単作農業の展開過程」がある。これは，われわれ共同研究報告者4名分の資料の合冊である），その一部の概要をここに掲げさせて頂く。

練牛区の大地主は前述の鈴木直治家であるが，ここは旧村役人層の久保家の支配が強かった。南郷村に属する旧村では「六親講」がその下部組織をなしていたが，練牛部落では大小区制の下でこれが統一され「親睦会」（財行政的機能喪失）となり，久保家はその会長となった。久保家はさらに明治9年（1876）自治的政治結社「蟄竜社」を組頭層8名で作りその局長となっている。これは数年で高利貸団体に転化している。つまり，久保家は一面で旧村の規模での生活共同体的な「親睦会」を把握し，他面でそこから搾取する前期資本に転化していたのである。なお，この段階ですでに借屋層は差別を受けており，「親睦会」の成員権を持つのは本戸層となっていた。借屋は家主（地主）たる本戸を通じてその監督の下に「親睦会」に加入していた。その後三新法により村議会が設置されるや，明治13年（1880）には練牛の「村立事務所」が作られ，「親睦会」も含めて旧村の機能をうけついできた。久保家はここでも会長であった。ここでは村有（のちの部落有）財産の管理・開墾，土木，司法，会計等を扱い，8組各1名の代議士協議会と総会をもっていた。そうしてこれが町村制以降，部落となって「共愛社」と称し，明治44年（1911）まで久保家が社長をつとめた。南郷村では町村制以降部落はこうした名称をもつのが通例で，つぎに詳しくみるように，大柳では「大柳同志社」といっている。これらの機能については「同志社」を例として検討するが，主として共有財産の管理であり，これに付随して借屋規制等部落内秩序の維持を図っている。

このように村落支配者としての地位を維持してきた久保家と，新興の地主鈴木家との土地所有を菅野氏の集計によって比較してみよう（表1）。久保家も村落支配者として明治37年（1904）までは土地集積を続けたが，鈴木家は一層急速で，明治18年（1885）には追い越している。久保家は，鈴木家を村八分にして抑えようとするが，もはやその効果はないところまで鈴木家が成長していた。そうして，久保家が共愛社社長に止まっているときに，鈴木家は助役，村長となって村政を把握するのである。逆に久保家は有力社員よりの訴訟を受け，「共愛社」は大正3年（1914）改組し，6年（1917）には「愛郷社」と変り，理事長には鈴木家が就任して，事後処理を担当したのである。

練牛部落でのこの事例は，新旧交替が激しい抗争を伴っていた点で，その意義を明確に示してくれる。隣接する大柳部落ではこうした抗争は表面化せず，部落＝「大柳同志社」の役員は漸次地主の手に移り，明治27年（1894）にはすでに野田家が区長（「同志社」定款では総理。区長とは村議会で決定したときの名称）であり，評議員には佐々木家以下，新旧両勢力が併存していた。そうして明治30年代後半には，野田・佐々木・野田慶治等の大地主は，部落の役職か

表1　南郷村練牛部落久保・鈴木両家の土地所有

年　度	久保家	鈴木家	備　考
	町	町	
明治8年	8.0	2.5	
10	9.3	4.6	9年，久保家，蟄竜社局長。
13	10.5	8.2	久保家，村立事務所会長。
17	12.5	11.8	21年，鈴木家5年間の村八分。
22	16.5	23.6	久保家，共愛社社長。
30	18.3	37.3	
35	21.2	53.3	鈴木家，南郷村助役。
37	21.8	53.9	久保家，最高所有面積。
40	？	55.0	鈴木家，南郷村村長。
44	4.4	72.8	久保家に対して，区民訴訟を起す。

注：⑴　菅野俊作氏の集計による。前掲「報告資料」4-5頁。なお，菅野氏の集計はほぼ毎年をとっているが，ここでは一部のみあげた。
⑵　鈴木家の欄，22年，37年は，それぞれ21年，36年のものを掲げた。

ら脱けてくる傾向をみせる。これら大地主は，もっぱら村政あるいは郡政の支配者へと向うのである。

以上のことからみて，庄内中平田村の阿曾家では，幕末期の地主制展開の条件の下で，明治期の村落，その行政的変革のなかでも一貫して支配者としての地位を続け，町村制とともに「部落」（制度としての）の支配者たることをやめ，新行政町村の支配層に上昇したといえる。これに対し，大崎の南郷村大柳では，明治初年の村落の行政的改変のなかで地主として成長し，町村制施行の段階で交替して「部落」の支配者となり，まもなく上昇して村政支配者となっていった。南郷村練牛では旧支配者も強力（前期的資本として強力）であり「部落」支配者の地位を続けるが，急速に大地主化してゆくものを抑え切れず，その大地主は「部落」支配者の地位を飛び超えて村政支配者に成長していた。

つまり，少なくとも単作地帯にあっては，地主制は共同体としての旧村—「部落」をその基盤として必要としていたのではなく，むしろ行政組織としての旧村—「部落」を支配・利用することが必要だったということがわかる。それゆえ，どの地域にあっても，地主はいちはやく行政村（市町村制で創出された）の支配を把握するに至るのである。

そこでつぎの問題は，国家権力が単に上からの力のみでこのような行政単位としての「部落」や町村を創り出し得たのか，あるいは内在する力，したがって共同体の変化が内部的にあったのか，この両者はどう関係したかということになる。

2　旧村・「部落」の独自的機能

大小区制の実施は，旧来の，行政単位でありまたそのなかに共同体諸関係を有していた村々から，行政的機能を否定し，画一的に区戸長—区会の行政的支配の下におくことになった。旧村が，単に行政のためのみの単位にすぎないならば，小区に編成替されただけのことに終るのであるが，それが一定の共同体的諸関係を有し，それゆえにまた領主によって村として制度化されていたものである以上，戸長制度は大きな混乱をひき起していた。本来，徳川期の村＝検地村落自身が，すでに共同体的実体と行政単位としての区画との分離・矛盾を持っており，その矛盾の妥協の上に成立していたものである。しかし妥協の諸条件を無視してのこの画一化は，「恰モ異種ノ家族ヲモ強テ合家セシメラレシガ如キ状況」であったのである。このために戸長―用係・什長→家という行政機構は機能し得ず，依然として旧村の村役人に実権を委任せざるを得なかった。[19]

しかし，すべての村がただ混乱していたわけではない。山形県村山郡の米沢村（旧村）の事例[20]では，明治4年（1871）村の範囲で結社「協救社」を作り，備荒貯蓄を村から移し，金穀貸付，資本貸付，器械（製糸）一括仕入，産物売払等の事業を行うとともに，「農民ノ勤惰ヲ明カニスル」ことまで行っていた。それらは一面で前期的資本の機能を示しており，前述の「蟄竜社」に酷似するが，他面で備荒米・勤惰取調（帳面がある）を行う等，新しい村としての再編を示すものもある。そうして，旧来の村名主熊谷伊惣太から代って，協救社社正としては大地主工藤八之助が登場してくる。こうした村内の変化もまた地主を中心に進行していたのである。このような先進地に対比して，地主の形成のおくれた地域では，こうした変化が行政的改変過程と重なっていたといえよう。

ところで，旧村の諸機能をみよう。町村制以前の段階で村の機能を完全に示す資料はないが，手懸りとして庄内中野新田の明治18年（1885）の誓約書をみよう。[21]この誓約の趣旨は，「曩キニ勤倹法ノ施行アリ這回之レニ基キ村内協心堅忍不抜数層ノ奮発力ヲ振起」するためであったが，ここには，上からの行政を受止め自治的に実行しようとしている姿がみられる。すなわち，「抑々村ト云フハ何ソヤ他ナシ人民結合聯絡シテ家屋ヲ結構セシ者ヲ云フ。人ト云フハ何ソヤ他ナシ各自戮力愛情ヲ専ラトシ共ニ相成シ相助ケ丹心以テ上ハ国家当然ノ主権ヲ拡張シ進テ海内ニ帝国ノ元気ヲ発揚シ下ハ郷里ノ利害得失ヲ推考シ生涯無変富強ニ維持スルヲ謂フ」（誓約書緒言）という意識に示されるように（阿曾氏が起草），従来の村の観念は，「明治的」な国家観念によって裏打ちされてきているのである。その意識に立って勤倹法を自ら具体化してきたのが，この誓約であった。

誓約は28項からなっており，大別すれば，正月・盆・節句・祭日・冠婚葬祭の簡素化を決めた項，農事休日を決めた項，および作業別の賃金を決めた項になる。村の機能としては甚だ限られた面だけしか取上げていないが，これらは多かれ少かれ徳川期の村議定にも表われてくるものである。しかし，この誓約は「衆議ニ因テ決定シタル者ナレバ亦衆議ニ因テ変更或ハ解約スルヲ得ル者トス」というように変更条項が入っていることは，従来の村議定と異なり，新しい性格を示すものであろう。

またこの誓約には「之レヲ遵守スルノ義務」を示すために，25戸全部が署名捺印している。つまり，義務規制の点では，無所有者もすべて入っており，単に土地所有者だけの組織でないことは明瞭である。そうして，規制を受けるものが村民全部であるとともに，この規制を決定するにも全員が参加している。25戸のうち3戸は同年の土地名寄帳では耕地・宅地ともに所有していない。現実の会議のなかでの発言力の差違は知るべくもないが，本戸と借屋の差別は，中野新田の史料にはまったく現われていない。もっとも，宅地のない3戸は，開村以来の本家とその分家，それに同じ一族の分家であって没落して生じたものである。またこの時期の中野新田では開田がほぼ完了しているために，共有地としては水田1反6畝1歩と，宅地1反9畝歩（神社地）だけで，この水田は一部村民に貸付けられ小作料をとっていた。ここでは共同所有地の共同利用の関係はなく，利用は私的に分割され，収入（小作料）のみが共同のなかば公的な（神社祭礼等）費用に充てられていたのである。つまりここでは，共同所有が共同体的諸関係の基礎というほど強いものではない。それよりもむしろ，行政的な方針を受けとめ，自らの手で規制としている点の方に共同体的諸関係，その規制が窺えるのである。もちろんこれは共同体的諸関係の一部にすぎないが，こうした規制のあり方に明治期に入ってからの共同体の変化をみることができる。

このような村は，もはや村落共同体の実体として直ちに規定するわけにはいかない。そうしてこの点は，市町村制の実施とともに一層明確になる。

明治27年（1894）3月の中野新田部落の「規約法」では，もっぱら休日規定と倹約規定だけで，前の労賃規制などはなくなっている。休日の規定も多く働くのを規制するより農閑期等の「飲酒逸楽」を規制するものである。このように生産面の規定がほとんどなくなっており，「部落」は，制度上に現われている共同所有・成員の権利という面では，共同体諸関係と遊離してきたことがわかる。中野新田では，共同体諸関係は，もはや「部落」制度それ自体ではなく，他の面に求めなければならない。つまり行政機構としての「部落」と，実体としての村落共同体の背離があるのである。

つぎに，南郷村「大柳同志社」についてみよう。大柳では事情がかなり異なる。

明治27年（1894）の「大柳同志社規程」は，全61ヶ条に及ぶ膨大なものであり，これは第1章総則（1～5条），第2章役員および選挙（6～16条），第3章会議（17～28条），第4章会計および報告（25～28条），第5章共有地および基本金（29～39条），第6章賞罰（40～51条），第7章雑則（52～61条）となっている。この「部落」＝同志社の目的は「共有地ヨリ生ズル収益ヲ基本金トシ……一致団結シテ公利民福ヲ計ルコト，自治独立ノ気象ヲ養成スルコト，農事ノ改良ヲ計ルコト，風俗ノ矯正ヲ計ルコト」（第1条）とされており，構成は「当区住民の結合」（第2条）として借屋層も加入している。

さて，「同志社」結合の物的基礎は直接には共有財産にあることが明瞭である（第1条）。この共同所有地の実態をみると，中野新田と同様に水田が主であり，これに一部の原野（萱谷地。萱刈場として利用）があった。大柳部落では萱谷地は徳川期より一貫して開田され続け，耕地整理がほぼ完了する明治40年（1907）には，共有原野はなく，水田だけとなっていたのである（表2）。南郷村の耕地整理は宮城県下でもっとも早く，したがって全国的にみても早かった[(22)]（旧法によるものが大部分）。開田はいわばこの耕地整理で仕上げられたのであるが，それ以前の開田には注目すべき事情がある。本来この萱谷地は旧村民の共同利用慣行の下に使用されていたのであるが，明治10年（1877）ごろより共同利用慣行を排除しつつ開田され，旧村有田として個々の農民に貸付けられることになった。ここでまず共同体的権利・利用の排除がみられる。このよ

表2　南郷村部落有財産統一前の部落有地面積（明治40年）

部落名	田	畑	宅　地	原　野	合　計
	町	町	町	町	町
和多田沼	6.8017	.1400	.1618	4.3020	11.4125
福ヶ袋	2.7319	—	—	3.4126	6.1515
練　牛	13.4221	.0111	—	7.5225	20.9627
大　柳	36.9507	.0413	—	—	36.9920
木間塚	15.6227	.4606	—	1.8417	17.9320
二　郷	70.3616	2.5822	—	42.7327	116.6905
計	145.9117	4.2422	.1618	59.8325	210.1622

注：明治42年度「南郷村会議事録」による。

うにして萱刈場から排除された農民は，共同の形ではなく，地主―小作の私的関係に基いて，地主の私有萱刈場を利用する。共同よりは支配の面が強くなる。他方，開田された共有地には「村（のちの部落）の小作人」という階層（もちろん固定的あるいは身分的ではない）を作り出し，その支配の上に村の高利貸的金穀貸付が成立し，村落支配者がその実権を握っているのである。こうした村有地小作人は単に旧来の零細農家だけではない。練牛区でみられるように，他村から窮民を移入してこれを借屋層として開田に当たらせ開田後小作人にするというように[(23)]，積極的に創設されさえした。このように旧村・「部落」組織は，共同体的諸関係の典型とみなされる入会利用を排除し，耕地所有に基く収奪，小作人層からの搾取，さらに進んで身分的に差違のある借屋層の創設を物質基礎とするに至ったのである。

それゆえ，この部落有水田の管理は「規程」のなかでも重要となり，前述のごとく1章を充てている。すなわち，この「共有地ハ之レヲ社員ニ配当シ又ハ他ニ売渡スコトヲ得ス之レヲ永遠ニ備フヘキモノトス」（第5条）ることを前提として，小作人の資格（他区民は排除。区内の差別はなし），小作証書，小作料額，納入期限，米・俵の精選，災害減免，耕耘植付の心得等を定めているのである。そしてこの収益を基本金とし，その貸付規定が続いて記されている。この貸付利子は「月一円ニ付二銭」，すなわち年率2割4分である。この利子は当時としては必ずしも高くはない。南郷村砂山部落の貸付では年率6割に達しているものがある（明治10年代）。

「部落」におけるこうした地主・高利貸的機能は，当然ながらその構成にも反映する。「社員」としては全戸加入であるが，役員は「地租金20円以上ヲ納ムル者」から，また組長8名は「公民権ヲ有スル者」から，直接記名投票で選挙すると限定されているのである。ここでは土地所有が基準となっており，地主・自作支配の様相が規程上明確に示されている。この対極に「部落」小作人の中核をなす借屋層があった。借屋に対する権利制限の条項は1つもないが，雑則のなかに，借屋に対する地主の監督と「本社ニ害アルトキ」の立退（地主の権限）条項がある。部落としての賞罰では平等である。すなわち借屋は，本来家主（地主）に対する個別的な関係であるが，「部落」の主要小作人あるいは開田労務者として，「部落」の規程に入ってきたものといえる。

「大柳同志社」は，内部的にみれば以上のようであったが，行政的にみれば，町村長の監督下におかれ，区長は形式的であるが村会で決定され，また決算も形式的に村会で承認されていた（部落での決算書と村会提出分とでは驚くほど金額の差がある)。すなわち，大柳では中野新田と異なり，町村制施行段階では，部落の実質的機能があり，行政制度たる部落と重なっていたといえよう。しかしながらその重なりは，共有地の地主的所有化を基礎としている点でみられるのであり，単純に村落共同体と行政単位との重なりというものではなかった。

そこでこうした変化をひき起した地主，とくに地主経営を村落構造との関係でみよう。

3　地主経営と「部落」・町村支配の変化

ここで地主経営を全面的に考察することはできない。しかし，すでに南郷村大柳部落については，大地主として佐々木家を，小地主としては荒川庄之助家(大正元年 13.5 町歩)，野田惣治家（同年自作農 4.6 町）をとって分析してきた。(24) また中平田村中野新田部落の阿曾家については別稿を用意しているので，詳細はこれにゆずる。(25)

ここでは共同体的諸関係あるいは「部落」支配に関連する地主経営の問題だけに限定する。

まず，中野新田部落についてみよう。中野新田については，明治中期以降農地改革まで経営面積で明確な階層分化が進み，所有面積ではむしろ農民の土地所有が進んだことを明らかにした。(26) そうして，所有と経営とはかなりの対応を示し，改革時には地主・自作・自小作・小自作層は例外なく，2町6反歩以上を経営し，小作層はほとんど1町歩未満の零細経営であった。しかし，明治期にはこうした形はみられず，小作の大経営（3町歩経営）もみられる。その様相は表3のとおりである。明治中期から昭和期へかけてのこの変化は，経営が大きければ漸次土地所有をも伸ばしていったことを示している。所有階層が上昇した9戸中1番，20番を除けば，いずれも明治期に1町7反以上である。1番は旧本家で昭和初年には4町歩所有にまで回復し，小規模ながら（1.4町歩）貸付地を有するに至る。こうした農民経営の発展を基礎に地主阿曾家の土地所有は拡大していった。

表3からわかるように，地主阿曾家の小作人は，いずれも経営面積が大きい。8戸中1戸（30番）を除けば，すべて2町歩以上の経営，つまり安定した小作人層であった。また，竹内右膳の差配地の小作人をみるとやはり同様で，経営1町5反歩以上の農家で阿曾家の小作または差配をうけないのは，6番ただ1

表3　中平田村中野新田農家の成立と経営所有階層

農家番号	明27 氏　名	本分家別と成立年代	昭35までの分家数	明27 耕作田	明23 所有田	竹内・阿曾の小作人	明27 階　層	改革前 階　層
				反	反			
1	阿部辰三郎	開村，本家	3戸	6.322	0		小　作	自作地主
2	阿曾重四郎	〃	2	39.126	120.713		地　主	地　主
3	小松万右衛門	〃	2	29.722	10.827	竹，阿	小自作	自小作
4	本田重右衛門	〃	2	27.201	4.916	，阿	小自作	自小作
5	佐藤弥惣治	〃	2	44.626	31.205	竹，	自小作	自小作
6	須田岩治	〃	1	29.003	.025		小　作	小自作
7	金子喜次郎	〃	1	1.121	0		小　作	小　作
8	上林嘉兵衛	移住，本家（宝永）	0	17.518	.223	竹，	小　作	小自作
9	成沢権之助	〃　（享保）	0	16.909	0		小　作	小　作
10	間宮興吉	〃　（享保）	0	9.315	0	竹，	小　作	無　作
12	阿曾松治	2の分家　（享保）	0	38.413	8.510	，阿	小自作	自　作
13	阿曾寅蔵	2の分家　（享和）	0	21.315	4.529	竹，阿	小自作	小自作
14	阿部四郎兵衛	1の分家　（享保）	1	35.023	8.109	竹，	小　作	小自作
15	阿部鉄蔵	1の分家　（享保）	1	13.416	0		小自作	小自作
16	阿部広作	15の分家　（享保）	1	29.320	4.303	竹，阿	小自作	小自作
17	阿部金吉	16の分家　（文政）	1	23.621	0	，阿	小　作	小　作
20	小松勘次郎	3の分家　（享和）	1	17.114	4.426	竹，	小自作	小自作
23	本田重次郎	4の分家　（文政）	0	30.209	.125	竹，阿	小　作	小自作
25	佐藤弥七	5の分家　（享保）	1	28.420	53.325		自作地主	小　作
26	佐藤長吾	5の分家　（文政）	1	0	0		無　作	小　作
27	佐藤千代吉	26の分家　（慶応）	0	8.025	0		小　作	小　作
29	須田藤助	6の分家　（享和）	0	12.908	0		小　作	小　作
30	金子子之助	7の分家　（享保）	0	16.512	0	竹，阿	小　作	小　作
無	阿部雲庵	1の分家　（享和）	0	明19，仙台へ		（竹）	—	—
〃	小松勘七	20の分家　（明治）	0	明24，酒田へ			—	—
〃	遠藤利兵衛	移　住，（幕末期）	0	明19，酒田へ			—	—

注：(1)　開村は明暦～寛文 (1655～72) 期。（　）内の年代は史料上の初見の年代。
(2)　階層区分は現行統計の基準。ただし，自作地主とは，所有地の 20～50% を貸付けるものとし，50% 以上貸付けは地主と考えた。
(3)　なお，前掲拙稿「水稲単作地帯における経営規模別階層の分化」70-5 頁，80-1 頁参照。

戸であった。これは南郷村佐々木家の例でもみられたことで，地主としては経営の安定した，生産力の高い小作人ほど安全に貸付けておれたのである。それゆえ，零細層は充分な小作地も借受けられず，むしろ地主や自作・自小作上層の労働力給源たる地位に転落することになった。この過程は別に詳しくみるが，明治中期より昭和期にかけて固定化していった。これは地主手作が消滅しないためであり，阿曾家は昭和22年にも4町2反5畝7歩の手作りを行っており，この点で南郷村の20町歩級地主の手作り消滅と異なっている。阿曾家では明治中～後期では年季奉公人（男若勢）を3人，女中・子守り1～2人を雇傭している。明治期では，3人中ほぼ1名が中野新田のものであるが（例えば10番，13番，26番），大正3年（1914）にいたれば，3人がすべて中野新田の農家から出ている。これ以降，部落内奉公人が7，8割を占める。地主は，上層農家に対しては1戸を除き小作地（差配地を含め）を貸付けて支配しており，零細農家からは労働力を吸い上げて支配していたのである。この奉公人放出農家は，「ほまち」田を貰うこともなく，また農具・作業場・馬等を地主から借りるのが通例だった。しかも，これらの零細層が大部分分家であることからみて，分家を村内に確保することで労働力を確保したともいえる。また，積極的に奉公人を分家させたのも2戸ある。こうした支配関係のなかでは，部落的機能は急速に失われ，地主支配が直接に現われているといえよう。もはや制度的な「部落」を必要とせず，実質的に部落を支配し得る力をもっていたのである。そこに阿曾家が「部落」の区長をまったくやらない根拠がある。

それゆえまた，「部落」的規制も，たとえば明治30年（1897）の「契約証」にみられるように，「当大字中野新田ニ於テ合意ヲ主トシ契約」した内容が，地主に対する減免運動の問題と，奉公人若勢たちに対する「合宿」＝寄合の拒否の2点だけが出てくる。減免の問題では，各小作人が「各地主江対シ作毛相当之手当ヲ出願スル事」（1項）を筆頭に，「手当」＝減額の意見がまとまらないときは，その地主の村内全小作人が協議して進退すること，減免要求のため土地取上げがあった場合も同様にすること，取上げた土地は他人が耕作しないこと，罰則として違反した小作人および連帯保証人に損害負担をさせるとしている。ここでは契約内容がきわめて小農防衛的であり，農民組合へ近づいている。そしてそのためであろうか，署名者には地主阿曾家と，小地主佐藤弥七家

(25番) が加わっていない。「当大字中野新田」の契約としながら，実は有力小作人中心ともいえる。さらに，若勢に対する規制が何を意味するか不明であるが，若勢をもつのは大経営農家に限られるので，やはりこの層の利害を示しているといえよう。前述の小作人家と奉公人家との分離傾向からいえば，この契約は，まさに小自作上層の自己防衛組織となっていることがわかる。それは一面で，支配者たる地主への抵抗であり，他面で，自らの経営基盤となっている奉公人に対する統制であった。それがまさに「部落」的に行われるところに特徴がある。すなわち，地主が土地所有（手作および貸付け）を通じて直接家を支配し，「部落」を支配のための機構とするとき，「部落」は逆に，展開する農民経営を基礎として，地主の対立物へ転化しようとしているのである。

南郷村大柳でも，こうした様相は進行の度合こそ異なれ相似た経過をたどる。

大柳部落で，「同志社」規程に示された構造が決定的に変化するのは，第1に地主手作りが，大地主にあっては明治35～6年（1902～3）から，20～50町歩の中地主では大正期から，縮小しはじめやがて消滅していったこと，第2にほぼ時を同じくして，明治40年（1907）部落有財産がほぼ完全に統一されたこと，を契機としている。すなわち，前者では地主経営が労働力を必要としなくなり，労働力の主要提供者たる借屋の意義が大きく変化したことが問題であり，後者では「部落」の小作人層が「南郷村」の小作人へと変ったことが問題である。

まず借屋であるが，大柳部落の借屋層は異常に多い。表4に示すように，現存する農家185戸中114戸は借屋であった。そして昭和17年（1942）では，148戸（ちょうど80%）が耕地無所有農家である。このように借屋数は多いのであるが，この理由としては南郷村では明治初年以降著しい戸数増加があり，しかもそれは著しい数の流出農家を差引いての増加であったため，移住や分家が膨大な数にのぼったためと考えられる[27]。

しかし，この114戸の借屋をすべて同質とみなすわけにはゆかない。そもそも借屋が問題となるのは，家・宅地を借りているだけではなく，地主に対して労働地代（宅地代）を出している点にある。そうした実質的な問題と，身分意識的な借屋問題とは，直ちに結びついているのではない。最も多く借屋を有する佐々木家の42戸の借屋についてみると[28]，労働地代＝賦役（月に2日と3日と

表 4　南郷村大柳部落の借屋数

地主名（大正元年時）	借屋数	耕地所有面積	
		大正元年	昭和 17 年
		町	町
佐々木大太郎	42 戸	101.3001	192.1508
野田斉治	25	276.5921	356.6128
野田慶治	10	51.2627	89.3824
野田健蔵	10	37.2008	23.3600
佐々木源三郎	5	5.7818	0
（野田信五郎）	4	（未分家）	35.5621
荒川庄之助	3	12.7514	12.8615
木村万助	3	7.5821	11.6608
野田勇之助	2	1.5909	2.7125
土生八生	2	6.3307	5.6809
佐々木六兵衛	2	6.3010	3.2305
野田惣治	2	4.7321	6.6128
安部大和	2	0	2.0002
佐々木幸治	1	4.9121	3.4502
三浦久之助	1	.8823	.8709
計 15 名	114 戸		

注：⑴　ききとり調査による。現存する農家 185 戸についてきいているので，現存しない借屋は含まれない。
⑵　所有面積は村外所有をみるため，「村税割付」の土地所有調査を利用した。ただし野田慶治大正元年分は，「名寄帳」（村内分）より著しく少ないので，「名寄帳分十村外」で計算した。

2 種ある）を出していたのは，わずかに 6 戸にすぎない。これらの借屋は例外なく明治 30 年以前の借屋であり，地主手作りの大きい時期の借屋であった。そうしてそれ以降の借屋は，これまた例外なく，米納または金納である。20 年代には両者が混在する。以上のことから，「同志社」規程に現われた借屋は労働地代を出すものといえよう。そしてこの借屋層は同時に奉公人や日雇を出す家でもあった。ところが，明治後期以降に作られた借屋は，地代の上では通常の小作人と変るところがなかった。こうした変化は地主手作の廃止から生じたもので，佐々木家に労働地代を出す借屋のうちでも 2 戸は昭和 3 年までに米納に変っていった。奉公人にしても，大正中期以降は佐々木家へは借屋から出ていない。

しかし，これらの変化が直ちに「借屋解放」となったかといえば，事実はそう単純ではない。この層，とくに借屋のうちの一部（佐々木家では26戸）は，地主小作人組合を作り（後述，「親睦貯金会」），佐々木家の中核的小作人となってくる。この点をみる前に，「部落」について検討しておこう。

明治40年（1907）3月の南郷村の部落有財産統一は，前出の練牛の大地主鈴木直治村長の手で進められた。部落有地が大部分水田となり，すでに慣行的共用権は排除されていたため，この統一は個々の農家からの抵抗はなく，むしろ「部落」それ自体と対立していた。しかし大地主はすでに村政を把握しており，村と「部落」あるいは「部落」間の対立は，これら大地主の妥協の上に解決されていった。すなわち，村有財産として全村民に平等に還元されるとすれば，部落有地の多い部落は不利になり，少なかった部落は還元が多く有利となる，といった問題は，金銭出資をもって精算された。ただこの統一から村有財産として機能するまでには過渡的期間があったが，実質的村有財産の確立＝村税の軽減は，何よりも地主の税負担を軽減するから，困難を排除しつつ進行した。さらにこれは村の災害救助資金にも充てられ，従来の部落の金穀貸付をより恩恵的・行政的に変えることで，地主の慈恵政策を肩代りし，地主支配をバックアップするものとして農民一般の支配に転化していった。こうして南郷村は，一挙に213町5反9畝27歩の水田をもつに至った。この村有田小作料は，大正中期以降では村税とほぼ同額（大正10年，村税の99％に達す）となり，地主負担を大幅に軽減した。[(29)]

こうして，さきの開田によって旧村の共同体的利用慣行が排除され，いままたこの統一によって明治期の「部落」の独自的機能の基盤であった共有地が完全に奪われ，それに伴い「部落」の組織も意義も大きく変った。すなわち，「部落」は一面でますます行政下部組織たる地位におかれるとともに，他面で小地主，自作・自小作上層を中心に，「部落」の範囲において，「部落」とは異なった組織を作り出していった。すなわち，共有地を失って郷倉制度も金穀貸付も廃止された「部落」では，地主の前期資本的貸付に頼らざるを得なかったが，一面では大地主支配に対抗し，他面では小地主の活動基盤として，「無限責任大柳信用組合」と「大柳青年貯蓄会」とが相ついで作られた。[(30)]前者は統一前の明治39年（1906）であり，後者は41年（1908）である。これらは小地主や自作農が中心であったが，いずれも大正初期には活動を停止している。これは，明治43年（1910），大正2年（1913）という大災害（8割減収）の年があったことによるが，小地主中心という守旧的性格のため，また自作層を中核とする農民経営の発展も充分でなかったため，大地主の活動との対抗に敗れたものといえる。農民自身が本当に抵抗力を持って防衛組織（多くは小組合・後に産業組合）を作り得るのは，大正中期以降のことになる。

こうした過程を経て，地主佐々木家では，大正6年（1917）に有力借屋層26戸をもって「親睦貯金会」（後に大柳共栄組合と改称）を作った。(31) この「貯金会」についてもすでに述べたのであるが，構成は地主佐々木家の他に，佐々木家の差配当麻市郎（創設・運営の実務を担当），大柳区民・小作人・借屋の3条件をもつ農家24戸であった。これは，3条件をもつものすべてではない。いわば有力（佐々木家からの小作面積が大きい）な，しかも佐々木家との関係の深い借屋に限られている。そうして備荒積立，融資，共同購入，共同耕作，納税積立等を目的とし，36ヶ条の定款をもっていた。共同購入は肥料が主であるがその金額は昭和期には2,000円を越えている。他にはゴム長・木炭・食料品（豆類・魚類・砂糖など）がみられる。融資も，肥料の前貸しを始めとする作付資金と購買資金とにわけ，月利率8厘，年利率9分6厘であった。

このような「貯金会」には，借屋でなければ加入できないという必然性はない。現に会員は3戸の脱退，6戸の加入をみているが，借屋でない小作人が加入し，あるいは「借屋抜け」（宅地を買取る）したものが脱退しないでいる。しかし実態はそうでありながら，意識的には「借屋」でなければならなかった。それは地主佐々木家の経営（貸付地経営）と支配力（たとえば村政の）の中核的基盤をなしていたのである。この中核層を「借屋」という強い従属・保護意識の下に結集せしめていたのである。この会員は，昭和3年（1928）には，佐々木家の全小作人数の15％であったが，契約小作料額では33％を占めていた。全小作料の3分の1を占めるのである。

こうした地主小作人組合としては，他にも昭和3年（1928）佐々木家と不動堂村の小作人との間に小作争議が起り，しかも昭和4年（1929）には反当5升の小作料引上げを意図したときに，全小作人を含めた「共栄会」が組織された。(32) これは「貯金会」と別組織であり，「協調」組合の典型であるが，地主が「部落」・村支配からさらに進んで，地主—小作という直接的関係に基いて農民を組織，支配してゆかなければならなかったところに，地主制が基盤とする農民組織の変化をみうるであろう。

以上の過程は，なによりもまず，地主経営・支配の構造が，土地所有→貸付地経営という地主—小作の直接的な関係を基盤とするように，純化されてくるものとして把握されなければならない。従来の「部落支配」を基盤とする地主経営の構造は，地主制の展開と農民経営の発展（後者が前者を規定する）とによって否定され，「部落」は，国家行政が地主を通して町村→農民（農業）支配を貫徹しようとする意図と合致して，支配のために利用すべき単なる行政単位としての地位に転落していったのである。このなかで「部落」は，農民の抵抗の組織として，あるいは小地主の支配基盤として，変質し利用されるが，これは多くの場合大正初期には崩壊する。その意味で，「部落」は，その独自的機能と役割に注目すれば，きわめて「明治期」的な所産である。そして水稲単作地帯にあっては，地主制の展開，共用慣行の否定，それゆえ部落財産統一の実質的進行によって，まさに「明治期」にのみ存在した制度であった。村落共同体論との関係，なかでも封建的共同体論との関係で扱うとすれば，「部落」一般ではなく，この「明治期」的な「部落」の意義がまず検討されなければならなかったのである。

4　共同体諸機能の変化と組織

3まで，主として旧村・「部落」を対象として，共同体的所有と共同体的権利，それを通じての地主の支配機構について考察してきた。そうしてそれらの面について，もはや「部落」が手放しで共同体と規定できるものではなく，共同体の実態としてはたかだか旧村段階までを充てられる（中平田村ではそれさえすでに大きく変っていた），と考えられるような実態を考察してきた。

しかし，以上の考察でほとんど抜けているのは，所有関係も権利関係も表面化しない，しかしそれなりの必然性があって存在している，共同体的諸関係であった。広義では所有関係も権利関係もこのなかに入るが，それらに止まらない諸関係がある。それらのなかでは，従来から注目されてきたものとして，水利関係（これは権利の明瞭な部分とそうでない部分がある），労働力関係，生産手段（家畜・農具）の利用関係，あるいは血縁関係，生活慣習の関係，公共的共同作業等々がある。共同体的関係が1つのものとして把え得ず，こうした諸点について個々に把握しなければならなくなったことについて，中村吉治氏は，これを私有制したがって階級関係の展開のなかで，家—家族の独立性の高まりに伴う共同体の「機能的分化」として把握することを提唱された[33]。そうして近世から近代にかけて，それら諸関係の各契機が，生産力の高まり・商品経済の展開により，変化し順次廃棄されてゆくと述べられた[34]。

この指摘が重要なのは，共同体的諸関係というものを各契機ごとに切り離して，1つだけの考察をもってただちに共同体と考えることの危険性を批判している点にある。戦後の諸研究にあっても，林野の所有・利用形態の分析だけをもって共同体を論じたり，水利慣行だけで論じたりしているものがかなりある。そうした一局面だけの考察では，共同体的諸関係と単なる共同組織との区別が判然としないことがあった。あるいはまた，生産関係としての共同体的諸関係の変化にもかかわらず，生産力の水準（それが生産関係を変えるほどに発展したとはいえ）に規定されて存続している共同関係との区別が困難となっている。以下，ここではさきに考察した共同体的土地所有や共同体的諸権利と関係づけつつ，生産関係とくに地主支配の観点から，簡単にふれておこう。

共同体的諸関係のうちで，いままでまったくふれなかった，しかし水稲単作農業にとって大きな問題である，水利関係からみよう。

南郷村の水利関係については，馬場昭氏の分析がすでに発表されている[35]。したがって，水系（用排水）の詳細な説明や，水利事業の具体的過程は，馬場氏の報告を参照して頂きたい。

南郷村の用水組織についてまず指摘しておかなければならないことは，鳴瀬川からの3つの取入口ごとの組織が，旧村をはるかに超えるものとして藩政期から存在していたことである。すなわち，和多田沼水門は，主に和多田沼部落（旧村）のほか涌谷町・広淵村が関係し，上臼ヶ筒水門は，主に練牛・福ケ袋2部落，臼ヶ筒水門は，主に大柳・木間塚・2郷3部落のほか桃生郡の鷹来・深谷・大塩・矢本の各町村に及んでいた。この組織としては明治24年（1891）の「水利組合条例」，明治40年の「水利組合法」によって，全町村の関係土地所有者を含めた普通水利組合があった。こうした水利組合は用水系の属地的組織であり，したがって厳密に旧村・「部落」の範囲に限られるのではない。それは各組合の関係水田面積と,「部落」の区内にある水田面積とを比較すれば明瞭である。したがって水利組織の範囲は属人(所有者)でいえばもちろん属地的にも,行政区域(旧村・部落)とは一致していなかった。それにもかかわらず,水路末端の補修・管理は,組合より「部落」役員を通じて指導されていた。こうした水利組合の構成と運営機構との分裂は,「部落」の位置づけを示している。すなわち,水利組合は関係土地所有者の権利に基いて構成されながら,義務は土地所有者とともに「部落」も負担していたのである。「部落」が農家に義務を課すときに,関係所有者・耕作者に限定したとしても,それが「部落」機構のなかで行われていることに注目すべきである。ここでは土地所有者による「部落」支配があるといえよう。しかもその土地所有者は,水利以外にはまったく関係のない他郡のものも入ってくる。このように,土地所有者に権利が移っていく過程で,旧来の村対村の関係(水元と下流というような)は,漸次解体し,土地所有の規範が強く作用してくる。本来,こうした広範囲の水利組織が成立すること自体が,水利事業,したがって資金・労力等の新たな投下を必要としており,内在的な生産力の展開をみておかなければならない。徳川期には領主自体が水利事業を行い,あるいは援助したが,明治の段階では国営事業はなく,もっぱら土地所有者の力によっていた。この結果,大土地所有者,すなわち地主の支配力が強められていったといえる。

排水に関しても事態は同様で,明治25年(1892)の明治水門をめぐる「遠桃事件」では,土地所有者間の矛盾が表面化し,知事・県議会によって調停された。この結果,2郡関係町村による「明治水門水害予防組合」ができるが,その役員は関係町村議会で選出されてくる。つまり土地所有者の直接的代表としてではなく,土地所有,とくに地主の支配しつつあった行政的町村で,町村代表として立ち現われる。こうした機能は,行政によってバックアップされる地方自治体の性格を表面にもちながら,実体としては地主支配の貫徹といえよう。

以上,水利の幹線部分についてみたが,末端の部分についてみると,土地所有者としての規制は表面化せず,なお「部落」の機構が利用されていた。これは主として管理面に強く現われる。

中平田村の事例でみれば,中野新田区内の水田は,すべてが日向川水系の一支線に属していたが,区内の水路は,「水ひき連中」と呼ばれる組織によって管理されていた。この「水ひき連中」の長は，区長の長男が代々受けついでおり，水利組合の技術員の指示のもとに，中野新田の全農家から出る「連中」を指揮していた。この組織は，水利組合設置前からあったといわれているが，大正13年（1924）農会の改編に伴い実行組合が設置されると，水路管理の仕事も実行組合に移り，組合長も区長の家以外の家から出ることになった。ここで中野新田「部落」は，区と実行組合との2つの機能に分かれることになった。区はますます行政末端組織に純化され，実行組合は生産の共同組織に近づき，「部落」の独自的役割はここでも急速に失われることになった。

また，耕地整理についてみると，南郷・中平田両村とも早い時期に進行するが，そこには多少の差違がある。明治36年（1903）いちはやく着手された（旧耕地整理法による）南郷村では，一望へだてるもののない水田続きの地形であるにもかかわらず23地区（組合）に分かれて実施された。年代も明治36年（1903）から明治45年（1912）にわたって20地区が着工している。そこでは「部落」的なまとまりもなく，また水利組合的なまとまりもない。それは組合長名をみればわかるとおり，各地主が単独または数人連合して実施したものであり，馬場氏はその理由として，本来の生産力上の問題（地代増徴につながる）の他に，農民救済策の意味が意識されていたことを挙げておられる(36)。そこでは地主小作関係が強く意識されており，また経費には増歩地の競買払下げ代金を当てる（不足は徴収）というように，土地所有者の利害に関係していた。こうした農民救済は，徳川期の保護策と異なり，地主の利害とまったく合致する形で行われていた。保護とはいっても，その反対給付は必ずしも奉仕という形ではなく，地主が期待するものは，直接に地代収入の増大にあったといえるであろう。

中平田村では，様相はまったく異なる。すなわち，明治44年（1911）に，本間家を中心とする飽海郡の地主会によって，「飽海郡耕地整理組合」という郡一本の組合によって実施され，またこの組合への不参加，組合からの脱退も町村単位でなされていることが注目される(37)。ここでは，本間家を中心とする大地主体制が確立しており，郡→町村→部落という機構をフルに利用して，地主支配が貫徹しているのである。つまり，単に地主—小作関係だけではなく，町村自体が把握されている点で，30年代の南郷村と異なっている。それがともに地主の主導の下に行われながら，地主支配の段階的差によって様相が違うのである。

そこでは両村ともに，「部落」でもなく，共同体的水利組織でもなく，水系という地縁により，あるいは幾つかの水系を包括して，地主の支配力が貫徹している。こうして水利関係においても，その実態は「共同組織」化しており，地主は，あるいは直接農民小作人を把握し，あるいは町村―「部落」という行政機構を利用するに至るのである。

そう多くを述べる余裕はないが，地主的土地所有の展開の結果，本分家的あるいは擬血縁的小族団関係は，生産面では弱い結びつきに変り，それが意識の上で生活慣行のなかに残るようになってくる。そうした点は，南郷村における六親講が生産力的性格を失いつつも，冠婚葬祭では依然身分階層差を残している点にもみられるし，中野新田の全戸による念仏講が単に慰労の意味しかなくなっているのに，本家・有力分家層10戸の庚申講が，なお強い結合を示している点にもみられる。「部落」を「生活共同体」とみうるような面は残しつつも，基本的な生産関係はもはやそのなかにみいだせないといえよう。

Ⅳ　展望――地主制と農民組織

当初の予定では，Ⅳとして，大正中期以降，地主制の矛盾の顕現化，そして没落傾向と，慢性的農業不況の過程，さらに国家独占資本主義形成の段階について，町村，「部落」，地主支配を検討するつもりであったが，すでに紙数もはるかに越えたので，見通しを含めて総括しておきたい。

Ⅲまでの検討から，地主制と共同体との関係は，徳川末期以降一貫して解体し，共同体を基盤としていた地主体制は，共同体なしに直接的な階級関係を基盤とし，行政組織としての町村・「部落」を支配のために利用するように成長してきたといえよう。この過程で，地主みずからが共同体的規制を破りそれを変えつつ上昇し（鈴木家に対する村八分）その枠外に出たとき，いわゆる「部落」組織，乃至は行政町村として，これを上から締めつけるという形をとり，これが「部落」組織の固定的存続としてみられたのである。しかし，地主制によるこうした「部落」，町村支配は，封建領主制による村落（とくに検地村落として）の支配とは，著しく異なる。それは，領主支配からみれば，近世村またはその連合は，それのみで支配の完結した機構となっているのに対し，地主の支配体制にあっては，基本的には地主—小作という直接的な階級関係が，生の形で支配機構となり，それを補充するものとして町村，「部落」支配があり，水利組合があり，協調組合があり，講があり，氏子組織があり，等々となっている。つまり，ここでは地主経営と小作経営との関係が基本となる。それは，とくに明治末—大正初期の農民経営の発展[(38)]，したがって家としての独立過程に裏付けられるものであり，それを踏まえた上で，諸組織が支配のために作られ（再編も含め），利用されたのである。

ここでは，諸組織が，内在的諸関係から地主支配を必然化ならしめたとだけはいえない。それらの組織は，そのまま，あるいはまた別な組織として農民の防衛抵抗組織にも利用される，そうした系列として，図式的には，「部落」→農家小組合→産業組合という展開が見通せる[(39)]。そうしてこうした運動と相関連して，農民運動としての小作争議が，単作地帯では広範に展開した。Ⅲまでの分析に続く時期では，まさにこうした点が主題となるのである。そうして昭和恐慌以降，経済更生計画運動の政策的展開とともに，町村・「部落」は，地主的支配から漸次国家独占資本主義による支配，「皇国農村」→新体制へと移行してゆくのである。この過程では，地主経済乃至地主制支配と資本主義経済とが，最終的な連繋（小作争議の国家権力による弾圧が典型）を示しつつも，その矛盾は妥協困難なほどに顕現化してくる。

こうした場合の農民のもつ共同組織は，そのつながりが過去の共同体的諸関係の形態的継続であったとしても（「部落」即共同体ではないが，たとえば小作争議が「部落」の範囲，あるいは「部落」単位の連合として行われる例等），それは，共同体が資本制生産関係に対して示した保守性乃至阻止的性格とは異なり，資本主義の農業収奪，その蓄積法則に対する積極的な抵抗組織としてみられなければならない。それは，さまざまな利害の共同関係を基礎にした，もっとも闘い易いための組織といえよう。そしてこれらの組織もやがては階級関係に基づく階級的組織としての性格を持つに至る。そうした変化のなかで地主制もまた存立の基盤を失い，衰退・廃棄という必然的な道をたどることになったのである。

（1） 「部分的に」という意味は，戦後われわれが戦前の業績として受継いだものの大部分が，入会制度，水利制度あるいは法社会学や農村社会学の分野での研究に属するものであったことを指す。なお，封建制以前についてはアジア的生産様式をめぐっての論議があったが，ここでは明治期以降を対象とした研究に限っている。その意味で，「共同体理論」を真正面にすえた研究は，K・マルクス（飯田貫一訳）「資本制生産に先行する諸形態―(資本関係の成立・あるいは本源蓄積・に先行する過程について)―」（『歴史学研究』129号所収，岩波書店，1947年9月）の公刊が契機となっていたといえよう。

なお，西洋経済史の分野ではいちはやく封建制の把握に「共同体」を取入れていた（一例のみあげれば，高橋幸八郎「封建社会における基本的矛盾について」，歴史学研究会編『世界史の基本法則』所収，岩波書店，1949年12月）。

（2） こうした指摘は数多くみられるが，日本農業の現状分析を課題として共同体論を整理されたものだけをあげておこう。上原信博「わが国農村共同体に関する研究の諸論点」（古島敏雄編『日本林野制度の研究』所収，東京大学出版会，1955年10月）。佐伯尚美「農村共同体論」（『日本農業年報』6所収，中央公論社，1957年5月）。島崎稔「村落共同体論の系譜と文献解題」（村落社会研究会編『村落共同体論の展開』同会年報Ⅵ所収，時潮社，1959年10月）。

（3） 明治期以降を歴史的に考察しようとすれば，非常に膨大なものとなろう。とくに，日本の地主制の展開だけをみても問題は多い。ここでそのすべてを明らかにはし得ないから，地主制の展開過程，その諸段階については，わたし自身の従来の分析を前提として論を進めることにする。とくに地主経営については，具体的分析はすべて省き，結論だけを利用している。

（4） このことは，従来から日本資本主義の農業政策が「低賃金低米価」と特徴づけられていたことからもわかる。明治期に入って急速に増大した非農業人口，とくに賃労働者に対する食糧政策は，明治30年（1897）日本が米の輸出国から恒常的な輸入国へ転換したのを画期として，きわめて重要な課題となった。明治前半期におけるこのような政策的関心については，守田志郎「地主的農政の確立と地主制の展開」（古島敏雄編『日本地主制史研究』所収，岩波書店，1958年6月）381-9頁。

（5） 古島敏雄「地租改正後の地主的土地所有の拡大と農業立法」（同上書所収）341頁。

（6） 拙稿「日本地主制分析に関する一試論」（『東北大学農学研究所彙報』第12巻第2，3号所収，1961年3月）。（第1巻第1章）

拙稿「水稲単作地帯における地主制の矛盾と中小地主の動向」（『東北大学農学研究所彙報』第9巻第4号所収，1958年3月）。（第1巻第5章）

（7） 宮城県統計書によれば，大崎地方で最も高い小作地率を示す遠田郡は，明治

20年（1887）に55.1%となり群を抜いて高い（他郡は35%未満）。しかしこれはあてにならない。なぜならばその後の遠田郡の変化は，明治31年（1898）43.5%，39年（1906）70.6%，43年（1910）60.3%，大正14年（1925）63.0%とあまりにも振れが大きすぎるからである。やはり他郡並みに30%台か40%をやや上廻わる程度とみられる。

（8）　庄内地方でも，県統計書の数字は山村をも含むため，単作地帯にあっては小作地率は一層高いと思われる。中平田村・本楯村の調査では分解度は高い。中平田村の中野新田（旧村）では，慶応3年（1867）24戸中11戸がまったく耕地を所有せず，6戸が1反歩未満の耕地しか所有しない。また明治9年（1876）地租改正終了時，中野新田村の村外所有者の所有率は，耕地について62.0%に達している。なお詳しくは，拙稿「水稲単作地帯における経営規模別階層の分化」（『東北大学農学研究所彙報』第15巻第1号所収，1963年7月）78-81頁。

（9）　南郷村の大柳（旧村）では，後に400町歩地主となる野田家のみが地租改正時に20町歩前後所有した。200町歩地主となる佐々木家は8町歩。また南郷村の他の部落＝旧村をみても，後に50町歩以上となる地主はすべて10町歩未満である。

（10）　拙稿「幕末・明治前期の産業体制と地主制の役割」（『歴史学研究』278号所収，青木書店，1963年8月）13-4頁。地租金納が農民に与えた負担については，明治10年（1877）11月22日の太政官布告第80号が，「田方ニ限リ地租金ノ半額ハ当分人民ノ情願ニ任セ其府県ノ地租改正ニ用ヒシ米価ヲ以テ代米納ヲ為スコトヲ許ス」（「地租改正例規沿革撮要」『明治前期財政経済史料集成』第7巻所収，改造社，1933年3月），184頁，としてその困難さを認めている。この点を，たとえば，明治8年（1875）9月の青森県管内布達は，「……各村ノ人民ヨリ他ノ商賈ヘ貢米取組金納引受或ハ後金請取等ノ定約ヲ結候トモ元来人民米穀金銭取引条約ノ不慣ヨリ動モスレハ奸商ノ詐術ニ陥リ遂ニ期日ニ代金ヲ請取ル不能シテ皆済ノ期限ヲ誤ル者不尠……」と明言している。こうした米生産の状態こそ前期的資本の吸着基盤となっていたのである。

（11）　拙稿「明治期における地主経営の展開」（『東北大学農学研究所彙報』第6巻第4号所収，1955年3月）254-75頁。（第1巻第3章）

（12）　拙稿前掲「水稲単作地帯における地主制の矛盾と中小地主の動向」300-23頁。（第1巻第5章）

（13）　潮見俊隆・渡辺洋三・石村善助・大島太郎・中尾英俊『日本の農村』岩波書店，1957年2月，17頁。

（14）　同上書，6頁。

（15）　以下，単に制度的変化のみをみたが，これらの変化と共同体・地主制・農民運動の関連の意義を解明したものとして，大石嘉一郎『日本地方財行政史序説』（とくに第1章および第4章）（御茶の水書房，1961年2月）をあげることができる。大石氏はここで，大小区制以降町村制に至る過程の村＝旧村（後の部落）を，「そこでの特徴は，領主制的構成の基盤としての村落共同体の性格が払拭され，村落共同体が，当時圧倒的優位をしめた小農民の自衛の組織となっていたこと，したがって統治機構から独自の存在となっていたことである。……後年に至り小農民の地主・小作分解が進展したときに，村落共同体は土地所有者の支配する組織として地主制の支配の組織に転化した。……」（同前書，75 頁）といっておられ，町村制施行以降に，「近代的」行政村—部落＝共同体という体制が，地主の支配組織に転化・再編されたと考えておられる。このような組織・制度としての旧村から「部落」への変化は，行財政，とくに法学や財政の立場からは強調されていたが，共同体論としてはほとんどなかった。この点で大石氏の研究は貴重である。また，水稲単作地帯については，学会口頭発表だけであるが，菅野俊作氏が南郷村練牛部落について優れた分析をされており，教えて頂いたところが大変多いことを記しておきたい。

(16)　磯田進「日本の法学—回顧と展望」『法律時報』20-12，日本評論社，1948 年 12 月，19-20 頁。

(17)　1963 年度の歴史学研究会大会近世史部会における青木美智雄「村山地方における領主権力の存在形態」，守屋嘉美「村山地方における商品経済の発展と流通」の両報告。なお，わたし自身も「幕末における地主制形成の前提」（歴史学研究会編『明治維新と地主制』所収，岩波書店，1956 年 4 月，145 頁）に指摘しておいた。

(18)　大石前掲書，397-8 頁，また 51-6 頁。ここで大石氏は地主制形成の段階的差違から，町村が，社会経済的基盤に適応して完成した先進地帯，その基盤と矛盾しつつ地主制生成を助長した中間地帯，農奴主的地主の地主への転化契機となった後進地帯にわけている。

(19)　用係（村毎に置く）や什長（10 戸に 1 人）は，ともに「瑣末ノ事タリト雖モ，自己ノ意見ヲ以テ専断スルヲ得ズ」とされて，下級行政吏員の役割しか認められていない。この性格規定についても諸説があるが，潮見俊隆他，前掲書 26 頁をみられたい。制度上の規定と実情との差違は，大久保利通の上申書において，大小区制は「……人心ニ適セス又便宜ヲ欠キ人民絶テ利益ナキノミナラス只弊害アルノミ……地方ノ区画ノ如キハ如何ナル美法良制タルモ固有ノ慣習ニ依ラスシテ新規ノ事ヲ起ストキハ其形美ナルモ其実益ナシ寧ロ多少完全ナラザルモノアルモ固有ノ慣習ニ依ルニ如カス」という意見になって現われている（潮見他，前掲書 27 頁）。

(20)　山形県寒河江市史編纂委員会所蔵の「協救社」関係史料による。なお前掲拙稿「幕末における地主制形成の前提」149 頁では，「協救社」を「大柳同志社」あるいは「蟄竜社」と同視しているが，これは誤りであるので訂正する。

(21)　阿曾家所蔵「誓約書」による。
(22)　馬場昭「水利事業の展開過程」(『東北大学農学研究所彙報』第 11 巻第 3 号所収，1960 年 3 月) 246-8 頁。
　前掲拙稿「明治期における地主経営の展開」254-5 頁。(第 1 巻第 3 章)
(23)　菅野俊作氏の御教示による。なお，前掲拙稿「明治期における地主経営の展開」254 頁，268 頁参照のこと。(第 1 巻第 3 章)
(24)　現在まで前掲の「明治期における地主経営の展開」(第 1 巻第 3 章)，「大正期における地主経営の構造」(第 1 巻第 4 章)，「水稲単作地帯における地主制の矛盾と中小地主の動向」(第 1 巻第 5 章) の他,「昭和期における地主的土地所有」(11-3，1960 年) として，いずれも『東北大学農学研究所彙報』に発表してきた。
(25)　部分的には前掲拙稿「水稲単作地帯における経営規模別階層の分化」参照。
(26)　同上 70-4 頁，80-1 頁。
(27)　前掲拙稿「水稲単作地帯における地主制の矛盾と中小地主の動向」323-324 頁。(第 1 巻第 5 章) 大柳についていえば，明治 10 年 (1877) の 85 戸の農家のうち 20 戸近くが流出し，約 120 戸が増加して，調査時では 185 戸であった。この流出は，明治末期に非常に多い。
(28)　前掲拙稿「明治期における地主経営の展開」239-42 頁。(第 1 巻第 3 章)
(29)　佐藤正「農業生産力と農民運動」163-74 頁 (『東北大学農学研究所彙報』第 10 巻第 3 号所収，1959 年 3 月)。
(30)　前掲拙稿「水稲単作地帯における地主制の矛盾と中小地主の動向」341-3 頁。(第 1 巻第 5 章)
(31)　前掲拙稿「明治期における地主経営の展開」269-71 頁。(第 1 巻第 3 章)「大正期における地主経営の構造」216-9 頁。(第 1 巻第 4 章)
(32)　前掲拙稿「大正期における地主経営の構造」220 頁。(第 1 巻第 4 章)
(33)　中村吉治『日本の村落共同体』101-4 頁 (日本評論新社，1957 年 3 月)。
(34)　中村同上書，164-70 頁。
(35)　馬場昭，前掲「水利事業の展開過程」。
(36)　馬場同上，246-8 頁。
(37)　佐藤繁実「庄内地方における農業生産力展開の契機」(盛永俊太郎他編『日本農業発達史』別巻上所収，中央公論社，1958 年 3 月) 131-40 頁。
(38)　前掲拙稿「水稲単作地帯における地主制の矛盾と中小地主の動向」300-8 頁。(第 1 巻第 5 章)
(39)　南郷村については，同上，318-21 頁，340-5 頁。(第 1 巻第 5 章) 中平田村のある庄内地方，とくに飽海郡については，小山孫二郎「大地主と庄内米の流通」(盛永俊太郎他編『日本農業発達史』別巻上所収，中央公論社，1958 年 9 月) 769-81 頁。

〔補論 1〕 日本の近代化過程と村落共同体

1

近代化の過程で村落共同体の問題はどのような位置をしめるか，という課題を考えるばあい，まず村落共同体とはなにかということが前提になければならない。というのは，現在の共同体論議をみると，共同体についての理解はまったく多種多様で，論者ごとに異なるといっていいような状況だからである。しかし，この問題をきちんとあつかおうとすれば，とても与えられた紙数で足りるものではない。それで，ここでは，いままで多くの機会に私がのべてきたことを前提として，必要な点だけを確認してすすむことにしたい。

最近の共同体論議の大きな特徴は，共同体のもつ歴史的意義を，前近代社会における基本的構成とみる立場と，人間社会全体をつらぬく超歴史的な基本的構成とみる立場とが，はっきりわかれてきたことである。別なかたちで表現すれば，近代社会では，共同体は，矛盾的存在として否定されるべきものなのか，または人間社会であるかぎり近代社会でも存続しなければならないものなのか，という問題である。かつて約 25 年前に共同体が論議されたときは，ほぼ前者の立場に立つという共通土俵があった。しかし，その後の高度成長のなかで，農村が解体され，住民生活がおしつぶされる状況への批判として，人間の共同関係・共同体が，資本の攻撃にたいする人間主体確保の抵抗拠点と考えられるようになり，後者の主張があらわれてきた。

このような本質的対立が生じたのは，いうまでもなく，村落共同体についての理解が根本において異なるためである。

私は，前者の立場に立って共同体を歴史概念としてとらえる。それは，歴史的諸条件により生成し消滅するものであって，人間社会一般に存在する超歴史的な概念とは考えない。そして共同体が存続するのは，マルクスのいう「原初の社会形態」，つまり，生産力の低さに由来する生産者と生産手段の密着が，「人格的依存関係」＝身分関係・血縁（族）規範によって維持されている社会であると考える。これは原始社会から封建社会までである。つぎの「第 2 の社会形態」は，資本主義であって，そこでの「物的依存性の上にきずかれた人格的独立性」は，共同体を否定して成立すると考えるのである。

以下，こうした視点から，日本近代の村落共同体を考えていきたい。

2

日本の近代化の過程をみるとき，そのもっとも基本的な内容をなすものは，資本制的諸関係の生成発展と，天皇制という独自の国家体制の構築であろう。この両者は，本来相矛盾する点をふくんでいる。すなわち，資本制的な関係は，本来，対等な自立した個々人を，商品・貨幣という物的なものを媒介としてむすびつける，契約的な関係である。これにたいして，天皇制という国家体制は，皇統・赤子という身分的血縁的規範によって，イデオロギー的にも行政的にも構築されるものである。このように，質的には矛盾する面をふくみながら，しかし日本社会としては１つの持続的な体制を完成させていたことが，ここでの課題であろう。こうした近代社会のなかで，村落共同体がどうなっていったか，という問題である。

そこでまず維新変革の過程についてみよう。大政奉還・王政復古から，地租改正・秩禄処分にいたる過程で，ようやく徳川幕藩体制を解体した明治政府勢力は，なによりも先に，国内政治状勢，つまり支配体制の安定を図らなければならなかった。開国以来の急激な商品貨幣経済の農村への浸透と，幕藩領主の収奪強化は，民衆の生活を極度に圧迫するとともに，他方で封建的経済統制を制約と感じさせ，反領主制，経済活動の自由要求の気運をつくりだしていた。こうしたなかでは，新政府の支配体制すらはげしい抵抗にあい，明治２～３年（1869～70）は，徳川期の最高を超える百姓一揆件数を記録したのである。こうした状況のもとで，新政府が最初におこなわなければならなかったことは，天皇制支配の意義の徹底であった。周知のように，天皇制支配体制の完成は，長い期間を要して，ようやく日清・日露両戦争期に達成されたと考えられるのだが，そのスタートは，戊辰戦争期からはじまっている。

なかでも注目されるのは，明治元年（1868）８月４日布告第603号の「奥羽人民ニ賜フ詔書」と，翌年２月20日行政官諭達第178号の「奥羽人民ヘノ告諭」である。前者は，人民といいながらじつは，戊辰戦争で反官軍の側に立った武士身分にうったえるものであり，後者は，おもに農民にたいするものであった。前者では，天皇の地位は，「今ヤ朕祖宗ノ威霊ニ頼リ，新ニ皇統ヲ紹キ，大政古ニ復ス。……夫レ四海ノ内孰レカ朕ノ赤子ニアラザル，率土ノ浜亦朕ノ一家ナリ。……」と説明されている。ここにしめされる「皇統」「赤子」「一家」という語は，天皇制的な身分規範，血縁規範である。つまり，武士的な身分規範に代えて，天皇制的規範をしめしているのである。ここに，近代的体制とはいいながら，日本でのそれは，共同体の規範と一致する側面をもっていたのである。

これにたいして，農民にしめされた告論では，「天子様ハ，天照皇大神宮様ノ御子孫様ニテ，此世ノ始ヨリ日本ノ主ニマシマス。神様ノ御位正一位ナト国々ニアルモノ，ミナ天子様ヨリ御ユルシ被遊候ワケニテ，誠ニ神様ヨリ尊ク，一尺ノ地一人ノ民モミナ天子様ノモノニテ，日本国ノ父母ニマシマ（ス）」と，よりくわしく説明されている。ここで注意すべきことは，天子様は神様より尊く，日本の父母であるとしている点である。農民にとっての神とは，まず氏神であり，規範としては共同体の神であった。つまり，農民のムラ共同体は，氏神ごと天皇の子孫であるとされているのである。こうしてムラ共同体は，天皇制の国家の枠まで，イデオロギーとして拡大されたのである。だが，こうした国家共同体は，イデオロギーとしてはありえても，ただちに経済的（生産的）実体をもつものではありえない。これを実体としての村落共同体とは別種の，擬制的共同体とよぶこともできよう（天沼香氏にならって）。つまり天皇の位置は，農民のムラ共同体を基盤に，これを重層的に拡大して説明しているのである。こうした説明をしなければ，農民に天皇制支配の正当性を理解させられなかったのである。このような天皇の地位から，「誠ニ叡慮寛大ニシテ，不心得ノモノアルハ全テ教化ノ不行届ト勿体ナクモ御カヘリミ遊サレ，会津ノ如キ賊魁スラ命ヲ助ケタマヒ……」と，封建領主にたいする優位をしめし，「百姓トモ何ノ弁別モナク彼是騒動イタシ候テハ，誠ニ相スミカタ（シ）」と，農民をおさえているのである。そうした「叡慮」は，日本に生まれし人を「ヒトシク赤子ト思召サレ」るからで，このありがたい治世に安心せよ，とのべるのである。

以上のように，日本近代を特徴づける天皇制は，実体的なムラ共同体のイデオロギー的側面の拡大によって支柱を与えられたのである。その意味では，日本近代には，擬制とはいえ共同体的規範が色濃く付与されたのである。

3

ところで，実体としての村落共同体は，どうなっていったのであろうか。実体としての村落共同体といっても，その実態は，これまた多様に理解されている。私たちは，中村吉治氏の理論をもとに，岩手県煙山村（現矢巾町）の実態を解明したが，すでに近世の村は，共同体的諸関係・諸機能を分化・拡散させており，村役人の統轄する行政上の村は，それら諸関係・諸機能の主要部分をふくむ支配制度上の区画となっていることが判明した。共同体としての実体の主要な部分をふくむ，という意味は，それをも無視しては，そもそも封建的支配制度としてなりたちえないということである。多くの論者は，近世村＝自然村＝村落共同体ととらえるが，そのように自己完結的な村落共同体は，実態としては存在していない。私にいえることは，近世村は，村落共同体としての本質をもっているということであって，完結した共同体ではないということである。

このように，すでに拡散・変質しつつある村落共同体が，近代に入ってどう位置づけられたかをみよう。

生産力構造からみれば，明治初年にいちじるしい変化が生じたとは速断しがたい。欧米から，大農具・機械的農具が輸入されても，実際にはほとんど使用不能であった。稲作畜耕が奨励されても，真の意味の普及は，耕地整理事業の展開を俟たなければならなかった。商品作物を中心とする勧農政策も，従来の展開を促進するていどで，定着しないものが多い。こうしたなかでは，農民間の共同関係は，急には変わらない。しかしそれを変えていく力は，商品生産性の強化とともに，その共同関係を貨幣が媒介する傾向が生じてきたことと，職業・居住の自由を保証しつつ殖産興業策がとられ，農村の労働力が賃金を求めて流動するようになったことのなかにあった。村落共同体の主要な属性である身分的人格関係は，貨幣が人間関係を媒介したり，職業の自由がみとめられたりすることによって，しだいに弱まっていくものである。

こうした面でのゆるやかな変化にたいして，制度面の変化は急激であった。地租改正は，ともかくも土地の私的所有を法認し，かつての村の「領」としての家・人・土地の結びつきを，法的には解体した。またそれは，貢租の村請制を破棄し，個々の家の責任を創出した。これらの変化は，共同体に立脚する社会構成を否定したことを意味する。それが幕藩体制の解体であったのである。

多くの論者が，村落共同体の問題を，ムラにおいてのみみて，社会構成としてかならずしも明確にとらえていないが，それでは，共同体の歴史段階的意義があきらかにならず，超歴史的な共同関係の強調に終わることになるのである。ここでは，はっきりと実体としての共同体的構成の社会の止揚の方向を確認しておかなければならない。

しかし，全機構的な社会構成としては止揚されても，ムラにおける諸関係のなかに共同体的性格が残存することは，事実としてあった。問題は，それをも積極的に否定したのか，あるいはまたそれを再編し利用したか，という点である。

4

明治4年（1871），政府は戸籍法を定めたが，ここに戸籍の区がもうけられ，数ヵ村を合わせて戸長をおくことになった。これが翌年発展して，名主・庄屋制が廃され，戸長の行政事務権が定められ，ややおくれて大小区制が実施されるにいたった。小区に戸長，村に副戸長・用係がおかれたが，独自の行政権は副戸長になく戸長に与えられたのである。これは，実体としての村落共同体を，ともかくもふまえて成立していた近世村を否定し，村落共同体をほとんど無視するかたちで編成替したものであった。村の自治権がうばわれたことにたいする反抗は，やがて自由民権運動となっていく。これは，地主や上層農の独自な支配体制要求であった。他方，区の実態は，「アタカモ異家ヲ合セラレタ」ような不都合さが生じていた。大久保利通が，「新規ニ奇異ノ区画ヲ設ケタルヲ以テ頗ル人心ニ適セス。……寧ロ多少完全ナラサル　ノアルモ固有ノ慣習ニ依ルニ如カス」と上申したのは，大小区制が，ムラの共同体的性格とあまりにもかけはなれていたためであろう。しかし注意すべきことは，「完全ナラサルモノ」といっている点で，共同体的な村が新政府の地方制度としてみとめられているのではないという点である。

天皇制政府は，イデオロギーとしてはムラの共同体構成を利用しつつ，行政上の地方制度としては，共同体構成を離れたものを構想していたのである。しかし，その離れかたは困難な課題だった。明治11年（1878）の郡区町村編成法や，明治17年（1884）の戸長役場制を経て，他方，国会開設・憲法制定の約束をしつつ（明治14年），明治21年（1888）の町村制施行へといたるのである。郡区町村編成法における村自治との妥協は，村支配者としての地主とのあいだの妥協であった。地主は，村の共同体首長としてでなく，土地所有者としての階級支配のために，共同体的構成を利用していくことになった。その地主の村落支配者としての地位が確立したとき，地主は国家に妥協した。それが，町村制であった。

5

町村制の下で旧村は，部分村落として「部落」と称されることになった。部落は，旧村がはたしていた日常的事項の処理や共有財産・共用地の管理権を受けつぐ必要から，確固たる組織として存続した。農民からいえば部落はみずからの独自な事項処理の組織であったが，国家からみれば，自治体ではなく町村という行政庁に隷属する行政区として，みとめられるものであった。それは，徳川期の村が行政村であった以上に，行政末端機構の性格が強かった。実態と制度的位置づけとのずれは大きかったのである。

しかし，前述した生産力構造の変化は，部落がもっていた共同体的側面を実質的に解体させていく。部落が共有財産をもっていても，これはしだいに貨幣で計算される近代的財産の性格を強め，労働力と生産手段との直接のむすびつきではなくなってくる。それは共有地が開田されたり，個別分割されたりするなかに明瞭にしめされる。入会地の解体は，明治期を通じて急速に進行するが，その進行は商品生産の展開と併行的であった。それでもなお開田した土地は共有地である。それは近代的共有財産の性格を強めているのである。たとえば宮城県南郷村の大柳部落では，明治 27 年（1894）に「大柳同志社規定」61 ヵ条を定めるが，ここにはかつての村議定的性格はいちじるしく薄い。財産管理と部落行政規定が主であった。また，明治 18 年（1885）の山形県中平田村（現酒田市）の中野新田部落では，「抑々村ト云フハ何ゾヤ。他ナシ，人民結合聯絡シテ家屋ヲ結構セシ者ヲ云フ。人ト云フハ何ゾヤ。他ナシ，共ニ相成シ相助ケ，丹心以テ上ハ国家当然ノ主権ヲ拡張シ，下ハ郷里ノ利害ヲ推考シ富強ニ維持スルヲ謂フ」という誓約書が定められ，家屋敷のない者も署名している。

こうした部落のありかたは，近世村と異なり，天皇制国家機構の地方制度末端に位置づけられたものであった。共同体的な実体が，商品経済・資本関係展開のもとで解体するにつれ，部落はますます妥協的な制度上の産物になっていった。イデオロギー的には共同体でありながら，実体を失っていくのである。

こうした部落は，明治末期の，氏神統合（町村社の成立），部落有財産統一，青年会・処女会・在郷軍人会の結成によって，ふたたび変質する。そこでは，部落の独自機能すら消滅し，地主の部落支配は薄まり，町村支配・階級支配の性格があらわとなってくるのであった。

こうして，日本近代の社会では，天皇制を頂点とする擬制的な共同体規範がのこり，地主—小作の新たな階級関係が形成された。近代国家や地主支配を構築するのに利用された村落共同体的実体は，解体したのである。

〔補論2〕 中村吉治の共同体論

1

私が学んだ中村吉治（現在まで30年にわたる師であるがここでは敬称を略させて頂く）の共同体論では，共同体「論」が先にあるのではなかった。それはこう説明されている。

「この本が，共同体論でなく，共同体史であるのは，なによりも事実を究明したいからである。事実ということになれば，共同体は歴史的存在なのだから，歴史的に書いてみるほかない。……共同体に歴史があり，歴史を通じて共同体は理解できるという私の前提が正しいなら，そこから共同体論をひきだすことができようし，現代においてさえも問題とされて，共同体的思考とか慣習とかいわれるものの理解も正しくなしうるのであろう」（『新訂日本の村落共同体』日本評論社，1971年，2-3頁）。

歴史家がとる共同体のとらえかたとして，これは当然だろうと考えられるかもしれない。しかし，この点こそ，中村共同体論の1つの本質なのである。共同体に歴史があるということを否定できる論者は少ないであろう。だが，共同体史を含んだ共同体論もまた，なぜか極めて少ないのである。世上，原始共同体論，村落（農村）共同体論，封建的共同体論は多い。しかも，自分がそこで取扱っている共同体が，共同体一般となり，それゆえその共同体論が直ちに共同体本質論となってしまっている。だがこれでは，特殊歴史的規定性が普遍的本質と見誤まられることになる。この結果，「共同体という言葉を使うことに今はためらいを感ずる」（有賀喜左衛門）と嘆かせるほどの混乱が生じたことも，当然だったのである。中村が，「なによりも事実を究明したい」として，共同体の歴史をまずあるがままに正確にとらえようとしたのは，共同体の本質を理解するためには，迂遠なようでもそれ以外に方法はないと観じたからにほかならない。

この場合，なんのために「事実を究明する」のかが問題となろう。一般的にも，共同体論は，それ自体が終局的課題であることは少ない。共同体を否定・

止揚しようとするにせよ，それに依拠しようとするにせよ，なんらかの課題解決のために，共同体が論じられるのが常である。ある意味では，共同体というものは，それほど人間存在にとって本質的契機の1つになっていた（または，なっている）といえよう。中村共同体論においても，この点では同じである。そこでの課題は，大きくいえば，人間社会の歴史的把握ということであった。人間が社会的存在であり，社会を構成することなしには存続し得なかったものとすれば，それは人間史の把握といってもいいであろう。中村共同体論は，中村「社会史」のキー・ノートなのである。それはこう説明されている。

「日本社会史について，私は旧版では2つの主題をおいた。1つは社会構造の単位の変化，とくに基礎単位の変化により，最終的に現代的個人が生まれるまでの歴史。もう1つは身分社会から階級社会への変化，つまり現代的階級社会が成立するまでの身分社会の変遷の歴史。……今度も大すじにおいて変更はない。しかし，社会構造という，とりようによってはどうにもとれるあいまいなものを，共同体という観点でとらえるということに私の立場ははっきりしてきている。身分社会というのは，共同体を別な面からいうだけのことであり，近代的な個人も階級社会も，共同体の分解によって成立するわけだから，実は1つの主題〔共同体の歴史――安孫子〕としていい」（『日本社会史』新版，山川出版社，1970年，3頁)。

ここにいう身分社会・階級社会については後述するが，みられるとおり，中村社会史がさしあたり直接的射程としているのは，「近代」の成立までである。それは現にわれわれが生きている社会であり，それを規定してくる前近代の歴史を，まず明らかにしようとしているのである。「歴史は機械的には変らぬから」近代に入っても，共同体的なものが直ちに完全に消滅するわけではない。しかし，それゆえに近代の本質を見誤まったり，逆にそれを遺制・虚像として無視したりすることは，われわれが生きている近代の課題をも見誤まることになろう。中村社会史は，こうした誤りに陥らないためにということで，前近代の本質を共同体というキー・ノートでとらえようとするのである。共同体の歴史的変化のなかで，どこまでが前近代を規定づけるのか，どこからが近代のなかに入りこんだ残存形態なのか，これを明らかにするのが，中村共同体史＝共同体論の課題となっているのである。

しかし，中村共同体論は，如上の抽象的課題設定だけから生じたものとはいえないかもしれない。その共同体史が，日本という枠に厳格に止まっていることは，中村が日本史学・日本経済史学の専攻者だからという理由だけではない。

そこには日本社会・日本文化に対する抜きがたい関心が秘められているように思える。この点は，たとえば有賀喜左衛門のように，ひとつの民族文化圏における特質的傾向を重視して，文化圏相互の関係や共通性を低くみるということではない。むしろ，自分自身の生きてきている社会環境への強い関心に由来するといえよう。それが，中村の，有賀・柳田国男・折口信夫・渋沢敬三ら諸先輩への関心となって表われているように思える。それゆえ，中村社会史で，個人の確立，近代の成立を問題とするといっても，それは日本における個人のありかたであり，日本近代の本質なのである。その目くばりは，当然世界史的に広がるとしても，その逆ではないのである。抽象的人間史が先にあるのではない。そしてこれが，公式主義・教条主義的な，社会史や日本人民の位置づけに陥らないで，日本民衆の実態から変革の方向を見出そうとすることにつながるのである。それが有賀・柳田のように日本の文化・常民という枠内に止まらず，世界史的法則の本質に一致してくるのは，日本社会自体がもつ世界史性，人間史的本質のゆえであり，そこまで，日本社会の「事実の究明」がなされた結果といっていいのである。これは，戦時中の著作『封建社会』（河出書房，1943年）のように，意図的に日本社会と西欧社会との世界史的把握を行なったものもあるが，そこでの方法は，あくまでも「東西の歴史のそれぞれについても同様に検討し，無造作に同じ概念をもつてかたつけてゐたところのものが，果して正しかつたかどうかということも反省してみる」というものだった。このような態度は，共同体史・共同体論についてもまったく同じである。

〔補注〕中村が，最初に日本の農民史・農村史に関心をもった理由が，有賀・柳田の影響である点は，東北大学退官記念座談会で述べられている（東北大学『研究年報経済学』29巻3・4号）。またそこには，卒業論文で農民史をやるといったら，指導教官に「豚に歴史がありますか」と一蹴されたが，とうとうそれをやりとおした，という当時の国史学の雰囲気を伝えるエピソードも出ている。雑誌「歴史科学」，「プロレタリア科学」，「歴史学研究」などが発刊されるのは，卒業後のことであった。

2

中村共同体論は，上のことから，歴史分析のなかから読みとるほかはない。ただその骨子のみをややまとめて述べているのは，国学院大学での講演記録「近代化と共同体」（『国学院大学日本文化研究所紀要』第25輯，1970年）である。

歴史分析の全著作を示すスペースはとうていないから，通史的なものの代表的著作だけ記せば，四度書かれた日本社会史，二度書かれた日本村落共同体史（いずれも最終版は前掲のもの）がある。このほか個別分析として画期的なものは，岩手県煙山村を対象とした『村落構造の史的分析』（共著，日本評論社，1956年）である。これらの著作では，各歴史段階の共同体が，村落共同体を主として都市ギルドを含んで述べられている。その分析から帰結されてくる共同体の本質とは，どのようなものであるかをまずみておこう。

中村は，前近代社会を構成する現実の基礎単位として，村落と家族とに注目する。家族を構成要素とする結合体としての村落を，社会の基礎単位とするのである。だが，問題はこういってみたところで，その家族もまた村落も変化するものであり，そこではなにが家族の本質であるか，なにが村落の本質であるか，とらえようのない形態で現われて変っていくので，ここからだけでは基礎単位の本質は見出しがたいのである。村落の本質から前近代社会を規定しようとすると，村落に対する観点は，常識的な景観主義的なみかたや，ましてや制度的行政単位的な村のみかたをとることはできなくなる。前者は地縁的契機にとらわれて村落の変化の歴史を見逃すものであるし，後者では上からの制度によってのみ変化するものとなってしまう。社会史が支配者の歴史であれば，政治・政策の変化だけで律することも可能かもしれない。だが，社会史，社会構造の歴史とは，社会を形作りそこに生きる民衆の歴史である。民衆の家族の歴史である（とくに前近代では）。とすれば，この村落や家族をみる観点はなにに求められるか。そこに本質的な社会構成原理としての共同体が現われるのである。

中村は，この共同体という社会構成原理を，「生産力の低い段階においては，生産手段と生産者は密着している。……集団として場所や道具にくっついていた。全体として所有していたといってもいいが，所有というより密着していた〔占有ともいう――安孫子〕。ここでは個人の存在はありえない」（前掲『社会史』19頁）という段階のものと規定する。つまりここでは，生産力の低さという点を基礎条件として，それが個人乃至家族の自立を許さず，集団としてのみ生産手段に関係せざるを得ない状況にあるとき，共同体と規定されているのである。人間は集団の一員としてのみ人間であり，生まれただけでは，その社会の一員とはなれなかったのである。そしてこのような状況・条件の解体，なかんずく生産手段の集団的占有の完全な分割，生産者の生産手段からの分離が可能になるとき，近代社会・資本主義社会が，原理的に成立することになる（前掲『新訂日本の村落共同体』4頁)。

こうした共同体の把握は，これだけ述べれば，マルクスの把握と同様にみえる。しかしそれは，共同体の物的基盤，もっとも抽象的な意味において一致しているのであって，より歴史具体的な現われとしては，異なったとらえかたになってくるのである。それは，身分性の問題につながる。中村は，こうした抽象的規定からだけでは，歴史具体的な共同体，あるいはより現象的な各時代の村落の本質を把握することが困難だとして，もっとも単純な社会，すなわち原始社会を対象として，その本質をとらえる。この方法は，前掲の『社会史』，『共同体』，「講演」において，いずれも同様である。

原始社会の集団は，通常氏族として把握されているが，これは直ちに共同体であるという通説を，中村も認めていく。ただエンゲルスに明確に現われているように，氏族の発展・変化が，血縁集団から地縁集団への転化であるという点では，見解が異なってくるのである。中村は，原始共同体，すなわち氏族を，純然たる血縁集団とはみていない。したがって血縁的意味での同祖集団ともみないのである。それは前述のように，生物的意味では血縁をもって生まれる子が，必ずしも直ちに共同体メンバーでないということの，反極である。そもそも原始共同体が，同祖同血縁だということは，原始氏族がそう信じていたことや（モルガン），同名であったこと（デュルケム），共通の祭りをもつ宗教によって結ばれていたこと（クーランジュ），などから主張されたわけであるが，そうすると氏族や家族の発達・歴史を，なによりも婚姻関係・性関係の変化としてみるほかになくなる。これは対偶婚の発生までの，モルガン・エンゲルス説のとるところであるが，中村はここで，もう一度生産過程，労働過程に着目する。そこでは生産力の低さに規定されて，集団の人数の維持，あるいは切捨てが，社会的に考えられなければならなかったとするのである。これは単純に婚姻関係から一義的に決まることではない。「社会史は，自然史と異なるものとしてみなければならない」（前掲『日本社会史』新版，18頁）。

だが，この集団，つまり共同体を結合させていた力はなにか。物的には生産力に規定されていたから，集団から離脱した個人は，生きることが不可能であっただろう。しかし，社会的規範としてそれを支えたのは，究極的において血縁規範だったと，中村は主張する。クーランジュやデュルケムは，これを宗教・呪術としたが，中村はその背景にあるものを一般化して血縁規範としたのである。規範としての血縁は，現実の血縁である必要はない。意識でいいし儀礼によって承認された血縁でいい。養子がその例である。こうして，共同体の血縁規範は，現実の血縁を離れたところで，問題意識やその祭りを作り出した。同祖は同名をもつ。このような人間相互のつながりを，中村は「族」規範，「族」の社会と呼ぶ。そしてこの「族」規範の存在こそ，物的な共同体的関係の社会関係への反映とみるのである。すなわち，共同体的関係が存在するかぎり，族意識・族規範は存続するのである。こうした血縁規範・族意識は，人間の生れながらの位置づけを定めてしまう。親は親であり，子は子でしかない。生れながらに人間の地位を定めるものは，「身分」である。これは人間の能力に関わらない。変えうるのは，血縁規範を一定の儀礼などで変えた場合である。この身分は，分業の分担にも規定された。年代的・性別の秩序や，のちには家柄による秩序にまでなってくる。こうした規範をもつ社会を，中村は身分社会と呼ぶのである（以上の展開は，前掲『日本社会史』新版，18-23頁）。

こうしてみてくると，家族もまたひとつの共同体的性格をもつものとしてとらえられる。エンゲルスの『起源』では，家族は私的なもの，個という側面が強調されているが，それはあくまでも，より大きな集団たる氏族に対して，個であり私的だったのである。この点中村は，家族もまた，共同体が成立する物的基盤の段階においては，共同体的性格をもつものとして，共同体の構成要素として明確に位置づける。族規範を有し身分構成をもつものとしての家族である。このように，一夫一妻制の家族のなかに，なお共同体的性格の本質をみる観方は，日本の研究の特質であるかもしれない。民俗学・社会学が，家族やイエを重要な対象としたことは，日本社会の現実がもたらしたものとはいえ，共同体史を正しくとらえる上では不可欠の視点となっている。こうして，物的諸条件の変化，したがって，共同体の変化・発展とともに，家もまた歴史的変化をもつものとしてとらえられることになったのである。

中村共同体論のこうした特質は，原始社会についてみた共同体の本質が，その後の各歴史段階を通じて貫徹していくことを立証するものとなっている。つまり，原始共同体を血縁集団とみた場合には，血縁集団でなくなったときの共同体の構成原理を，他の関係に求めざるを得なくなる。それを物的に生産力条件に求めるにせよ，その段階ごとの支配者の政策に求めるにせよ，別個な共同体，異質な身分性が現われると理解せざるを得なくなる。しかし，原始共同体の本質を血縁規範，族の社会，身分制社会とみてくれば，この本質は，古代・封建（中世・近世）においても変ることはない。変るのは物的諸条件等に規定される具体的な現われかたであり，その基礎に血縁意識・族規範が貫徹している点では同じになるのである。中村共同体論が，共同体史としての体系をもちうる根拠はそこにある。その意味で，身分社会というとらえかたは，中村共同体論の本質であるといっていいのである。

ここで，この前近代を貫く身分社会という本質と，階級社会ということとの関わりが問題となろう。この点でも，中村の理解は独特である。中村は，階級社会という用語を，他人の剰余労働の収奪という観点からは使用しない。通常，階級関係を基本とする社会を階級社会と称するわけだが，中村は階級関係があるからといって階級社会とはいわない。前近代を一貫する社会的本質を身分社会と呼ぶのである。これは，中村自身つぎのように説明している。

「人と人の直接的肉体的結合の社会と，貨幣・商品を媒介とする社会というように大きく区別する立場をとろう。前者を身分社会，後者を階級社会といってもいい。……生産の方法が発達し，生産手段にはたらきかけるしかたが発達し，したがって生産関係つまり人と人との関係が変化発達するという原則的なみかたは今日すでに常識でさえある。……これは生産手段と生産者の間に，相互に密着した不分離の関係があるか，分離できるかという問題でもある。……資本主義社会は，商品でつながる社会である。こういう生産手段の所有者と非所有者に分かれた社会を階級社会という立場をとる」（旧版『日本の村落共同体』日本評論社，1957年，7-8頁）。

この説明にはないが，階級社会は個人が確立してくる社会である，という規定が前述のごとく入っている。こうしてみると，この身分社会と階級社会の区別は，マルクスの「人類史の３段階」説における，第１段階「人格的依存関係は最初の社会形態であり，そこでは人間の生産性はごく小範囲でまた孤立した地点で発展する」，第２段階「物的依存性のうえにきずかれた人格的独立性は第２の大きな形態であり，そこで一般的な社会的物質代謝，普遍的な対外関係，全面的な欲望，そして普遍的な力能といった体制がはじめて形成される」（『経済学批判要綱』Ⅰ，高木訳，79頁）とほとんど一致した観方になっているといえよう。人格的依存関係を身分社会と呼んだわけである。そしてこの依存関係の本質を族規範に求めたのである。したがって，身分社会つまり共同体の問題は，「物的依存性に立脚した人格的独立」の社会の吟味につながる問題となっているのである。これが，中村が，前近代とくに日本の前近代を，一括して身分社会としてとらえた意図だったのである。そしてこの身分社会というとらえかたは，実は共同体というとらえかたより先行していたと思われる。たとえば，中村の最初の著書『近世初期農政史研究』（岩波書店，1938年）において，「封建社会の基本的性質」として身分性をあげている（252頁）。ここでは封建社会のみが対象とされているが，身分を揺がし混乱させるものとして，中世商業・貨幣経済を対置させているところは，すでに上述の身分社会と階級社会の本質的区別と同じ視点となっていた。実に身分こそ，前近代社会史の本質的眼目であり，この身分性の基礎を探って共同体にいきついたというのが，現実の経過だったと思われる。

3

こうして前近代社会を基礎づけるものとなった共同体は，したがって近代において解体すべきものとなる。共同体が歴史的存在であり変化するものである以上，その解体もまた歴史的諸条件の上で規定されるものとなる。これが，共同体の歴史であり，身分社会の具体的展開である。

この共同体の具体的歴史的展開を把握する分析方法として，中村は2つの主題をおく。1つは，具体的な社会単位としての村落と家の実態を明らかにすることである。他の1つは，身分関係と階級関係のからみ合いを正確にとらえることである。これは「階級の発達史」という主題といってもいいと述べている（旧版『日本社会史』有斐閣，1952年，6-12頁）。

ここで特徴的なことは，通常は共同体を村落乃至ギルドといった集団としてのみとらえているのに対し，ここではその構成要素としての家・家族も，共同体の具体的分析の重要な一環として入っていることである。村落にのみ共同体的性格（族規範）があって，家にはないとか，あるいはその逆ということは，あり得ないのである。複眼的な視座といっていいかもしれない。そのことによって，村落を単に地縁集団とか自然村とかみることがないのである。村落の共同体的性格は，家相互間の現実のつながりと深く関わり合うことになる。したがって，地理的・景観的村とか行政村として存在する村において，現実の家関係がその村の範囲と一致しないとき，その村を直ちに共同体そのものとはみることができないのである。この村落と共同体との関係のとらえかたのなかに中村共同体論の具体的特徴が示される。村落とは現実に存在し，一定の基準によって画される家集団であるが，村落共同体とは人間乃至家相互の関係であり，族規範による結合範囲であり，それらに立脚した1つの生産関係なのである。本源的には，つまり原始社会にあっては，ムラと考えられる具体的集団が共同体と一致していたのであるが，生産力の変化，家関係の変化によって，共同体的諸関係と現実の村落とは，必ずしも一致しなくなる。とくに封建社会の発展のなかでは，両者のズレこそが本質となる。このことは，共同体的占有の下にある土地，具体的に林野とか水路とか，ときとしては耕地までもが，村落的範囲を越えて，共有，共用されるに至って，決定的となる。また，家の婚姻関係の広がりによって，労働過程における労働力組織も村の範囲を越える。こうして，共同体的機能，そこに働く族規範は，機能ごとに分化し，村落を越えて拡散する。このとき村落は，それゆえにこそ，村としての結合を強めなければならない状況に立ち至るのである。それは，集団員（家）によっても要求され，また支配者からも強制される。両者の村は一致するとはかぎらないが，後者の強制によって一致させられることが多い。こうした村も，やはり 1 つの共同体的性格を有した集団であるにはちがいない。だが，その村だけで，共同体の総体を現わしているのではないのである。

こうした村落と共同体との関係は，一般に理解されがたく，支持されないようにみえる。しかし，本源的段階における共同体の本質を，その後の歴史段階に貫徹させて共同体をとらえようとすれば，こうした観方以外にはありえなくなるのである。たとえば現実の封建村落をもって，封建的共同体の総体を現わすものとすれば，封建的共同体の構成結合原理のなかに，領主支配の問題を入れなければならなくなる。つまり新たな共同体原理の導入である。また，日本中世について，村落共同体という視点での村落把握が長らく欠落していたのは，中世に郷村制に匹敵する明確な村組織がなかったからに他ならない。近世郷村制において，ふたたび共同体が復活したわけではあるまい。村を景観主義的にとらえることは，共同体をもまた景観的にとらえることが可能なような，錯覚を生じさせていたとしかいいようがない。

以上の家・村落と共同体との各段階における具体的関係こそ，中村共同体史の中心課題であり，「事実の究明」の結果なのである。これは，前述の通史的著作を一貫する主題であり，その豊富な実証が，前述の煙山村の分析および長野県今井村の分析（中村吉治・島田隆・矢木明夫・村長利根朗著『解体期封建農村の研究』創文社，1962 年）によって与えられたのである。

このような共同体に対応する身分関係は，共同体の変化に応じてまた変る。士農工商といったきわめて画一的な身分制度ができたことは，裏を返せば本源的身分関係の弱化に対応したものなのである。これが階級関係と結合して，それぞれの段階の身分社会を形成するのである。

階級関係に力点をおいた社会史は，階級関係の止揚をもって大きな歴史段階を画することになろう。しかし，中村社会史は，共同体を，つまり身分社会をキー・ノートとするゆえに，共同体の解体，身分性の廃絶，個人の確立をもって歴史を画するものとなる。その所産たる近代社会が，いかなるものとして成立するかは，その解体・廃絶のしかたに関わる。その意味で，中村共同体論は，われわれが現に生きる資本主義社会（日本）の近代性いかんを吟味する基準を与えるものとなるのである。ここから真の人間解放へ至る道は，「階級社会」それ自体の課題となるのであり，日本の課題に即してそれをどう設定するかというときに，日本の近代性の理解が生きてくることになるのである。

〔付記〕中村共同体論は，独自であるがゆえに理解されがたい現状にある。批判以前に理解されていないことが多い。そのため，この補論では，できるだけ中村理論，中村史学の意図するところを，思い切って直截に提示してみた。そのため，かえって誤った点がありはしないかと怖れる。またあえて中村批判に対する反批判をしなかったのもそのためである。中村共同体論が，現在の日本の社会思想のなかで占める位置も，論争等の結果としては提示しえない状況にある。むしろ，今後どう役割を果しうるかを考えながら，祖述することのみに止めた。この点了承をえたい。

第2章　近代村落の三局面構造とその展開過程

はじめに

本章の課題は，日本近代の村落の特質をどのように把握するか，そしてそうした特質を持つ村落構造がどのように展開していくか，を考察することにある。

いうまでもなく，村落的社会とは，農林漁業を主とする自営小生産者＝家族経営の集団が作り出す社会であって，そこでは家連合という関係が，もっとも主要な社会関係となっているのである[(1)]。本章では，こうした村落的社会の一般的本質を前提として，一方では，近代という段階規定を受け，他方では，日本という類型規定を受けたとき，その村落的社会はどのような特質を持つであろうか，ということを課題とするのである。

一般に，近代という段階規定概念は，経済体制からいえば資本主義段階と同義に考えられている。それが発達した独占資本主義段階を含むか否かの議論は，さしあたり関係ない。したがって，近代村落といえば，資本主義的諸ウクラードの形成・発展にもかかわらず，依然として小経営的生産形態が持続している社会といえる。もちろん，その村落の内部でも，資本主義的諸要素が一部は形成されつつあるだろう。しかし，その社会関係の主軸をなすものは，依然として小生産者たちの家連合なのである。他方，近代の小生産者は，小商品生産者化しているという特質を有している。ひとしく小生産者であっても，その経営が，自給的生産を基軸とするか商品生産を基軸とするかでは，大きく異なる質を持つ。近代の小生産者は，自ら商品生産者であると同時に，資本主義的・商品経済的外波に洗われている。こうした状況での村落的社会の特質が，ここでの問題なのである。

つぎに，日本という類型規定の内容であるが，ここでは大きく2つの面が考えられよう。1つは，日本社会の長い歴史のなかで形作られてきた特質であって，その歴史が持つ無限の要素の結果として伝えられたものである。これは直接には，日本近代に接続する封建社会，具体的には徳川時代から伝えられたものとしてとらえていいであろう。もう1つは，外ならぬ日本近代の，したがって日本資本主義生成・発展にみられる類型的特質である。日本の近代は，アジア・欧米の国際的条件とかかわって，それ自体大きな類型的特質を持ったものであった。本章で主として考慮するのは，この後者の類型的特質であって，前者の特質は与件・前提として配慮するに止めたい。

以上のような課題の限定から，本章では，日本近代村落を村落共同体論の観点からは扱わない。小商品生産者としての小農＝家族経営が形作る社会関係という観点から村落構造の特質とその展開を考察することにしたい。

さらに，当然のことであろうが，日本近代の小農の持つ基本的性格や諸問題，たとえば小農生産力の発展，農業政策，農民層の分解，地主・小作関係の実体等々の問題も，本章としてはすべて前提として考察せざるを得ない。これらの諸点に関しては，私の他の論稿についてみていただきたい。

なお，考察の対象とする時期は，日本近代の村落の特質が明確にされ始めた画期としての町村制施行期から，その特質が著しく変容され始める戦時体制直前期までとする。本来ならば，特質形成期に当たる廃藩置県――町村制施行の時期の考察も必要であろうが，与えられたスペースでは，その余裕がない。

また，本章では，可能なかぎり一般的特質を明らかにすることが必要であろうが，さしあたりは，具体的な事例に即して考察することにしたい。ここで素材とするのは宮城県遠田郡南郷村である。南郷村に関しては，我々の共同研究によって，すでに多くの研究成果を発表してきているが，村の概要は，菅原芳吉著『南郷村誌』（南郷村，1941年），須永重光編『近代日本の地主と農民』（御茶の水書房，1966年），南郷町史編さん委員会『南郷町史』上巻（南郷町，1980年。下巻近刊）等についてみていただきたい。

Ⅰ　近代村落社会の三局面構造

1　日本村落の「近代的」再編

維新変革の過程で，「富国強兵・万国対峙」をスローガンとして急速に「近代化」を進めてきた我が国は，その国家体制において，比類のない中央集権的な地方制度を作りあげてきた。廃藩置県を起点として，大小区制，地方三新法，連合戸長役場制を経て，市制・町村制に至る過程は，一面において，村落構造を変革する内的要因，基本的には商品経済の展開に対応する農民側の主体的要因を有していたとはいえ，より主要な側面は，国家による上からの行財政的要因による地方制度の整備，それに伴う村落構造変化の過程であった。そのような村落構造の変化を真の意味で村落構造の「近代化」と呼び得るかどうかは別として，これが，日本資本主義形成の特質と対応する，日本村落の近代化の主要な過程であることは否定できない。

そもそも，日本の近代化といった場合，その基本的な内容をなすものは，資本制的諸関係の日本的な生成発展と，天皇制という独自の国家体制の構築であった。この両者は，本来，原理的に相矛盾するものである。すなわち，原理的には，資本制的関係とは，対等な自立した諸個人を商品・貨幣を媒介として結びつける，契約的な関係である。これに対して，天皇制国家体制は，皇統・赤子といった身分制的・血縁的規範によって，イデオロギー的に，かつ行政制度的に構築されたものである。このように本質的には矛盾する面を有しながら，しかし日本社会としては，それを1つの持続的な体制として完成させていったのである。

村落社会を規定する枠組は，当然ながらまず国家体制の面からもたらされた。その基本姿勢は，すでに早く，1869年2月20日行政官諭達第178号「奥羽人民ヘノ告諭」にみることができる(2)。農民層を対象としたこの告諭では，天皇を「誠ニ神様ヨリ尊ク，一尺ノ地一人ノ民モミナ天子様ノモノニテ，日本国ノ父母ニマシマス」と説明している。農民にとっての神とはまず氏神であり，規範としては村共同体の神であった。したがって，この告諭は，農民・村共同体を，氏神ごと天皇の子孫であると規定したのであった。換言すれば，村共同体は天皇制国家の枠にまで，イデオロギー的に拡大されたのである。だがしかし，その共同体的構成は，イデオロギーとしてはありえても，経済的実体をもつものではありえなかった。いってみれば，国家はこうした擬制的な共同体的規範を，イデオロギー的枠組として必要としていたのである。

これは，実体のない擬制とはいえ，現実には，村落を規定する枠組としては実効をもってくる。たとえば，1885 年の山形県中平田の中野新田部落の村規約[3]の前文に，「抑々村ト云フハ何ゾヤ，他ナシ，人民結合聯絡シテ家屋ヲ結構セシ者ヲ云フ。人ト云フハ何ゾヤ，他ナシ，共ニ相成シ相助ケ，丹心以テ上ハ国家当然ノ主権ヲ拡張シ，下ハ郷里ノ利害ヲ推考シ富強ニ維持スルヲ謂フ」とあるように，地方制度は国家体制の中に明確に位置づけられてくるのである。こうした観念を，急速に作りあげていくことこそ，共同体原理を拡大した天皇制のもつ役割であったのである。

ところで，村落社会の実体の方はどうであったろうか。生産構造からみれば，明治前期に著しい発展があったとはいいがたい。大農具導入・商品作物奨励を中心とする勧農政策も，ごく一部を除いては従来の展開を多少促進する程度の意味しかもたない。農民間の関係は急には変らない。しかし，村落社会を変える力は商品経済の浸透（とくに地租金納）とともに，農民間の関係を貨幣が媒介するようになり，職業・居住の自由が認められて，労働力が移動するようになったことから生じてきた。身分的人格関係に変化が生じてきたのである。

これは制度的変革によって促進されている。地租改正は，ともかくも土地私有を法認することによって，村の家・人・土地の結びつきを，法的には解体した。貢租の村請制も廃棄されている。共同体的構成をもつ村社会を止揚する方向は，明確になっているというべきであろう。

村の近代的再編，地方制度の整備は，以上のような過程のなかで，多くの矛盾を含みながらなされていった。行政上の地方制度は，共同体的構成をふまえていた近世村（行政村）を否定し，別な機能をもつものとして構想された。しかし，近世村を否定するといっても，全く無視して完全に別な村を考えることはできない。村落社会構成の基盤となる生産力構造は，さほど変化していなかったからである。明治前期のめまぐるしい地方制度の変化は，実体（とくに地主の要求）と政策とのさまざまな妥協の形態であり，旧村（近世村）を完全に無視し得なかったことの現われである。最終的な妥協，町村制の施行は，地主の土地所有者としての村落支配が確立したときに行われたのである。

2　村落機能の三局面分化＝連関

町村制の施行は，村落社会を制度的にも実態的にも大きく変える画期となった。旧村は，戸籍法・大小区制以来の方針によって，その自治体としての独自の権能を失ない，新しく成立した町村の中の集落，部分的村落にすぎないとされた。すでに近世においても，一定の自治権を認められていた行政村（近世村）と，実体としての共同体的構成・機能との間にずれが生じていたが，町村制で行政町村がより拡大された範囲で設定されることにより，自治権と村落構成的実体の背離は，いっそう大きくなったのである。

つまり，新町村は，地方制度上の単位，すなわち「地方自治」権を有する法人とはなっても，実体からいえば，小生産者が形作る家連合的村落社会の機能は，遂行し得ないものだったのである。そのため，村落社会としての機能を遂行する単位が別に想定され，それが研究史上，「部落」と称されてきたのである。「部落」とみられたのは，あるいは旧村であったり，大字であったり，あるいはその他適当なる範囲での集落であったり，各地の実態に即して多様である。それは，研究者の把握においてだけでなく，地元の農民の意識においても多様である。

それゆえ注意すべきことは，この「部落」が村落社会としての機能を，すべて統合的に含んでいると理解することは，誤りであるということであろう。部落＝共同体説は，この誤りの最たるものであって，村落社会の機能は，さらに分化していっているものとみなければならない。この村落社会を成り立たせているための機能は無限にあるともいえるが，ここで問題としなければならないのは，日本近代の村落社会を特質づける主要局面に限定される。

こういうものとして村落社会が担った機能の１つは，地方体制の末端としての町村の行政を，さらに下部に降していく際の受皿としての機能である。これは，村落実体を行政的に把握しようとするものであった。制度的には，町村の内部にさらに行政区を設け，町村長，町村議会の下に置いたのである。この局面では，村落は行政区，一般的には「区」として把握され機能することになった。「区」は制度上の組織であるから，区長は，村長が村会にはかり，その承認を受けて任命され，報酬を受けていた。[4] しかし，その村長の区長推薦は，多くは区民の推薦，少なくとも区民の合意を経たものであった。そこに村落の否定し得ない機能があったのである。だがまた，後年になると（1910年代，20年代），区民の合意を得て村長が推薦した区長候補者が，村会で拒否されることもあった。逆に，区民の意向を聞くことなく村長が推薦することもあった。このことは，区に関しては，村落の機能，区民の意志を無視することができたということを意味する。それは，区が村落社会の内的必然性によって生じた機能というよりは，上から国家行政（地方体制）の要請によって作られた機能であったことを示すものであった。それゆえ，この行政区は，次第に村落社会の実体と離れながら，制度的にはますます強化されていくのである。

村落社会が持った機能の第2は，旧村以来持ち続けていた独自の自治的機能である。この点こそ地方制度の上で否定された最大の機能であった。だが制度的には否定されたとしても，経営遂行上，あるいは家の存続のためには，必要な機能であり組織であった。研究史的にも，村落機能として最も注目されてきた局面である。これは制度上の組織でないために，地域により，また町村によって，多種多様な形態で存在した。そうした多種多様な機構を，ここでは「部落」と称することにする。[5] 私は，すでに旧稿で行政区的側面と独自的自治機構的側面を区別してきたが，その両側面を統合して「部落」と呼称した。[6] 本章では，それを改め，機能の区別にしたがって，それぞれ行政区，部落と別個な呼び方にしたい。両者をより厳密に区別したいためである。

部落の独自の自治機能は，内容からいえば多様である。そのなかでも注目されてきたのは，いわゆる部落有財産の管理利用機能や，水利組合の下部機構としての部落機能などである。本来，任意団体としての部落には，法人格が認められないから共有財産の所有主体とはなり得ないのであったが，明治末年まで，現実に部落の所有・管理利用が行われてきたことは，とりもなおさず部落の独自的自治機能の存在を示すものであった。

このため，部落は，しばしば独自の部落規約を持つ。そこでは，部落の役割とともに，部落住民たる資格が規定されることが多い。独自の自治機能を有するが故に，その主体たる住民の規定は重要なことであった。後年，行政区としての性格と部落としての性格がより区別されてくるようになると，行政区の住民規定と部落の住民資格とは異なるものとなってくる。しかし，双方ともにこれは村落の持つ機能のなかに含まれて存在するのである。なお，住民規定の問題とも関連するが，当初，行政区長と部落会長とは同一人が兼ねることが多かったが，後にはこれが別人によって担われることもあった。ここにも，区と部落との差異が現われているのである。

近代村落社会の機能の第3は，近隣的な生活上の家関係である。この局面は，近世村においては，生産的活動での家関係と重なり合うものであったが，明治中期以降では，生活面での関係と生産面での関係は，次第に分離していった。こうして残った生活面での家関係は，一般的には「講」，契約講といった形で組織されている。通常，1つの「講」をとってみると，区や部落の規模より小さいものが多い。しかし，本来は，講的機能の規模と独自的自治機能の規模とは，重なり合うことが多かったものである[(7)]。それが著しくちがう場合でも講は部落的組織の内部に作られることがほとんどで，部落を越える講は，むしろ例外的である。また，講を組織すること自体，部落内の合意が得られなければ不可能なことであった。こうしてみると，本来，講と部落は同質のものであったといえる。実際に，講の機能をみても，明治前期までは，入会利用や水利保全，あるいは行政的連絡などの仕事をしていたものが多い。契約講という名称も，村契約，後年の部落契約の意味を有していたのである。したがって，講は部落と同質で，部落の別称であったか，または部落の下部機構となっていることが多かった。

講と部落の分離過程は，生活機構と生産機構との背離と併行して進んだ。講の結成が，部落の承認を必要としなくなったとき，この分離は完成するといえよう。一般に，講に残された機能は冠婚葬祭となり，さらに近年では葬祭だけになったといわれる。生活面の大部分は，講以外の組織乃至各家の個別的なつながりの中に解消してしまったのである。それは，家連合的な村落の機能ではなくなり，個別的家のつながりのなかで果されることが多くなったのである。その意味では，都市的・労働者家族的な生活のつながりに接近したのである。しかし，逆に葬祭にせよ，講の機能が残っているということは，葬祭が村民の重大な事である以上，村落社会としての機能がなお必要であることを示しているといえる。

以上の村落機能の三局面，すなわち，行政末端機能としての区，独自的な自治機能としての部落，近隣的生活機能としての講，この三者の分化した状況が，日本近代の村落社会機能の特質を形作っていたのである。これが分化していながら，しかし，村落のなかで相互に深く関わり合っているのが，近代の村落であった。

村落の，こうした構成は，結論的にいえば，町村制施行以降1910年代までが典型であり，それ以後，本質には継続しながら，急速に形を変えていく。三局面分化として成立したこの特質は，三局面分離へと向う。経済的には，その変化の基盤は商品生産の展開だととらえることができても，現実の社会関係としては，さらにさまざまな変化要因があった。そして，これも結論的にいえば，天皇制イデオロギーが解体されていったとき，新しい家関係の原理として，経済的には自作地主義の商品経済が，政治的には新憲法の民主主義が，生活的には協同組合主義が，それぞれ登場することになる。それは戦後村落の課題である。

本章では，以上の見通しの下に，三局面の分化・分離の展開過程を，具体的事例に即して考察しておきたい。

Ⅱ　三局面構造の明治期的特質

1　区・部落の関連とその機能

1888年4月25日に公布された町村制は，翌年4月1日から実施され，「町村合併標準」に従って，南郷村は旧6ヶ村を合併して成立した。この旧村の合併も，実施2ヶ月前の原案では，「南郷村　木間塚村外四ヶ村　戸長安住仁次郎」（遠田郡長2月18日告示）とあるように，和多田沼村を除く5ヶ村合併となっていた。この告示の後，隣接する涌谷町の町制施行責任者に指名されていた森亮三郎と，南郷村制施行責任者の安住との間で協議が行われ，和多田沼村は，南郷村に入ることとなったのである。ここに至る行政区域の変遷は，表1

表1　南郷行政区域の変遷

年　月	郡・大区	小区・連合町村・新村（　）内は旧村
明.元.12	遠田郡南方27ヶ村 　大肝入→郡長(明.3.2)安部長太郎	南郷5ヶ村村扱（福ヶ袋,練牛,大柳,木間塚,二郷） 城下分（和多田沼）
明.5.4	第9大区（南方27ヶ村） 　区　長　森　亮三郎 　副区長　木村雄人，鈴木純之進	小6区（和多田沼，福ヶ袋，練牛，大柳，木間塚） 　戸　長　伊東幸記 　副戸長　久保愿吾，木村忠吾
		小7区（二郷） 　戸　長　松田庄作→安住仁次郎（明.6.7） 　副戸長　安住仁次郎,松田常治,甲谷喜三太 　　　　　桜井庄之助，高橋養之助
明.7.4	第5大区（遠田郡全域） 　区　長　森　亮三郎→鈴木譲之助	小8区（和多田沼，馬場谷地） 　戸　長　武田豊之助 　副戸長　？
		小9区（福ヶ袋，練牛，大柳，木間塚，二郷） 　戸　長　木村雄人 　副戸長　安住仁次郎
明.9.11	第3大区（遠田,志田,加美,玉造の4郡） 　区　長　鈴木譲之助	小5区（南郷6ヶ村） 　戸　長　木村雄人→佐藤礼蔵 　副戸長　安住仁次郎→佐藤礼蔵→？
明.11.11	遠田郡 　郡　長　鈴木純之進	連合村（馬場谷地，和多田沼） 　　　（練牛，福ヶ袋） 　　　（大柳，木間塚） 　　　（二郷）
明.17.7	遠田郡 　郡　長　鈴木純之進	連合戸長役場 （福ヶ袋，練牛，大柳，木間塚，二郷） 戸　長　安住仁次郎 （和多田沼，馬場谷地） 戸　長　森亮三郎→木村雄人→鈴木力衛
明.22.4	遠田郡 　郡　長　鈴木純之進	南郷村　村長　安部久米之丞 （区は,和多田沼,福ヶ袋,練牛,木間塚,大柳,二郷）

注：前掲『南郷町史』上巻，572頁によるが，多少修正してある。

に示すとおりである。一見して分るとおり，大区が郡に帰着する過程，旧村が小区制を経て新村に落着く過程は，めまぐるしい変更を重ねている。朝令暮改ともいえるこの変更は，それ自体地方末端行政機構の性格・意義を示す経過であるが，本章ではこれにはふれない。

とくに，この末端行政機構の変遷のなかで，旧村の機構・機能がどのように変化し，どのように継承されてきたかについては，共同研究者菅野俊作の貴重な研究成果が発表されている[(8)]。菅野の研究は旧村練牛についてのものであり，小区制の施行（1872年）によって「瑣末ノ事タリト雖モ自己ノ意見ヲ以テ専断スルヲ得ズ」と規定された旧村が，「自然ノ一部落」（1878年第2回地方官会議）としての自治機能のゆえに，どのような独自組織を作ってそれを果してきたかを，克明に解明したものである。すなわち，旧村練牛は，蟄竜社（のちに村立事務所に改組）という独自の自治組織（結社形態）を作り，これが地方行政機能を除く独自機能を遂行してきたのであった。このなかで，組別契約講（六親講）もその機能の一部は蟄竜社に移したものの，それ自体としては，一村（旧村）親睦会へと統合されていった。こうして，行政村練牛，結社蟄竜社，一村親睦会という三局面分化が進行していったのである。

町村制施行は，こうした三局面分化を，新村南郷村の下で再編するものであった。当然ながら，最も大きな変化は行政村（旧村）の否定であり，これが行政区となっていった点である。

（i）「区」的側面

町村制施行＝南郷村成立とともに，行政区と部落が分化していったのは，練牛区と共愛社のほかに大柳区と大柳同志社，福ヶ袋区と福ヶ袋協同社などの例がある。区と部落の範囲が一致しなかったのは，旧二郷村である。行政区は当初二郷区であったが，後には上二郷区と下二郷区とに分割された。さらにその後，下二郷区から中二郷区と小島区とが分離され，現在は4つの区となっている。これに対して部落の方は，初めから高玉共扶会など6乃至7部落に分かれていた。これは旧村二郷が他の5村より著しく大きい（1888年に南郷714戸中，二郷だけで271戸）ことにもよるが，部落というものが，本来住民の独自の必要性から生じた機能をもつものであるため，必ずしも区と一致しなくともよかったという理由に基づくものである。

ここでは大柳を例として詳しくみよう。旧村大柳は新南郷村の下で行政区大柳区となったのであるが，その区長は，町村制第64条により村会で選出された。この選出は，当初2，3年は村会での選挙によっていたが，まもなく地元住民の意（部落が推薦）を受けて村長が推挙する慣行になった。つまり，当初は町村制での規定を忠実に実施したが，やはり部落住民の意を受けないと種々の支障があったのであろう。このように，区は村の行政統轄下にあったため，区の業務や財政は，簡単ではあるが村会に報告されていた。

区の業務は，部落の業務と分ちがたいものであった。そのなかでも行政区的な業務としては[9]，租税公課割当の通知，役場等からの通知の回覧・配付，その他行政連絡的なものが主であった。通知の内容を，1901年の実例でみると，警察からの火災盗難予防，宮城農学校の生徒募集，神社祭典の連絡，稲落穂拾いの通達，演習による被害調査，生糸蚕種品評会の開催，澱粉製造の講習，種痘の実施，産米乾燥の注意，農会役員選挙の連絡，伝染病届出の様式等々，きわめて多種多様であった。

また，この行政区の重要な義務として，部落有財産の管理・収支状況を村会に報告しなければならなかった。部落有財産の内実は，所有・利用・収益に至るまで主体は部落であって区ではない。しかし，村に対しては区の名前で届けなければならなかったのである。部落の本来の独自機能は，部落有財産の収益によって果されるものであった。したがって，それを村に報告することは，部落の事業内容を村に報告することだったのであり，それが区を通してなされていたのである。この意味では，実体としての村落大柳は，行政区たる大柳区と部落たる大柳同志社の二枚看板を持っていたといえよう。新行政村南郷村は，こうした部落財政に現われた機能によって補完されていたのである。国家の地方行政に直接関わる部分だけが，村政に移されていたのである。

（ii）「部落」的側面

ところで，依然として独自の機能を有し実体としての村落であった部落についてみよう。大柳部落は，制度的には大柳同志社という結社形態をとって組織されていた。この組織は，町村制施行＝南郷村成立によって明確になってきたのであるが，1894年にその規約を改正し，全7章61条の新規約を定めた[10]。その全文は省略して，主要部分のみを示しておこう。全体の構成は，第1章総則，第2章役員及選挙，第3章会議，第4章会計及報告，第5章共有地及基本金，第6章賞罰，第7章雑則，となっている。

第一条　本社ハ共有地ヨリ生ズル収益ヲ基本金トナシ，之レヲ凶荒ノ予備ニ供シ，
　併セテ左ノ各項ヲ企図スルヲ以テ目的トス

一　一致団結シテ公利民福ヲ計ルコト

二　自治独立ノ気象ヲ養成スルコト

三　農事ノ改良ヲ計ルコト

四　漸次風俗ノ矯正ヲ計ルコト

第二条　本社ハ当区住民ノ結合ナルヲ以テ大柳同志社ト称ス

第四条　共有地ハ之レヲ社員ニ配当シ，又ハ他ニ売渡スコトヲ得ズ　之レヲ永遠ニ備フベキモノトス

第七条　総理・幹事及会計ハ地租金二十円以上ヲ納ムル者ヨリ選挙ス

第八条　組長ハ本区ヲ甲乙丙丁ニ分チ，各組ヨリ公民権ヲ有スルモノヲ選挙ス

第廿五条　共有地ヨリ生ズル収入米ハ，評議会ノ評決ヲ経テ之レヲ翌年四月限リ売払ヒ，金員ニ応ジ納税及雑費ヲ控除シ残除ヲ基本金ニ組入ルモノトス

第廿九条　共有地ハ之レヲ社員ニ配当耕作スルモノニシテ，他区村民ニ小作セシムベカラズ

第四十七条　犯則者ニシテ罰金ヲ拒ム者ハ，退社ヲ命ジ共有地ノ所有権ヲ剝グモノトス

第五十三条　該規程中或ル条項ニ依リテハ，寄留若クハ借舎ニモ利用スベキモノナルヲ以テ，其ノ趣意ヲ予メ家主或ハ地主ヨリ注意シ置クベシ

第五十四条　寄留或ハ借舎等ニシテ本社ニ害アリト認ムルトキハ，家主若クハ地主ヨリ之レヲ立退カシムベシ

ここで注目すべきことは，部落構成員は「当区住民」と規定されているが，この「住民」には「寄留・借舎」は含まれていない点である。寄留や借屋は，その家主・地主を通じてのみ部落の住民であり，独立した権利主体にはなっていない。権利を持つ構成員は，自ら家屋敷を有する本戸層（小作人でもいい）に限られていたのである。これに対応して，「退社」という罰則も定められている。つまり権利剝奪の規定である。これは一種の村八分的制裁といえよう。こうした部落の運営を行なう役員層は，一定以上（地租20円以上）の土地所有者から選ばれた。1902年の三役（４人）・組長（８人）の階層をみると，５町歩以上所有の地主層10人と，２町歩及び９反歩所有の自小作層２人であった。[(11)]このなかには，大柳の大地主がほとんど含まれていた（入ってないのは第３位,

第8位の地主)。部落運営は地主層によって行なわれていたのである。

こうした部落の構成・運営は，部落結合の物的基盤が部落有地であったことに対応している。大柳の共有地は，明治初年以来開田が進み，1900年代には37町歩すべてが水田となっていた。これは純部落有地19町1反歩と大柳小学校有地17町9反歩からなっていた[(12)]。これを部落の有権者住民に小作させていたのである。この収益に基づく大柳部落の財政は，上述のごとく区を通して村会に報告されていたのであるが，その2,3の例を表2に示す。この支出構成をみればわかるように，土木・教育・衛生等，明らかに村政の一部を分担していたのである。租税・公課のなかには，水利組合費・水害予防組合費・農会費も入っている。また住民が窮乏した際には，県税・村税の戸数割分に補助を出している。

こうした財政に現われない部落の機能をみるために，評議会（三役・組長）の議題をみると[(13)]，雇人の賃金協定，借屋取締り，桑盗人の取調べ，他部落青年との喧嘩和解，各戸大掃除，酌婦禁止，馬耕具購入者への補助，堆肥舎建築補助，肥料代無利子貸付，箟岳秣草の買入れ，夜学会の運営，学校焼失の復興，

表2　大柳部落財政収支

項目		明31	明34	明35
		円	円	円
収入	前期繰越金	104.196	722.395	1,034.627
	小作米収入	476.780	835.543	407.880
	収入計	580.976	1,557.938	1,442.507
支出	事務管理費	10.600	78.923	40.590
	人件費・謝金	58.000	10.460	23.750
	会議費	14.250	9.322	10.085
	税・公課	122.887	193.627	178.277
	土木費	41.170	13.800	46.185
	教育費	54.680	84.008	59.803
	衛生費	6.500	10.000	15.000
	財産管理費	5.000	7.790	3.200
	祭典費	7.000	26.821	4.439
	親睦費	10.000	28.360	—
	寄付金	4.000	60.200	5.000
	戸数割等補助金	—	—	362.550
	支出計	334.087	523.311	748.879

注：各年度「大柳区有財産収入支出決算報告書」による。『村会議事録』に収録分。

共有田の検見，新年宴会，懇親講（契約講）への寄付等々がある。

以上，部落的側面の概略をみたが，こうした状況は，1910年代の町村行政の強化，地方改良運動のなかで変化する。とくに，部落機能の物的基盤である共有地が，部落有財産統一事業によって，村有地となっていったとき，決定的に変化する。この点は，後に改めて論じたい。

2　部落・六親講の関連とその機能

南郷村の村落構成上見逃せないのは，契約講（六親講）である。南郷の六親講は現在48組を数え，その成立年代は，表3のようである。48組中34組は1910年までに成立しており，六親講がすぐれて幕末・明治期的な所産であることがわかる。新講の成立は，2つの要因による。1つは，講の家数が増加したために細分化したもの，もう1つは，従来講に加入し得なかった層が自らの講を作ったものである。講が階層性をもつことは，「侍講」，「借屋講」といった俗称にも示されている。

大柳には現在7講があるが，現在の名称でいうと，幕末期には，第二六親講・第三番講があり，1902年に第四講中，1909年ごろ上一番講中，1920年に第五番講中と第六番講中，さらに1968年に第七六親講が作られてきた。講が新設され数が増えることは，同時に講の性格が変化してきたことの現われであった。

南郷の講の成立は18世紀後半から始まる[(14)]。それは従来の本分家的族団とは

表3　時期別契約講成立数（南郷村）

地区名	藩政期	明治期	大正期	昭和戦前期	昭和戦後期	計
和多田沼	1	3			1	5
福ヶ袋	1	1	1		1	4
練牛	3	2	1	1		7
大柳	2	2	2		1	7
木間塚	1	1	1		2	5
上二郷	4	5	1			10
下二郷	4	4			2	10
計	16	18	6	1	7	48

注：(1)　1976年のききとりによる。
(2)　地区名では，明治末期の区をとったため，中二郷区，小島区は未分離である。

別に，血縁よりも地縁的かつ階層的な組織として作られた。その範囲は藩政村のなかの小集落であった。最初の講，練牛の赤井六親講や二郷の慶半上講中などは，家中だけで組織されたため「侍講中」といわれた。しかし後者が，当初「慶半兄弟契約宿組合」という名称で出発したように，兄弟契約という擬制血縁規範を有していたことは重要である。ここに族団的，共同体的性格が示されている。藩政期の六親講のメンバーは大半が苗字を記している。これはそれらの家が家中として士分に類する家格を有していたためでもあるが，村の公的文書には苗字を記していないことからみると，この自主的組織では家の意味を強調乃至誇示したのであろう。

初期（藩政期～明治初年）の六親講の機能は，寄合の場を中心に，生産・生活に関する多様な取決めを行ない，かつそれを協力して実行するというものであった。具体的にみると，萱刈りの入会利用，堰・堀の管理，洪水対策，雇賃金の協定，屋根ふき等の共同作業，備荒積立て，冠婚葬祭の役割，什器の貸与，生活規律の監視（ばくち，喧嘩），借屋設置の規制，金穀の貸付け，浪人取締り，諸連絡などであった。もともとこれらの機能は，藩政村の機能をさらに細分して分担したものであった。したがって，維新以降，旧村・行政区の制度的整備が進み，他方，水利組合等が別個に組織されるにつれて，生産的・行政的な機能は失われ，親睦・冠婚葬祭の機能が残るだけとなっていく。代って，国家的統制が浸透して，「戊申詔書ニ基キ華ヲ去リ実ニ就キ勤倹産ヲ収ム」とか「村制ヲ維持シ共同事業ニ当リ時世ノ進運ニ後レザラン事ヲ期ス」といった申合せがなされるのである。

こうして六親講の実質機能が縮小し変化するにつれて，六親講の統合が進行する。統合といっても合併ではない。部落，したがって行政区の範囲で，そこに含まれる数個の講を統轄する講組織ができたのである(15)。練牛では，赤井や谷地中，練牛本村といった小集落ごとにあった4つの六親講を統合して「一村親睦会」ができた（1880年）。大柳でも「大柳懇親講」が組織された。このように部落・行政区単位に講的組織ができたことは，本来の講機能の部落機能への吸収と，吸収しえなかった機能を部落的・行政区的に統制することを目的としたものであった。そこに「戊申詔書ニ基キ」といった思想が生ずる根拠がある。もはや講は，独自の機能を著しく縮小し，同時に部落的な，あるいは行政的な施策の受皿としての側面をもつに至った。

六親講そのものは存続しながら，その上位に部落規模の「親睦」組織ができたのである。ここに至って，実体としての村落大柳は，「大柳区」，「大柳同志社」，「大柳懇親講」という3枚の看板を掲げることになる。つまり，3つの機能組織が分化したのである。3つの機能組織とはいいながら，実は1つの大柳である。こうした分化をもたらしたのは，直接には国の地方制度，つまり新村南郷の行政機能に対応したものであった。国・県という上部に対しては自治を持ち得ず，下部の集落に対しては独自機能・共有地を委ねざるを得なかった，新村南郷村の位置・役割が，部落に3機能の分化確立をもたらしたのである。

前述のように，こうした三局面分化確立というのは，南郷村の真の意味での行財政的自治の確立がないためであった。それゆえ，村の力量・役割が強大化し，部落有財産を実質的に統一していくなかで，この三局面分化の構造は変化していく。その意味では，三局面分化を示す村落構成とは，すぐれて明治期的な所産であり，これが日本近代の村落構成の特質を規定するものとなったのである。

3　三局面構造変質の諸要因

町村制施行以降に確立した村落の三局面的構造は，その集中的表現を「部落」という形態で示した。多くの研究者が，近代村落の特質を「部落」に求めたのは，それなりに理由があったといえる。三局面の構造的結合こそ，「部落」の揺ぎなき実体と考えられたからである。しかし，それはもはや共同体的構成原理とは著しく異なるものとなっていた。それはとくに，区的側面に強く拘束されていたことに象徴される。そのため共同体的構成原理をより強く持っていた講が，もっとも大きく変質してしまっていた。

ところで，こうした構造を持つ近代村落が，その後も持続したかといえばそうではない。すでに述べてきたとおり，南郷では部落有財産統一を機に，この三局面構造は再度変化をみせる。全国的にみれば，この変化の開始期は実に多様である。それは，この変化をもたらす要因の現われ方が，町村によって大きく異なるためである。そのなかでも，南郷での変化は早く発現した部類に属する。本項では，この要因がいかに現われたかについてみておきたい。それは原理的には他町村にも共通する点を持つであろう。

三局面構造の変化は，村落的機能が部落的構成を越えて拡がる形態で現われる。部落の超克である。この基本要因として資本主義経済の進展，日本資本主義の展開という大前提を別にすれば，直接には，行政面での村的統合の進展・強化と，階級支配面での地主支配の拡大・強化とを挙げることができる。しかし，両者は併置の関係にあるのでなく，重なり合う面が多い。ここでは，現象面に即して２つに分けて挙げておきたい。こうしたものとして，南郷で特徴的に現われ，かつ重要と考えられるのは，水利機構の展開（端的には水利組合），学区問題にみられる村的統合，部落有財産統一，地主的団体による村落支配等の諸点である。

ここでは紙数がないため，水利機構の問題については，それが村と地主の連繋・結合の下に運営され，その末端業務が部落機能を利用して行なわれたことだけを指摘しておく。また，学区問題をめぐる村的統合―部落間対立の克服は，Ⅲにおいて取りあげることにする。

（ｉ）　部落有財産の統一と村的統合

明治末に始まる部落有財産統一の事業は，土地・資源の高度利用（農商務省的立場）とともに村財政の基礎を固め村税不課村を創ること（内務省的立場）が目的であったが，南郷では上述のごとく，すでに部落有地の大部分は開田されていたから，統一の主要な目的は後者の点にあったといえる。そしてそれは，行政村的統合を強めるものであった。

他方，南郷の大地主層の土地集積は，部落の枠を越えて全村に拡がっており，その面からも，部落支配の枠を越えた村支配を望んでおり，そのためにも村的統合を必要としていた。また，統一によって村有財産ができ，村財政収入が増加すれば，地主が負担していた所得割・戸数割の村税は，相対的に減少し，地主に有利に作用するのであった。

このように，部落有財産の村への統一は，部落独自機能の財政的基礎を奪うものであり，したがって部落機能の縮小，部落性格の行政区的性格への接近をもたらすものであった。このため，依然として部落支配に基礎を置く小地主・自作上層は，部落的実体を解体させるような統一の事業に反対し抵抗した。

南郷の部落有財産統一の動きは，1904 年ごろから当時の村長牛渡覚左衛門の手によって始められたが，各部落の抵抗にあって不調に終った[16]。しかし，この部落の抵抗を乗り越えて統一を実現していった力は，部落の枠を越えた大地主層の連合から生じた。すなわち，1906 年，村長となった練牛の大地主（当時 55 町歩所有）鈴木直治は，再度部落有財産統一の事業に着手し，翌年議決，1908 年 7 月実施に成功したのである。その「区有及小学校財産統一ニ関スル規定」には，第一条として「南郷村各区有及小学校財産ヲ合併シ全部本村基本財産トナス」とあり，全ての土地が村に統合されることを強調している。一筆の土地も部落に残さないというのは，当時としては珍らしい徹底した統一であった。その徹底ぶりは第三条でさらに明確に示される。すなわち部落有財産が村に移管統合された以上，その利益を受けるのは全村民であるとの立場から，村に統合される土地の評価額を村民 1 戸当りに割り，これを各区戸数に乗じた額と各部落が拠出した土地の評価額との差額を算出し，後者が少ない場合（拠出不足）は，その部落から年賦で金銭を徴収したのである[17]。その結果は表 4 のようであって，北方の 3 部落（「上三区」といわれる）和多田沼・福ヶ袋・練牛では，元来部落有地が少ないこともあって拠出不足となり，特別徴収を 2 年乃至 8 年にわたって負担しなければならなかった。こうした処置は，部落有財産を単に村に統合するだけでなく，より多く拠出した部落の不満を抑えるために，村民負担平等の原則，したがって収益平等の原則をも貫いたものであった。こうして形の上では，旧来の部落がもっていた財産の多少という差は消滅させられ，村民平等という意識を作り出したのである。これは村民意識の村的統合であった。しかし，現実には部落財産の一切を拠出した上に，数ヶ年にわたって特別徴収を受けた上三区の不満は大きかった。この不満を辛じて抑えたのは，村長鈴木家が上三区の練牛出身の大地主であったことである。鈴木家がその部落支配力で地元を納得させなければ，この統一は為し得なかったのである。そして村会議員として鈴木家に協力した統一事業調査委員には，福ヶ袋最大の地主松岡修，和多田沼最大の地主岡崎家が加わっていたのである。こうした地主連合の力が，上三区の不満を抑え，物心両面での村統合をなし遂げたのであった。

こうして形成された村有財産は，原野の開田事業を伴ないつつ，村有水田か

表４　南郷村部落有財産統一の状況

部　落	旧所有	田	畑	原野等	計	同左評価額	要拠出額	過不足
		町	町	町	町			
和多田沼	区　有	3.5	0.1	4.5	8.1			
	学校有	3.3			3.3	円	円	円
	計	6.8	0.1	4.5	11.4	3,657.07	5,831.02	－2,173.95
福ヶ袋	区　有			3.4	3.4			
	学校有	2.7			2.7			
	計	2.7		3.4	6.1	2,749.90	6,117.50	－3,367.60
練　牛	区　有	9.9		5.4	15.3			
	学校有	3.5		2.2	5.7			
	計	13.4		7.6	21.0	6,849.77	7,777.30	－　927.53
大　柳	区　有	19.0	0.1		19.1			
	学校有	17.9			17.9			
	計	36.9	0.1		37.0	13,316.78	11,219.11	＋2,097.67
木間塚	区　有	0.1	0.5	1.8	2.4			
	学校有	15.5			15.5			
	計	15.6	0.5	1.8	17.9	5,469.40	5,014.11	＋　455.29
二　郷	区　有	1.2	0.3	41.7	43.2			
	学校有	69.1	3.3	1.0	73.4			
	計	70.3	3.6	42.7	116.6	31,143.50	27,227.38	＋3,916.12
合計		145.7	4.3	60.0	210.2	63,186.42	63,186.42	0

注：「南郷村財産統一顛末」（1908年）付表より算出。ただし要拠出額以下は，大柳以下の下三区については原表にないので，新たに算出した。

らの小作料による村財政補強を目的として運営された。基本財産からの収入は，管理費・諸税を差引いた後，村費繰入金・土地購入費及び積立金の３項目にふり向けられた。積立金は特別な支出（学校建築など）の際に取りくずされるが，その村費繰入には条件が付されていた。原則は平常時には余り繰入れないこととし，繰入れた場合は，村民負担を，授業料・村税（以下同じ）戸数割・所得附加税・地租割附加税・営業税の順に減額することになっていた。[18] この村費繰入の状況は，表５のとおりである。これを歳入総額でなく村税収入と比較すると，1910年で34.6％，1921年では87.5％に達していた。

この結果，部落性・地域性が強かった学校・土木・衛生・消防に対する村の統制力が強まった。村制施行以来の，村・各部落という多元的構造は村に一元的に統合されていくことになった。

この反面，氏神・産土神などの部落神社の村社への統合は，南郷では進まな

表５　村有基本財産収入の比重

年度	基本財産収入	うち村費繰入金Ａ	村歳入金総額Ｂ	繰入金比重Ａ／Ｂ	村有地	うち水田
	円	円	円	%	町	町
1908	2,949	1,500	12,465	12.0	210.2	145.7
09	4,271	1,488	12,789	11.6		
10	0	2,507	13,387	18.7	216.4	173.3
11	4,166	3,000	15,134	19.8		
13	18	100	17,854	0.6		
14	6,994	4,000	19,382	20.6		
15	7,230	4,160	22,036	18.9		
16	8,668	5,367	23,867	22.5	232.4	213.6
17	14,965	5,571	27,452	20.3		
18	31,067	4,200	32,631	12.9		
19	36,150	11,800	50,904	23.2		
20	21,457	18,266	64,811	28.2	234.2	215.2
21	26,976	42,922	134,007	32.0		
22	27,325	12,709	110,858	11.5		
23	33,535	11,000	95,478	11.5		
25	34,420	19,263	84,470	22.8	235.8	216.6

注：各年度「南郷村会議事録」の資料により算出。

かった。こうしてみると，「地方改良運動」のイデオロギー的側面よりも，地主の利害に直接関わる物的側面での統合が推進されたといえよう。そのことは，村落支配構造が地主―小作という階級関係に即して再編されてきたことを示している。地主は，部落支配という基盤から脱却して，階級関係と行政機構（村）に立脚して支配できるほどに成長していたのである。

（ii）　地主的団体による村落支配再編

部落機能の縮小，村的統合の進行は，国家体制（地方制度）として重要な過程であったが，その実現を媒介していったのは，地主的利害の力であった。地主は，こうした国策を利用して自らの蓄積基盤を再編していったのである。ここでは，国家と地主との利害は一致していたのである。南郷の大地主層が，1894 年に開設された遠田郡郡会において，いちはやく主導権を手にしたのもその現われである[(19)]。しかし，地主は地元たる部落から全く遊離して，その支配を続けることはできない。このため，とくに大地主層を中心として，行政機構化しつつある部落を，地主―小作秩序を軸とする機構に再編していったのである。

南郷においては，こうした組織に2つの類型がみられる。1つは，部落的範囲を継承した，いわば部落的協調組織であり，他の1つは，部落内における小作農協調組織である。後者の方がより階級関係が露わであることはいうまでもない。

前者の例としては，1917年，練牛の200町歩地主鈴木家が作った（改組）「社団法人練牛愛郷社」，二郷砂山の70町歩地主安住家が作った「財団法人醇厚団」，1923年に福ヶ袋の60町歩地主松岡家が作った「社団法人福ヶ袋協同社」などがある。練牛愛郷社の例をみると，この組織は親睦と備荒貯蓄を目的とし，メンバーを本戸層に限定せず，主要な小作人層である借屋も村税負担者である限り加入させた。その運営は，すべて鈴木家を頂点とした中小地主7家によって行なわれ，その下に小作・借屋層を組みこんだ協調組織になっていたのである。これは形の上では，旧来の部落機構の改組のようにみえながら，その内容においては，旧部落支配者たる中地主を裁判で追い落し，新しく地主—小作関係を軸に再編したものであった。

こうした組織が作られる必然性は，大地主主導の下に宮城県で初めて実施された耕地整理事業の展開とも関連があろう[20]。耕地整理は，1903年大柳において，村第一の地主野田斎治を組合長として開始されたが，以後，表6にみられるように，各部落単位に，部落最大の地主の主導の下に行なわれている。こうした形で，地主による部落統合が必要だったのである。それが可能だったところに，南郷の耕地整理が県下のトップを切って行なわれた根拠がある。

つぎに後者の例としては，1917年，大柳の200町歩地主佐々木家が，主な小作人・借屋層を組織して作った「大柳親睦貯金会」や，ややおくれるが部落内の地主が連合して作った「和多田沼福ヶ袋地主小作協調組合」などがある。佐々木家の親睦貯金会は[21]，メンバーを大柳区民であり，かつ佐々木家の小作人・借屋ということに限定している。これが純粋に小作人層とされず，大柳区民という資格をつけているところに，地主と部落との関係が窺われる。いわば地主の藩屏としての中核小作人層を結集しているのである。このように，独自性を失ったとはいえ，地域としての部落は，依然として地主支配の基盤たり得たのである。会の事業内容も親睦貯蓄に限定されず，共同耕作による農事研究，

表6　部落別耕地整理状況（1910年まで）

地区	着工年度	施行後面積	組合長	1915年所有地
和多田沼 福ヶ袋	1907年	559.6町	松岡　達	67.4町
練牛	1906	309.0	木村清一	22.9
大柳	1903	75.4	野田斎治	337.3
	1904	239.7	佐々木大太郎	108.2
	1907	2.6		
	1910	28.5		
木間塚	1907	289.7	上野藤馬	76.6
	1910	80.6		
二郷	1904	72.1	伊藤源左衛門	209.5
	1905	176.0	桜井庄之進	16.8
	1906	221.9	木村与惣治	45.1
	1909	60.4		
	1910	246.1		
下二郷	1910	488.1	安住仁次郎	68.1

注：(1)　宮城県「耕地整理事業成績要覧」，南郷村「村治概要」による。なお，1915年所有地は，「村税割付」付表による。
(2)　練牛の最大の地主鈴木家は，当時村長職にあったため，組合長となっていない。

肥料等の共同購入，石油発動機の共同利用を行なっており，産業組合類似の機能をもっていた。ここでは，部落が地主―小作関係によって解体されていく局面が明瞭にみられる。これに比較すれば，和多田沼・福ヶ袋の協調組合は，地主・小作と銘を打ちながら，なお部落的結合に多く依存しているといえる。佐々木家が，後年（1928年）小作争議を契機に，他町村の小作人も全て包含した名実ともに完全な協調組合「共栄会」を作る伏線が，すでに親睦貯金会に現われているといえよう。

以上のような地主主導の部落再編に対して，部落は逆に，地主支配・資本主義経済に対する共同防衛機構としての動きもみせる。明治末期は，この両者の対抗の時期でもあり，かつ部落がその対抗のなかで敗退していく時期でもあった。この防衛機構としての部落というものもまた，本来の生産・生活の場としての村落とは，異なった面を持つものである。本来の部落は，村落支配者たる後の大地主を中心として１つの統合性を持っていたのであるが，防衛機構としての部落は，ほかならぬその大地主への対抗組織という性格を持つのである。

南郷においては，そうした組織として，初期（明治末）の部落的産業組合を挙げることができる。南郷では，早く1892年に，砂山地区を範囲として「貧民救済信用組合」（組合長安住仁次郎）が設立されたが，これは旧部落もしくは六親講に近い組織であった[22]。産業組合法施行後の最初の組織は，1905年の「無限責任大柳信用組合」と「無限責任練牛信用組合」であった。その後，「無限責任南郷購買販売組合」（1909年，二郷），「無限責任和福信用購買生産組合」（1911年，和多田沼・福ヶ袋）が作られた。このうち長く続いたのは，大柳と二郷の組合であって，他の2つは数年で解散している。大柳信用組合は[23]，小地主鎌倉庄兵衛を組合長とし，大柳の上位5位までの地主は加入していない。理事・監事も5町歩前後の自作地主乃至自小作上層農に限られていた。そこに，小地主を中心とした部落的な防衛組織の性格を見ることができる。この組合は，専ら低利資金の相互融通を試みるが成果はあまり挙っていない。同様な性格のものとして，大柳には，1908年に「大柳青年貯蓄会」が作られ，大柳区民中87戸が加入していた。この会長は中地主（24町歩）の野田健蔵であったが，他の役員は信用組合と重複しているものが多かった。これは定額月掛けの貯金会であるが，また部落内への低利融資も行なっていた。掛金は部落の組を通じて集金していた。この会は，産業組合が法的規制を受けるのに対して，任意団体である便利さがあったといわれる。

以上の大柳の2団体は，地主的団体が持っていた生産活動・農事改良・副業推進などの機能を全く持たない。農家の活動としては受身の活動だった。産業組合とはいいながら，部落と同質の保守性があったのである。そこに，小地主的部落統合の限界があった。地主支配に対抗する生産者農民の自主的活動は，1920年代に入って，自小作上層主導の，部落を越えた同志的結合のなかに生じた。そしてそれがやがて，全村規模の産業組合結成へと向うことになるのである。

以上，行政・地主の一体化による村的統合＝部落有財産統一と，地主による村落再編とそれへの対抗をみてきたが，こうした1910年代の村再編，すなわち三局面構造の変質＝解体は，1920年代にいっそう明確に進展する。そのとき，村落はどのような性格を持つに至るかが，つぎの課題である。

Ⅲ　展望──昭和戦前期における三局面構造の解体

本来ならば，このⅢにおいて，三局面構造のいっそうの変質＝解体を，第1に，地域間対立の超克と行政的統合の強化の面から，第2に，生産者農民の運動による下からの新たな組織形成の面から，そして第3に，恐慌後急速にファシズム化する国家主義的村落再編の面から，検討する予定であった。しかし，大会報告の際にも時間的にこの部分の報告は充分に行ない得ず，本章においても，紙数の関係から充分に展開し得ない。それゆえ，その要点を述べて，村落本質変化の基本的方向を確認しておきたい。

Ⅱでみてきたように，日本近代村落の明治期特質といえる三局面の構造的連関は，その中心となっていた部落の独自機能の後退とともに弱化し，三局面が相互に遊離する傾向をみせていた。1920年代には，上述の3要因が，三局面の連関をさらに断ち切ることになってきた。この点を南郷に即してみておこう。

第1の，部落間＝地域間対立の超克，すなわち村的統合の強化は，南郷では，学区問題に端を発した上三区の「分村」要求の解決，「南郷村自治要綱」の制定という形で進行した。この詳細は，最近別稿[(24)]を発表したのでそれに譲りたいが，問題の要点はつぎのようであった。すなわち南郷の小学校学区は，図1のようにめまぐるしく変更されてきたが，学区は常に部落・区単位で設定されていた。そのなかで，大地主の多い下三区の南郷尋常高等小学校は中心校としての地位を持ち，高等科を併設し，大地主の援助もあって，優れた設備を誇っていた。これに対し上三区の住民は練牛小学校の移転増築を要求した。地域間対立は，1922年，この移転場所とそれに伴う学区の変更，すなわち練牛区児童の一部を分離して南郷小学校学区に編入するところから始った。つまり，部落が学区によって分断されることになったのである。対立は，村議会内で上三区選出議員の原案反対から表面化した。それは上三区が分断されて，地域的・部落的統合の基盤を失うという危機感から生じたものであった。そして，この反対意見が否決されるや，問題は上三区住民対大地主支配という形で，一挙に拡大した。すなわち，1922年12月，上三区住民は，宮城県知事に対し，「分村ノ儀ニ付請願」を提出したのである。併行して村の全戸に，「分村理由説明書

図１　南郷各小学校の変遷（名称・学区・課程）

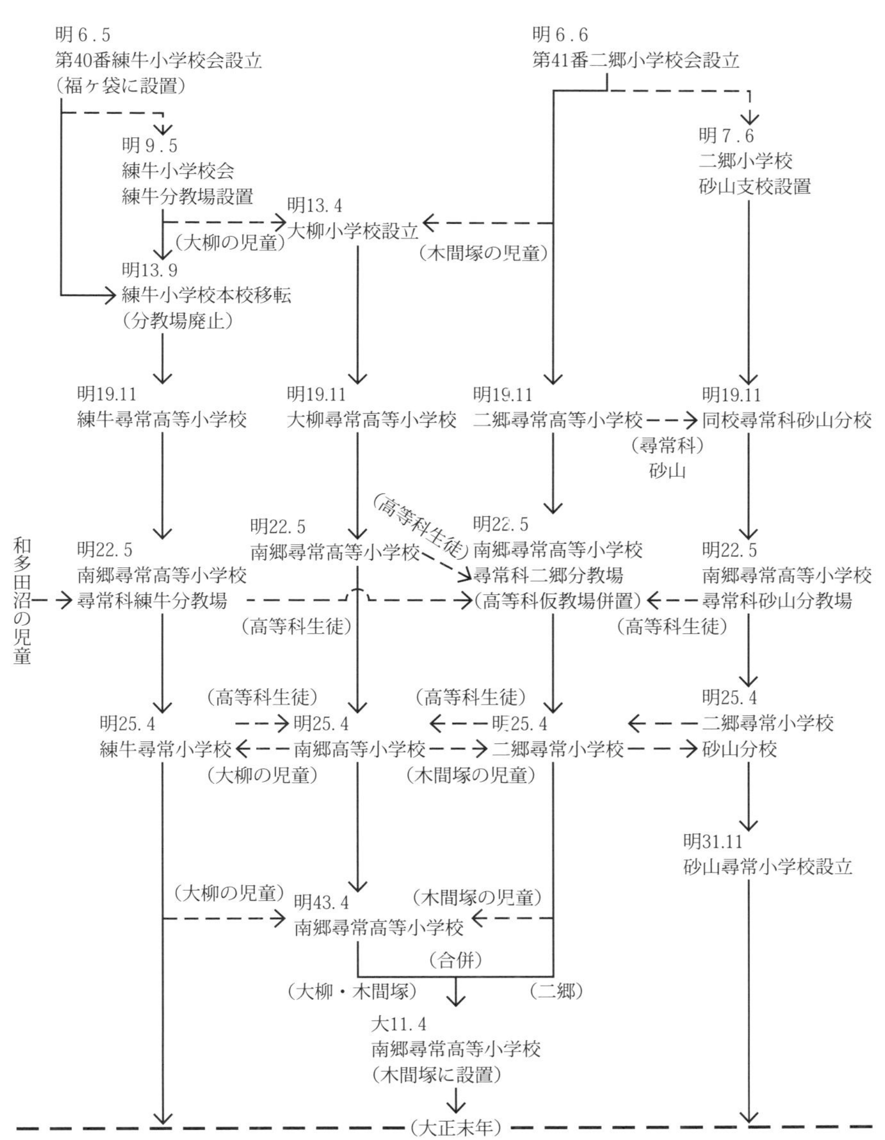

注：『南郷町史』上巻，516頁。一部修正してある。

本村上三区民ノ告白書」が配付された。形の上では，上三区対下三区という地域対立であるが，その本質は上三区対大地主であった。分村理由としては，地価・税負担・土木・郵便局・学校設備などで上三区が著しく不利なこと，およびそれらを決定する諸役職が下三区出身者で占められていること，が挙げられている。つまり，大地主の多い下三区が村政の実権を握り，村政の重点も下三区に置かれているということであった。

この分村要求は，部落を越えて土地所有を拡大していた大地主にとっては，認めがたいものであった。また商工業者も下三区に多かったので，その分村の打撃も大きい。このため事態解決策がはかられ，県・郡の指導もあって，1925年から仲裁案の検討が始まり，1927年に至ってようやく妥協に達したのである。これが10ヶ条からなる「南郷村自治要綱」であった。問題が起きてから5年後のことであった。妥協の内容は，村長・助役の上下交互選出，区代表による村税賦課，基本財産収入の使途，全村的産業組合の設立，道路整備，学校整備，水利組合の運営と負担，病院・郵便局の設置などの点で，大幅に上三区の要求を入れたものであった。しかし，逆にこのことによって，村の地位は高まった。大地主は地域的要求に譲歩する形で危機を回避したが，実はその支配構造の再編であった。上述の問題は，その後，村政と一体化した大地主の慈恵政策によって実現していく。村民懐柔のなかで，地域要求・部落的統合は弱まり，村→行政区の性格だけが際立って強くなっていったのである。

第2の問題，すなわち，生産者農民の下からの運動は，大地主支配の再度の危機を作り出すものであった。この新しい動きは，農民が部落の枠にとらわれることなく，個別農家の同志的（有志的）結合を通じて起きてきたものであった。階級的な動きといってもよいであろう。

これは南郷では，産業組合および農民運動として現われる。村内での小作争議には大きなものはないが，他村の小作人が南郷の大地主に対して行なった争議には大きいものがある[(25)]。ここでは村内に注目して産業組合運動およびそれに関連する動きをみておこう。

「自治要綱」第4条に，全村的産業組合の設置が規定されていたが，この要求は突然出てきたものではない。本来産業組合は，大地主の支配にとって重要な対立物であった。それは，Ⅱでみた地主佐々木家の協調組合活動を考えれば分ることである。そうした地主経済に対抗する動きは，すでに部落的産業組合の末期，1910年末期に現われていた[(26)]。すなわち，1918年には，大柳の自小作上層農渡辺勝躬を中心とする「大柳農事共励組合」ができ，同じころ，それに範をとった木間塚の「農事共励会」（中心は自小作上層の只野戸久治）もできた。これらは，農事研究，米共同販売，肥料共同購入を行なっていた。また，産業組合法の適用を受けた「赤井副業組合」（中心は小地主宮崎太蔵と自小作農斎藤一郎）も，単に共同作業場をもつだけでなく，共同購販を行なっていた。このほか，「木間塚興農組合」，「農事研究会」（二郷），「同業会」，「改良農具組合」，「肥料購入組合」などが各地に簇生していた。産業組合設置の要求は，こうした動きを背景として起きたもので，中心は自作・自小作上層農であった。

しかし産業組合設立の直接の契機は，1928年村議会で「産業組合創立ニ関スル件」が可決されたときからであった。本来，それが村議会の議題となることも妙であるが，南郷の実態は，まさにそれでなければ産業組合を作ることができなかったのである。これは，産業組合に対する村の監督，大地主層の監視の現われといえよう。こうしてできた産業組合が充分に活動し得るわけがない。1929年創立された組合は，最初の4年間，開店休業だったと評されている。これが真に機能するのは，1933年の大改革からであり，この改革の中心は，前述の渡辺・只野・斎藤そして二郷の自小作農小畑研一の4人であった。組合の役員から大地主はほとんどいなくなり，自小作層主導型の組合となった。専務理事は渡辺勝躬が勤めた。

このときは，政府の「産業組合拡充5ヶ年計画」が定められた年でもあるが，それをも利用しつつ，南郷の産業組合は，地主の手を離れて生産者農民のものとして発展し，1938年には県連から表彰されるまでになった。しかし，国の経済統制強化のなかで，産業組合も変質する。国家的官僚統制が強化され，1938年には，「長期的戦争編成ハ物質的ニ精神的ニ国策ヲ加味シ一大転換ヲモタラスルニ至レリ[(27)]」という事態になった。その前年，専務渡辺は，農民的組合の発展を案じつつ死去したという。

こうした事態の動きは，第3の国家主義的村落再編の問題につらなる。「皇国農村体制」の形成である。これは南郷に限られたことではない。しかし，南郷では，この動きは，満州農業移民の奨励から，満州分村計画として展開していった。移民問題は1932年から検討され，第2次千振（1934年）から移住が始った。これと併行して，後に満蒙開拓少年義勇軍として制度化される少年移民の先遣隊にも，南郷から5人が加わっている。分村計画は，1936年に策定された。満州の第二南郷村と元村と合わせて大南郷村を作り，「村更生ノ基礎ヲ固メ皇国ノ弥栄ヲ計ラントス[28]」とあるように，国家主義・ファシズム下の村政となったのである。これ以降の戦時下の村落体制については触れる余裕がない。問題は，恐慌下の苦境のなかで，南郷がそのような道をどうして考えていったかということである。日本の村の置かれた状況としては，全国的にみても本質的な差はないであろう。「救農議会」に象徴されるような国家の村落把握は，日本近代村落の終熄を意味した。

その止揚としての敗戦後の村は，自作地主義・民主主義・協同組合主義の三局面を持つことになった。現代の村落は，この新三局面とそれに対立する政治・資本主義・生活変化の関連で，とらえられるべきものであろう。

（1） 詳しくは，拙稿「村落社会研究の課題と方法」（村落社会研究会編『村落社会研究』第7集，塙書房，1971）167-173頁を参照のこと。
　そこにも記したが，こうした理解は，有賀喜左衛門「都市社会学の課題」（『著作集』Ⅷ，未来社，1967）に多くを負うている。有賀の理解を，経済学の立場からとらえたのが，私の規定になっている。
（2） この点のもう少し詳しい考察は，拙稿「日本の近代化過程と村落共同体」（『歴史公論』5巻4号，雄山閣出版，1979）120-121頁を参照のこと。（本書補論1）
（3） 山形県酒田市中野新田　阿曽義彦家所蔵文書「中野新田村誓約書」。
（4） 以下の「区」に関する事例は，すべて宮城県遠田郡南郷村〔編集注：1945年の町制施行で南郷町，現在は美里町〕のものである。詳しくは，Ⅱ以下で扱う。
（5）「部落」という用語は，一義的にはこのような機能をさすものではない。むしろ政府が最初に用いたときは，行政区に近いもので行政機能の方を意識していたと思われる（中村吉治編『社会史』Ⅱ，山川出版社，1965，安孫子執筆の375-378頁）。しかし，研究史的には，行政区的なものを指すよりは，独自機能に着目して，部落と呼称することが多いので，ここではそれに従った。
（6） 同上，378-383頁。
（7） 村落組織の社会学的分類において，「講組結合」，「同族結合」とする説があるが，この区分の当否は別として，「講組」の意味する機能は，独自的自治機能を含むものと考えられている。本章での「講」は，この「講組」が機能分化をして分立してきた組織とみてよいであろう。

（８）　その成果は，須永重光編前掲書，第２章第２，３節，あるいは前掲『南郷町史』上巻，第３編第１章，第４編第６章で発表されている。以下の練牛部落の事例はこれらに拠っている。

（９）　前掲『南郷町史』上巻，593-599 頁。

(10)　同上，599-605 頁。

(11)　大柳区有文書，明治 35 年『録事』中の役員名を，1912 年の所有地調により区分した。

(12)　後述の部落財産統一の項，とくに表４を参照のこと。

(13)　大柳区有文書，明治 33〜35 年『録事』，『会議綴』，『廻章』などによる。

(14)　以下，南郷の六親講の概要は，前掲『南郷町史』上巻，327-341 頁。

(15)　以下，前掲『南郷町史』上巻，437-442 頁，596-599 頁。

(16)　以下，『南郷村有財産統一顚末』。なお，前掲『南郷町史』上巻，662-674 頁を参照のこと。

(17)　平均拠出額をオーバーしていた下三区，大柳・木間塚・二郷は負担を軽減されることはなかった。しかし，1910 年の大凶作の際は，上三区の特別徴収を免除した代りに，下三区の村税を軽減している。

(18)　前掲『南郷村有財産統一顚末』による。

(19)　遠田郡 12 ヶ村から 16 人の議員が選出されたが，南郷からは２名当選し，副議長となっている。

(20)　須永重光編前掲書，201-208 頁。なお，南郷村『村治概要』8-9 頁。

(21)　須永重光編前掲書，273-277 頁。

(22)　『南郷町農業協同組合 20 年史』13-18 頁。

(23)　同上書，19-27 頁。須永重光編前掲書，268-271 頁。つぎの大柳青年貯蓄会も上の書による。

(24)　安孫子麟「村落における地主支配体制の変質過程——宮城県南郷村における分村問題——」東北大学『研究年報経済学』第 44 巻第４号，1983。以下はすべてこれによる。（本書第４章）

(25)　とりあえず，須永重光編前掲書，361-382 頁。

(26)　前掲『南郷町史』上巻，804-814 頁。前掲『農協二十年史』28-31 頁。

(27)　南郷信用販売購買利用組合『昭和十三年事業報告書』，前掲『農協二十年史』47 頁。

(28)　「南郷村分村計画」，昭和 11 年度『村会議事録』による。

第3章　地主制下における土地管理・利用秩序をめぐる対抗関係

はじめに

現段階の減反強化政策は，他面で否応なしに，農用地の効率的利用の創出とそのための土地利用秩序の再編を，緊急の政策的課題とするに至っている。しかし，自作農的土地所有理念を基盤として展開した，戦後農業の個別経営的な生産力追求は，資本の超絶的な生産力上昇によって農工格差をさらに拡げられてきており，それに加えて収益水準をはるかに越える農地価格の高騰や，兼業労働力の流出等の諸事情によって，壁に突き当ってきている。こうしたなかで，農民の側からも，また政策の側からも，農用地の効率的利用・利用秩序再編のための，集団・地域の合意形成を基礎とした新たな対応が望まれているというのが現状である。

ここで問題を感じるのは，いま当面している「壁」を乗り越えるために，なぜ集団や地域を必要とするのか，さらにその集団や地域とは，いわゆる集落乃至村落でいいのか，それとも別個な機能集団や地域概念なのか，といった点である。この点は，すでに村研の『研究通信』〔編者注：日本村落研究学会の会報。現在はデータベース化され，学会ホームページで閲覧できる〕誌上で，辻雅男（140号），渡辺兵力（141号）等によって論じられてきたところである。ここで辻は，現状の土地利用上の問題の解決には，「在るべき土地利用」を実現するための利用秩序の確立が必要であるとして，村落もまた自治体・生産組織・農協等と並んで，この秩序確立のための場となり得ると主張する。『研究通信』に発表されている限りでは，その論証は必ずしも充分でなく，独断的に議論が展開されているところが多いが，いわんとするところは明確である。しかし，そこでの疑問は，辻が，村落・集落・むらと三様に表現している（同号12頁下段参照）ものが，歴史的に旧来の村落（さしあたり戦前期の村落）と同様・同質なものを考えているのかどうか，という点である。具体的にいえば，「集落は合意形成方式やむら自治機構等の存在によって……」（同頁）と断定されるときの集落は，旧来の村落機能が現在の集落にも継承されているという意味での集落かということである。

この点を，渡辺は鋭く批判していると思える。渡辺は，戦後農業が，個別経営の資本主義経済への対応を基軸として展開し，そこに個別経営間の競争の原理が一段と強くなってきている現在，伝統的村落を基盤に新たな集団的土地管理秩序を創出することは無理だと主張する。新たな集団的秩序は，個別経営の競争の徹底化，伝統的村落秩序の解体の上に，はじめて集団の有利性の確認として創出される，ということであろうか。

このように，現在の農用地効率的利用，利用秩序再編という問題も，その具体的組織化という点になると，村落の性格，その段階規定の問題に関わってくるのである。さらに，そうした差異や変化がありながらも，一面では村落には村落としての不変の側面がある。それは，村落が依然として本質的には家族経営の社会であること，農業が依然として原生的生産力構造という自然との関わりの面が強いこと，この２点において連続性をもっているためと考えられる。それゆえに，現代農政は，土地問題について集落・地域を考慮せざるを得ないのである。

本章は，以上のような現在の土地問題における村落の役割を確定するための側面的な作業として，村落の土地への関わり方が，資本主義経済の原理によって変えられていく歴史的過程を考察しようとするものである。戦前では，資本の論理が土地を把握してくる典型的な形態は，地主経済を通じてのものであろう。たしかに，資本が直接に土地を手に入れ，また資本主義的農場経営を一部に成立させていたとしても，それは典型乃至支配的形態ではない。それゆえここでは，本源的関係の体現としての村落のもつ機能，資本の論理の仮象的反映としての地主の土地支配，さらにそれらを利用しながら一国の利害を考える国家の政策，以上の三者の絡み合いの過程を軸にみていくことにしたい。

Ⅰ　土地管理・利用秩序の本質

最初に，本章の前提として，土地管理あるいは土地利用秩序とはなにか，すなわち，そうした問題が生ずる必然的根拠について，明確にしておきたい。その問題を，さしあたり，土地（自然）と農民（人間）との直接的関係として把握できる側面と，その農民をめぐる社会経済制度，諸階級との関連において生ずる人と人との関係として把握できる側面とに分けて考察しよう。

1　自然との関係から生ずる本源的な土地管理・利用秩序

人間の生活，その連続する過程としての人間の歴史は，自然の一部としての人間の生存と，自然と対置されたものとしての人間活動との総体である。そしてこの両面の統合された主体としての人間の存続の物的条件は，「富の獲得」という人と自然との関係である。人間は，富によって生命を維持し得た。この「富の獲得」は，当然ながらその基礎において自然界の物質代謝の方式に規定されている。ただ人間は，その物質代謝の方式を意識的に利用し，自然を自らの目的に奉仕させ支配していく。この主体的・自覚的な行為によって，人間は他の動物から区別された[(1)]。

農耕は，いうまでもなくこの物質代謝の過程の一方式であった。人間の食糧確保のための労働が，それまでの狩猟・採取から農耕へと移ったことは，土地（農用地）を媒介として，人間が自然の生態系に大きく踏み込んだことを意味している。人間が森林を伐り拓き，焼畑を作って播種したことは，それまで自然の植生遷移に委ねられていた生態系を，別な形の生態系，すなわち耕地生態系に作り変えたことであった。こうした変化は，裸地と極相群落を両端とする自然の循環系を，伐採・耕起・播種・収穫という全く異なる循環系に変えたものであった。しかし，新しい循環系は安定不変のものではない。依然として自然の植生遷移が形を変えて侵入してくる。それを防がなければ作物の充分な生育・稔実は期待できない。さらに，農耕はもう１つの面での生態系変化をもたらした。それは自然的植生遷移の生態系では，枯死した植物は地中に吸収されるという形で，比較的閉鎖性の強い循環がみられた。これに対して，耕地生態系の循環では，収穫された作物は食糧として循環系外に持ち出された。このため，その土地にあったエネルギーの一部が持ち去られて還流しなくなったのである。これは地力の低下として現象してくる。

このため，人間は農耕を始めたその日から，耕地生態系の安定（循環）と維持（地力）をはからなければならなかった。人間がまだ無力だったとき，この安定と維持は困難だった。焼畑はつぎつぎに放棄され，降水量の少ない地方では耕地は砂漠化の原因となった。こうして人間が考えた方策が，除草，灌漑，休耕・施肥ということであった。人間は，作物という労働対象を持ち込んで生態系を変えたが，その安定・維持のために，さらに労働手段，労働の変化をも必要としたのであった。こうして，農耕にみられる土地と人間との関係は，第１に作物栽培による生態系の変化，第２に安定した生態系のための除草，第３に有利な生態系条件のための灌漑，第４に地力維持（耕地生態系維持）のための休耕・施肥，この４つの結節点をもつことになった[(2)]。

この４点は，すべて土地管理といえないこともない。しかし，土地利用と土地管理を区別して考えれば，前三者はより土地利用的な問題であり，第４だけはより管理的性格が強いといえよう。こうした形で，人と土地との関係から生じた直接的な土地管理が必要になったのである。

問題はそれだけではない。こうした土地利用や土地管理が，個別経営の力だけでは充分でないとき，そこにより大きな力，自然に対抗しそれを作り変えるより大きな力が必要となる。灌漑にしても開墾にしても，集団としての力を要した。他面，集団があれば，そこに利用上の接触・衝突も生じてくる。各個別的経営主体間の利用の保護・調整が必要となる。こうしたことが，集団，本来的には共同体の機能を必要とし，その共同体のルール・方式としての土地管理方式が成立したと考えられる[(3)]。これは，人と人との関係に由来する土地管理の側面である。

本源的な土地管理は，以上のような，人と土地，人と人との二側面において成立したといえよう。

2　階級関係等に由来する第２次的な土地管理・利用秩序

社会における階級関係の発生は，農耕における共同体的土地管理に，一定の変化をもたらした。とくに支配階級が，土地を媒介として剰余労働を収奪することを基本体制とした場合には，その変化は大きかった。支配階級からすれば，収取できる剰余労働部分の安定と増大が，土地制度を定めるときの目的であった。そしてその目的を達成するための土地管理方式が作られた。それは支配階級自身が行なうものでないために，支配統制という形で機能する[(4)]。共同体のいわば自主的機能としての土地管理とは異なるものであった。それゆえこれは第２次的な管理機能といえよう。そこにまた新しい局面が付加されたのであった。

しかし，この場合でも本来の地力維持的・利用保護的土地管理が消滅したわけではない。ときには植民地農業の初期のように，地力維持を全く無視した新たな土地管理がなかったわけではないが，それは事実としては例外的であった。第２次的土地管理は，本来の土地管理機能との，一定の妥協・改変の上に機能したのである。この妥協・改変の状況に応じて，新しい土地利用秩序も成立してくる。この利用秩序は，両土地管理機能の統合の上に創出乃至再編されたものであった。地主制下の土地管理は，いわばこうしたものであって，本来の土地管理機能と地主的利害に由来する土地管理機能との統合的形態といえよう。

さらに，この第２次的形態の一種として，新たな経済原理に基づく土地管理機能の発生をみておかなければならない。例を挙げれば，封建制農業の内部に，資本主義的商品生産が発生してきた場合などである。新しい経済原理は，旧支配階級からよりも，主体的生産者・経営者から生ずるのが通例である。この場合の土地管理・利用秩序の改変の動きは，従来統制されていた側から生ずる。地主制下でいえば，小作運動のなかから新たな土地管理理念が生まれてくるのである[(5)]。こうした形態をも広義の第２次的形態と考えてよいであろう。

Ⅱ　部落的土地管理と地主的土地管理

1　近代村落における土地管理の原理

一般に，村落における土地管理の本質は，本来の土地管理の内容であるところの地力維持と土地利用保護を通じて，家すなわち個別経営の維持をはかるものであった。この家とは，いうまでもなく家産・家族・家業の三位一体性を内容とし，そうした家の連合によって村落を形成するものである。地力維持は，そうした家産としての土地の維持を意味し，利用保護は家業としての農業経営を保障するものであった。こうした三位一体的構造においては，土地の占有と経営とは一致し，それを村落の土地管理機能が保障していたのである。つまり村落は，その成員としての家に，土地の保有の権と耕作の権を保障したのである。

ここで耕作の権利とは，近代的所有権に対抗するものとしての小作権のことではなく，いわば共同体の一員として共同体の土地を耕作する本来の利用権を指す。共同体としての村落にあっては，土地は本来村のものであり，共同体の一員たる家は，耕作している間に限って，その私的な利用権を持つものであったという。土地が村の「領」であるという観念は，こうした共同体的土地管理の理念に端を発しているといえよう(6)。たとえば，前掲岩本報告に取りあげられている「シキマキ」（二重蒔き）の禁止は，こうした共同体としての保有・耕作の保障であった(7)。また共同体の成員たる家も，こうした保有・耕作一体化の保障があればこそ，共同体の土地の地力維持を行なう責任を負ったのである。近世の散田（耕作家族の不足・不在による荒廃田）の村請も，あるいは年貢上納の村請制も，こうした村落の土地管理機能を利用した領主の土地政策といえよう。

しかし，こうした本来の村落の土地管理機能は，近代の村落にあってはかなり変容する。そこには継承と変革の二面が存在する。まず土地管理の主体たる村落は，旧藩政村から町村制下の部落乃至行政区へと変化させられる(8)。町村制によって成立した行政町村は，少なくとも当初においては土地管理機能は微弱であった。農民の意識からいっても，実際の機能からいっても，行政町村は本来の土地管理を行ない得る秩序を持っていなかった。

一方，部落乃至行政区は，行政的な意味での自治機能，自立した意思決定組織としての性格を奪われながらも，実質においては藩政村以来の自主的土地管理機能を継承していた。それは，経営と占有の一体化がなお持続し，他方，原生的生産力に依拠する部分が大きかったためである。原生的生産力のウェイトが大きいことは，それだけ土地条件の良否が大きく現われることであるから，そのためにも，村落の領である土地の保全管理は必要だったのである。

しかしながら，近代村落，すなわち行政町村—部落・行政区構造の基礎には，地租改正の過程で法認された近代的（相対的に）土地私有権があった。それは，村落が本来保証してきた土地の保有・耕作の権とは異質な対立物である。近代的な土地私有権は，所有と経営との分離を正式に認めるものであった。この点は，すでに藩政村においても事実上の土地売買が行なわれており，地主—小作関係が成立していたのであるが，それは法認されたものではなく，事実上暗黙に了承された関係に止まっていた。これに対して，土地私有権の法認は，所有と経営の分離を法的にも実質的にも推進することになったのである。

たとえば，水利組合法が幾多の改正によって整備されるにつれて，水田の保全管理の一部分が，土地所有者のみの，すなわち耕作する権利とは無縁な形で，水利組合によって行なわれるようになってきた。この水利組合は，部落・行政区を越えて組織される。時には行政町村をはるかに越えていた。こうした土地管理が行なわれるようになったのは，土地私有権の法的保証にその基礎があった。しかし，法的にはそうした権利関係にあっても，近代村落，とくに部落・行政区が継承していた土地管理機能があるため，現実の水田の保全管理は，末端においては部落的組織乃至契約講的組織を利用することによって行なわれたのである。明治後期には機能を喪失していくとはいえ，契約講もまた水路管理・洪水対策・萱刈場管理・開田等に関して自主的な決定・協定を行なっていた。[(9)]

このようなそれぞれ別個な原理に立脚する水利組合と部落・講とが，役割分担をしながら妥協して，土地管理の機能を果たしていたのである。その妥協点は，しかしそれぞれの原理の貫徹する強さの変化によって変わっていく。講がいち早く土地管理機能を失い，部落もまた自主的決定の面を弱くして，水利組合の決定を下請して実行するだけの機能になっていくといった変化は，そのことを物語るものであった。

2　地主経済による土地管理の原理

藩政期に成立し，地租改正によって法認された地主的土地所有は，それがいかに前近代的な関係の上に成立したものであっても，法的には近代的な土地所有形態の一種であった。そうした形態での地主経済による土地把握は，その本質において地代収取原理の確立過程であった。そして，その地代収取原理は，封建的土地領有の経済外的強制によるものとは異なり，商品経済に立脚する不当かつ過重な価値収奪であった。不当かつ過重な地代収取を可能にした点に，地主的土地所有が実体において（法的にはともかく）半封建的土地所有と評される側面が窺われるのである。

しかし，地主的土地所有の本質をこのように規定したとしても，その成立初期においては，このように明確・単純なものではなかった。最近，大場正巳が明らかにした[10]，山形県酒田の日本最大の地主本間家の土地集積は，当初は地代収取の集積というよりは，土地と労働（家族）を一体とした家の生産力，つまり経営総体の集積という性格が強かったという。すなわち，本間家の小作関係にみられる俵田渡口米は，単純な意味の小作料でなく，その土地の全生産量を示すものであって，この俵田渡口米が地引金（貸付→購入代金）の額を決めていた。こうした購入地の作預＝小作は，土地を貸し付けて賃貸料として小作料をとるものではなく，渡口米高として表現される生産力総体（労働力と生産手段）を地代の形で取るものであった。こうした土地集積は，各地片ごとに生ずる本来の地代部分の収取を目的とするというよりは，生産そのもの，経営そのものを集積し，農民経営の総体として負担する渡口米高を収奪することを目的としていたのである。ここでは，土地は生産力つまり経営と離れて単独で商品となることはできない。土地には労働力や他の生産手段が結合しているものとして把握され，作人経営の保有・耕作の権を新しい原理で否定し切らないままに，経営総体として地主に集積されているのである。

この点は，大場も引用するように，安孫子もすでに注目してきた点である[11]。すなわち，明治中期までの地主の土地集積においては，土地はまだ農民経営総体を離れて単独に価値形態をとることはできなかった。したがってその小作料は，当該耕地の生産量に依拠するよりも，農民経営総体に課せられるという性格をもっていたのである。これは別な表現をすれば，土地は労働力や保有・耕作の権と結びついてのみ，耕地たり得たということである。

ここで興味深いことは，大場によれば[12]，この俵田渡口米高の認定は，地主―小作の関係の中で決まるのでなく，村として定められるものだったという点である。それは時として，他郷他村の村役人によって認定されることもあった。

つまり作人の経営・生産力総体は，村の管理統轄の下にあったのである。これは，村落が個別経営＝家の維持を目的として，土地の保有・耕作の権を保証していたことの別な面での表現である。つまり，こうした初期の段階にあっては，地主の土地把握・土地集積は，村落のもつ土地管理機能に妥協し依存せざるを得ない状況にあったのである。

こうしたなかで，地主の土地把握が村落の土地管理を否定していく契機となるのは，大場も実証しているように，生産力の上昇と余業への労働力販売の展開であった。農民経営がその必要持分としての土地保有・耕作を離れて，土地の賃貸借関係でも成り立つ状況に達したとき，土地市場が展開する。土地は，三位一体的農民経営を離れて価値形態を取り得ることになるのである。ここで初めて地主の土地所有に，本来の地代原理が貫徹する基礎が与えられる。

地主的土地管理の内容は，その商人高利貸資本たる本質に従って，投資額に対する利子分としての小作料の，安定的かつ漸増する収奪を目的とするに至る。その基本は，小作契約として表現される。その契約の中で最も重視されるのは，地主の私的所有権の強調であろう。多くの小作契約書に見出される，「本定約ニ違背シ廉有ル時ハ無論，其他貴殿ノ御都合ヲ以テ小作地取上ケ申入アル時ハ，何時ニテモ苦情差支等無之速ニ御戻シ可致候」[13]といった規定は，村落が村人に保証した耕作の権を真っ向から否定するものであった。小作地引上げに代表される所有権の強さは，従来の村落における家の保有・耕作の権を著しく弱めていくものとなった。後述するように，小作争議の際にもっとも深刻な問題となるのは，この小作地引上げをめぐる対立であった。さらにまた，多くの小作契約に記されている不作時の減免方式もまた，所有権の強さを示すものであった。定められた手続きを踏まなければ減免は認められないし，また認定された減免率に異議を申立てることも禁止されていた。

しかし，この地主の所有権の強さも，無制限なものではない。本源的な土地管理である地力維持を離れては，所有権も存続する意味がなくなる。このため，小作契約でも，「土地ノ手入レ」，「小作地ノ培養」，「用悪水路ノ手入レ」等々の表現で，地力維持・土地管理を指示するものであり，そのための負担，村落内の管理機能は，地主も認めざるを得ないのである。ここに，地主の土地管理と本来の村落の土地管理との妥協がみられる。この妥協は，しかし村落と地主との並立・対等な関係での妥協ではない。多くの場合，地主は部落の有力者・支配層となり，部落の決定を主導する地位に立つ。これは，従来の研究の数多くの例証によって明らかであろう。つまり，地主的土地管理は，地主単独で行ない得るには至っておらず，自ら村落支配層となることによって，村落を利用しつつ，旧来の土地管理と地主的土地管理の結合・統一をはからざるを得なかったのである。それは，とくに地主主導の耕地整理事業や開田事業の際に典型的に現われる。

耕地整理事業は，もともと国の政策として法制度が整えられ，後期に至るほど上からの施策としての性格が強まるが，その初期に行なわれた事業では地主主導の性格が顕著である。宮城県南郷村[14]は，全国的にみても耕地整理が早く進行した村であるが，その事業状況は，行政区域乃至は行政区をさらに細分した地区ごとに進められており，明治 36 年から大正元年までに，19 地区（組合），水田 2,061 町歩，畑 68 町歩の整理を行なっている。この事業は，当該地区の地主連合によって進められており，大地主が組合長となっているのが大半である。耕地整理は，生産性を高めより高度な土地管理を可能にするとはいえ，各個別経営に一定の負担を強制し，またいままでの土地保有形状の改変をもたらすものであった。土地管理が村落規制や労力提供でなされるのでなく，貨幣負担としてなされるためには，村落内部の合意形成が必要である。それをリードするのが地主の役割であった。しかし，それでも全額を各農家に負担させることは不可能であった。地主は，整理によって生じた増歩地を購入し，その代金を事業費に充当した。整理された水田は縄延びがなくなり，小作料は面積増加分かそれ以上に高められたのである。増歩地の売却は，旧来の耕作の権から切り離された形で行なわれ，新たにその小作人が設定される。それはもともと村落の区域内にありながら，新たに価値を付与された形で創出された。その耕作の権利は，地主の所有権に基づいて承認されたのである。

南郷村の耕地整理は，もう１つの特徴的な事例を提供する。それは，整理と併行して進められた部落有萱谷地の開田である[15]。これは旧来の部落的入会利用を排除し，新たに小作人を設定して，部落が小作料を徴収するものであった。その関係は，村落成員による土地の保有・耕作というより，部落と耕作者との間の個別的な貸借関係であった。耕作者の権利は，地主の下の小作人と同様に制約された。これは，部落の地主化であった。しかも，この開田は「勝手開き」（個人開田）をも認めていたから，他部落・他村の者も借屋として入植・開田する例があった。こうした貸借関係は，部落の所有権の強さを反映しながら近代的契約関係に接近していったものといえる。

こうした形で，地主の土地集積は，随所で村落的土地管理の実体を蚕食していった。とくに地主の土地集積が部落や行政村の枠を越えて広がり，土地所在部落外の小作人が増えると，部落の保有・耕作保証機能は解体していった。このような形で，部落（村落）の土地利用秩序が解体していったとき，それに代わる保有・耕作の権の保証は，個別経営側の要求運動によって創出されることになる。それは，本来の村落的土地管理理念からではなく，より近代的な権利関係としての小作権の確立，あるいは所有権の一変型としての永小作権の設定として要求されたのである。(16)

Ⅲ　地主との対抗による村落的土地管理の変容

1　地主支配の確立と村落的土地管理

上述のように相異なる原理に立脚する地主的土地管理と村落的土地管理は，地方制度の編成替え，すなわち町村制施行という背景的変化もあって，矛盾・対立を深めつつ，前者の原理が次第に貫徹していった。この点を，まず村落（部落）内部の動きとしてみよう。

ここでは，菅野俊作によって解明された，南郷村練牛の事例を示す。(17)旧村（藩政村）練牛は，三新法施行に伴って制定された「区町村会法」によって，南郷に五ヵ村連合村会が設置されたとき，旧村体制を再編して「練牛村立事務所」を設立した。これは，連合村の行政事務を処理するとともに，旧村のもつ共同体的な生産・秩序に関する機能を果たし，同時に「一村会」という審議・決定の機能をも持つものであった。名称は「事務所」であるが，事実は村落組織であって，成員は練牛村の本戸層78戸に限定されていた。借屋や寄留者は除外されたのである。その業務は，村有地の管理・小作料徴収・開墾，道路・河川の修復，萱刈・刈藻・菱採の統制，借屋取締，盗難防止，備荒積立，処罰等であった。言葉として明文化されてはいないが，それが村有地（萱刈場・水田）を中心に土地管理機能を有したことは窺えるのである。

村有地の開田は，青木川の再開削と併行して，義務開墾とされ，本戸層に割当てた「自役起し」と村内もしくは他村から入植させた労働力による「雇起し」に区分されている。この小作料徴収は，村人には検見制，他村人は定免制という区別があった。ここには村落成員への保護が明瞭である。また，土地面積の把握を，従来の刈束制から反別制に変えるなど，新所有権体系（地租改正による）への対応も進められた。

また，入会利用である秣場は格別の制限なしに利用できたが，萱刈場の利用は厳しい制約があった。萱刈場の保全のための火入れも行なわれており，この出役は義務であった。また土地ではないが名鰆沼の利用は，水上権（狩猟・菱採取）と水底権（漁業）に区分され，落札料・利用税が徴収されていた。

こうした村立事務所事業の主導権は地主層が掌握していたが，しかし借屋統制にみられるように，地主経営の労働力・小作人の給源である借屋層は，村によって制約されており，地主による自由な創出・使役は制限されていた。これは，地主の力がまだ弱く，地主的活動を村がある程度抑制し得たことを示している。

この村立事務所は，町村制施行，つまり南郷村成立とともに解体し，行政区「練牛」と，部落「共愛社」の２つの組織，しかし実体は１つの練牛であるが，機能を分化させる。三局面構造の成立である（講はまた別に存在した）。この際の記録(18)には，「一村ニテハ是迄ノ共同体ヲ解散シ，更ニ共同体ヲ組織シ共愛社ト称ス」（明治 22 年 2 月）とある。すなわち，地方制度上の行政区では村落機能が果たせないとして．新たな「共同体」＝部落共愛社を組織したのである。「共同体」という語が何に由来するか不明だが，ともかくも共同の組織という意識があったのである。

部落共愛社のリーダーは，村立事務所時代に引き続き 17 町歩地主久保家（士族）である。練牛には当時すでに 29 町歩所有の鈴木家（明治 5 年 1 町 5 反歩，明治 35 年 53 町歩）があったが(19)，部落の役職には一切ついていない。その上，久保家は鈴木家を，名鰆沼漁業権入札に際し一村の秩序を乱したとして，5 年間の村八分に処した。この新旧地主の激しい対立は，やがて鈴木家が助役（明治34年），村長（明治39年）となるにつれて，久保家の敗退となり，明治44年には久保家の部落運営に不正があったとして，その職から追放され，裁判に持ち込まれるに至った。久保家の不正とは，部落として払い下げた官有地を開田して私物化し，その小作料を20年にわたって取得したということであった。裁判の結果は，係争地が久保家の名義であるという理由で久保家の主張が通ったが，それは共愛社に法人格がないため，代表たる久保家の名としたのが真相であった。ともかくこのことは部落有地を地主が切り取ったことであり，このほかにも久保家は部落有地を開田してその増歩地を購入し，自己の土地所有を拡大していた。しかし，その規模は最大時でも22町歩に止まっていた（明治35年)。つまり，中地主久保家は，部落の土地管理体制を支配し，それを利用して地主としての土地集積を試みたが，それには限界があり，逆に部落支配層の地位から追放されるに至ったのである。

これに対して新興大地主鈴木家は，部落機能の外側にあって，徹底した貸金事業によって急速に成長し，50町歩地主の地位をもって村長に就任していった。そうしてその直前には（明治39年)，他の中小地主とともに，練牛地区309町歩の耕地整理を行ない，部落的土地管理に対する地主的土地管理の強化をはかり，部落内での地歩をも固めたのであった。

以上の経過のなかで，部落の入会利用地（秣場・萱刈場）は消滅し，部落有水田の小作関係だけが残り，部落的土地管理の農民経営補完としての機能は失われていった。部落の土地管理は，水路補修等を除けば，貸借契約に基づく部落有水田の小作料徴収に限定されることになった。

こうしたなかで，部落共愛社の性格も変わる。明治35，38，43年と続く大凶作によって，部落の備荒積立金は無くなり，回収も不能で，農家の耕作放棄や離村移住が増加した。ここで部落的結合も破局的段階に至ったのである。このなかで共愛社は，社団法人練牛愛郷社に編成替えされる。この際，従来本戸層に限っていた加入資格を撤廃し，借屋はもとより2年以上居住の村税負担者にまで拡大した。村人の部落から居住者の部落に変ったのである。それは本戸層の経営を保証し，地主的土地所有を制約していた部落機能，部落的土地管理の終焉をも意味していた。

2　部落有財産統一をめぐる地主と部落

南郷村の他部落の事情も，大柳同志社の例（30回大会報告参照[20]）をみれば分かるように，練牛共愛社と似ていた。こうした部落的土地管理にさらに打撃を与えたのは，部落有財産の統一であった。この国の方策は，内務省の意図にせよ農商務省の意図にせよ，旧来の部落的利用・管理を排除し，商品経済原理によるより高度な利用管理の創出を目ざしたものであった。しかし，そうした政策的意図にもかかわらず，多くの町村においては，部落的利用・管理との妥協がはかられ，よくても財産の一部だけの統一，悪ければ名目だけの村有化で利用実態は変わらなかった。一部では，これを機に部落有地が地主（山林）の私的所有に切り取られていった。しかし，南郷村では，名実ともに村有財産への統一が行なわれている[21]。その最大の要因は，部落共有地が大部分開田され，入会的共同利用がすでに消滅しかかっていたこと，そして部落有水田は個別的に小作人に貸し付けられ，村落的土地管理の本質たる経営補完，利用・耕作の権の保証が，近代的貸借契約関係へと変化していっていたためである。南郷での部落有財産統一は，その部落と小作人の関係を，行政村と小作人の関係に変えたものであった。それによって契約関係という性格は一段と強まった。

南郷村では，統一前は，部落有財産は制度上は区有財産として村長の管理下に置かれ，各区は区有財産に関する収支決算を村議会に提出し，その承認を受けることになっていた。またその責任を負う行政区長は，区長報酬として月に３円80銭を支給されることになった（明治22年）。区長の選任も村議会の権限で，多くは部落から推薦された候補者について審議されていた。時には部落推薦者が否決され，他の者が選任されていた。村による区有財産管理の一例を示せば，明治35年の大水害の際に，「大柳区有財産貸付籾二百六十四石回収スルノ見込ナキニ付棄権ノ件」が村会議案に入っていた。他にも例は多い。

こうした村と行政区の関係をみると，区有財産は実質上村の財産で，その運用を行政区が行なっていたようにもみえるが，それは制度上の表現である。実体は，行政区有財産ではなく部落有財産であった。財産処分の実権は部落とあり，部落での運用の報告を，行政区名で村に提出していたのである。それゆえ，区長と部落惣代が別人であることもある。明治末の練牛行政区長と部落共愛社々長は別人であった。

このような部落有財産の運用に対し，県は，郡長を通して明治37年から数回にわたり，部落有財産を村有に統一するよう勧告を始めている。しかし，部落側には反対が強く容易には進展しなかった。村では，区有財産の管理規定を強化する一方，新たに村独自で村有財産を作るため，国有原野22町歩の払下げを受けた。この中で，上述の練牛の大地主鈴木直治が村長に就任したが，鈴木は部落有財産の統一を強く希望し，各部落有力者との協議を重ねた上，40年3月，部落有財産調査委員会を村会の議決で発足させたのである。委員は7名で，3名は50町歩地主，残りも中地主が多かった。委員会はほどなく統一のための原案を作成し，村会はこれを承認して，ここに村有財産が成立したのであった。この間，協議が行き届いていた故か，各部落からの目立った抵抗はなかった。部落有水田がすでに個別的貸借関係で利用されていたから，入会排除をめぐる抵抗もなかった。

逆に地主の立場からみれば，村の財政的強化は，村行政を通じて自己の支配体制を固めていく方向に踏み出していた大地主にとって，きわめて望ましいことであった。すでにその土地所有が部落の領域を越え，村内全体に，さらに他村にまで拡大していた大地主にあっては，部落的な支配基盤では不足であった。村的基盤が必要となっていた。それは，農会活動や水利組合事業の面でも現われていた。村的規模の機能組織でなければ，地主の地代収取原理に基づく施策を行ない得なくなっていたといえる。そしてまた，それらの組織や機構は，部落のような諸機能統合型の組織でなく，最も効率的な機能分化・分担型の諸組織であった。そのうちにあって，行政村は行政支配機能によって，諸組織の要としての力量を備えつつある存在だったのである。

南郷村の部落有財産統一で最も問題となったのは，各部落ごとに部落有財産の土地面積や地目に大きな差があったことである。形式的な部落有財産の統一ならば簡単であるが，南郷では，村有財産は村民に等しく利益を与えるものであって，その享受は部落的に差があってはならないとされていた。逆にいえば，それだから各部落の拠出する財産も等しくなければならないとされたのである。これは，金銭での出資を考えればうなずける論理であろう。出資は多いのに利益は均等化されるのは不合理ということである。これはもはや部落，村落の論

表１　財産評価による差額徴収の計算

部落名	部落有地面積	部落有財産評価額（A）	戸数	一戸当評価額	各戸均等にした専拠出額（B）	差引過不足（A）−（B）=（C）	戸数割按分による要拠出額の過不足（D）	（C）+（D）/2 不足額
	町	円	戸	円	円			
和多田沼	12.5	3,657.0	112	32.65	7,076.9	−3,419.9	−　928.1	−2,174.0
福ヶ袋	6.1	2,749.9	93	29.57	5,876.3	−3,126.4	−3,608.8	−3,367.6
練牛	20.1	6,849.8	120	57.08	7,582.4	−　732.6	−1,122.5	−　927.5
大柳	37.0	13,316.8	146	91.21	9,225.2	4,091.6	174.3	—
木間塚	17.9	5,469.4	79	69.23	4,991.7	477.7	432.9	—
二郷	116.5	31,143.5	450	69.21	28,433.9	2,709.6	5,052.2	—
計	210.1	63,186.4	1,000	63.19	63,186.4	0	0	−6,469.1

注：「南郷村村有財産統一顛末」付表により計算。

理ではない。貨幣経済，いうならば資本の論理に接近していた。その主張者はいうまでもなく地主であった。

このため，表１に示したような計算で，要拠出額に足りない３部落からは，２～８年の年賦で不足額を徴収することにしたのであった。表の計算は，まず各部落の財産を金額に評価し（A），これと各戸均等に拠出する場合の要拠出額（B）との過不足（C）を計算し，さらに貧富の差をも考慮して，戸数割賦課額で按分拠出した場合との過不足（D）を計算し，この２つの過不足額の平均をもって差額徴収額としたのである。この際，過大に拠出した３部落には返戻はしなかった。こうした拠出財産の均等化方式は，現金追加徴収を受ける３部落に不満を残したのである。それを押し切った論理は，前述のとおり出資金の論理であった。

このように，部落有財産統一は，部落機能を支える財政基盤を失わせ，部落有地の経営補完的性格も完全に否定し（原野の統一），その上に財産所有の近代的な金利観念を作りあげたのである。こうして，南郷では部落有地の形態での土地利用秩序，土地管理は，地主的土地支配の要求によって否定されたのであった。

3　小作権要求と地主小作協調の部落的形態

以上の過程を通じて，部落の土地管理は，次第に観念上のものになりつつあった。しかし観念上のものとはいえ，それは部落意志の形成の際には，１つの有力な判断基準となり得るものであった。現実の土地管理事業として現われるのは，水利や共同客土などの土地保全・地力維持などであった。共同の客土は，行政区二郷に属する小部落小島に例をみる[(22)]。小島は，泥炭低湿地の新開田を耕作しており，洪水時には泥炭層から浮き上り，水田の耕土が流されるという状況があった。この土地に対し，小島部落では，明治末以来隣村から土を運び客土を続けてきたのである。泥炭水田の改良は客土しか方策がなく，これを共同の作業として続けていた。しかし，こうした事例を除けば，部落の土地管理は著しく機能を縮小していったといえる。

ところで，こうした本来の村落的土地管理理念が生き返って作用する例は，小作争議の中に見出すことができる。前出の岩本由輝報告が取りあげているように，小作争議の際に地主が土地取上げの処置に出ると，「小作人側はこれに対抗して，共同耕作を行なった。これは，肥料運び，耕起，田植えを農民が共同して行なうもので，苗を植えてしまうと，トラブルがあっても，その１年間は小作人の耕作権が認められる。地主側もそれに対抗して，土地立入禁止の仮処分決定を裁判所に求めるが，裁判所では，田植えが適期に行なわれていれば仮処分を保留してしまう。この共同耕作を，日農から派遣された弁護士が各地で指導している。以上からすると，所有権とは別個に，また小作権ともちがうものとして，耕作権があるのではないかと思われる[(23)]。」この場合，その耕作権を表現するものは田植えされた苗であって，肥料まきや耕起ではなかったのである。しかしこの点は，布施辰治も述べているように[(24)]，裁判で小作契約解除になるまでは占有が継続し，使用収益が行なわれていることが明白であれば，立入禁止の仮処分ができないという主張もある。これは，契約の終了と占有物の引渡しは別のことという，占有に基づいた対抗の論理である。それゆえ施肥でも耕起でも使用収益の継続があればいいことになる。しかし，岩本が主張するのは，契約によって発生する占有の問題でなく，本来の耕作の権である。これは，日本の古代において，「シキマキ」（二重蒔き）がアマツ罪として禁止されていたこと[(25)]の継承として，田植えが耕作の権の象徴として慣行的に理解されてきたとするものである。

ともあれ，現実に耕作・栽培が進行すればその権利が認められるということは，単に裁判所の認定に止まるものではない。その基礎には，その耕作を，村人や村落が承認しているという実態が必要である。そのことが，犯すべからざる慣行として裁判所に認識されていたというべきであろう。ここに，本来の村落の土地管理・利用秩序が顔を出してくるのである。たしかに布施のいうとおり，それとても裁判の本訴で小作契約の解除が認められれば，それ以上の対抗は法的にできないものであろう。したがって非常に限定された形の村落の土地管理機能であるが，裁判確定までは，村の領としての土地に対する権限は，村落の慣行として生きていたのである。

こうした村落の土地管理機能が生きていた例は，宮城県の明治末期の小作人同盟会の争議の際によくみられる[(26)]。すなわち，明治末という段階にあっては，須江村小作人同盟会長安倍山平，広渕村会長加賀卯之助，鷹来村藤原喜蔵などは，争議前に村長を勤めていた。そこには，地主的土地支配に対抗する村落代表者という立場がこめられていたといえよう。このほかにも，リーダーは村落内の有力者が多い。そうしたこともあって，宮城県の小作人同盟会の争議は要求が通ったものが多く，「日本において最も小作争議の多き県は恐らく宮城県なるべし」といわれたのである。この争議も地主の抵抗が強く紛糾してくると，村長・区長が調停に乗り出してくる。北浦村小作会の争議も，柳生村倉埣の争議もそうであった。この場合，村長や区長の態度は，地主に対し減石実現の説得に当たるというもので，村民耕作者の経営保護の観点が明瞭である。このように，地主の土地管理力がまだ弱く，逆に村落の土地管理機能がまだ強い時期には，村が争議解決の主体たり得たのであった。

しかし，すでにこの段階においても，千町歩地主斎藤善右衛門の理解は異なっていた。彼は，明治25年に，家訓ともいうべき「地所管理心得書」を書いて，地主・小作の関係は，土地貸借の契約関係と言い切っていたが，この小作人同盟会の争議については，「畢竟地主小作人の性質を弁へざるより出でたる誤解と存候。……諸事自然に発生し，小作に利益あれば来りて地所を求めて之を小作し，利益なければ去りて他の業につき，何事も利益競争の間に行われる処にして……地主なるものは相互契約の外，小作人に対する何等の義務を有せず……[(27)]」と述べている。この認識は，耕作者はもはや村人ではなく，自由に職業を選択する存在であり，小作は自由競争に立脚する契約関係とするものである。この認識からは，農民の存在形態も，村の領も，村の土地管理も，したがって農家経営の保全も，一切生まれてこない。これ以降，小作争議は，こうした認識と対決しなければならなかったのである。

昭和期に入れば，小作争議の主要な要求は小作権の確立に向けられ，小作立法の必要性は政府官僚の中でも感じられていた。このため，数次にわたって小作法案が議会に提出されるが，これは最終的に昭和6年をもって流産する。政府提案程度の小作権すらも，地主の承認するところではなかったのである。

この小作権要求は，地主的所有権に対抗するものであり，内容としては生活権を保証し，耕作を継続することを保証するものであった。それは一見，村落の土地管理目的と一致するが，それが法として司法制度によって守られるものとなれば，村落の土地管理機能を無用のものとする内容をもっていた。農民が，運動を通じて小作権意識を固めることは，対地主の個別的関係において権利の確立をめざすことになり，村落よりは農民組合の機能に依拠するものとなっていったのである。それは，本来の村落の土地管理機能が消滅しつつあることを示す変化であった。

しかし，それがどれぐらい強いものであったかは，また別問題であった。小作立法も見送られるなかで，地主は，逆に村落的秩序を利用して，小作層との協調をはかり，地主の土地支配を安定させようとしたのである。

南郷の地主─小作協調組合は，3類型に分けられる[(28)]。1つは，大柳の地主佐々木家の大柳親睦貯金会で，大正6年に組織され，大柳という部落名は冠しているが，借屋を中心とした中核的小作人層を組織した比較的小さな協調組織であり，これは生産力的性格をも併せもっていた。第2の型も佐々木家の例でいえば，昭和4年に全小作人（他村も含む）で組織された共栄会がそれである。これはもはや部落とは全く関係のない協調組織であった。ここで注目したいのは第3の型の協調組織である。この典型は，南郷の和多田沼・福ヶ袋両部落を範囲として結成された「和多田沼福ヶ袋地主小作人協調組合」であって，昭和8年に作られた。地主小作人と称しながら，組合員は地区内に土地を所有する全地主（他村地主も含む），部落内に居住する全耕作者（自作も入る），さらには「関係商工業者」をも含んでいた。和多田沼と福ヶ袋は，日農県連南郷支部が組織された部落[(29)]で，農民運動が停滞し始めた時期に，この協調組合が組織されたのである。

この組合は，自作農も商工業者も含んでいたが，役員である幹事４名，委員12名の選出は「地主側小作人側同数トス」とあるように，地主・小作人の協調組合なのであった。ただ顧問２名と組合長・副組合長はすべて地主であった。総数12名の地主役員のうち，村内他部落の地主が３名，他村の地主が２名入っている。こうした他村・他部落の地主の加入は，地主が部落的機構と妥協し，そのことによって農民の抵抗を緩和しようとしたものといえる。

会費の賦課方法をみると，反当で地主５銭，農民耕作地は，自作地３銭，小作地２銭であった。このように自作農をも強制的に含んでいたのであり，それは部落内での合意がなければできないことであった。組合の事業としては，小作料・小作関係の協議，相互立会の検見の実施，模範耕作者の表彰，特殊副業の研究などが記されている。このように，中心となるのは土地管理・支配の問題であった。

このような組合は，単なる部落的結合ではない。地主の土地支配を認めつつ，小作人の主張をも部落に属する耕作者という観点から保護しようという，妥協の産物であった。ここにみられる地主の行動は，大柳部落の400町歩地主野田家の慈恵事業にも通ずるものがある[(30)]。それは部落を範囲とする新たな結合原理，すなわち，全村的地主支配を部落単位に承認させる機構の創出であった。こうして部落的原理と地主的原理の対立は弱められることになった。

Ⅳ　恐慌・戦時下の土地管理をめぐる国家・地主・村落

1　土地管理への国の介入と自作農創設事業

村落・家族経営的土地管理と地主的土地管理の対抗の間に，国家が介入してきたのは，高揚する小作運動，とくに小作権確立要求が運動の中核に据えられてきたことへの対応としてであった。ここで国の土地政策を詳しく考察する余裕はないが，国は，次第に激烈化してくる農民運動に対して，地主的土地所有を擁護する意図をもって，妥協策としての小作立法を構想し始めたのであった。これはとくに官僚の側から構想されていた。大正11年にまとめられた「小作法案幹事私案」はその典型であろう。そこでは，賃借権（小作権）や永小作権は登記がなくとも第三者に対抗し得ること，小作権は15年間存続するとし，その間の譲渡は自由とすること，などが構想されていた。しかし，こうした小作権法認の意図は，地主層の反対にあって陽の目を見ることなく終わった。これに代わるものとして小作調停法が成立して，小作権を棚上げしたまま争議の調停策だけが定められた。さらに小作制度調査委員会は，小作調停法のつぎは永小作権保護のための民法改正をも考えた[(31)]。

このような国家の法による小作権，永小作権の保証は，直接には地主の所有権を制約するものであるが，他面では村落が持つ本来的な土地管理機能を無意味化するものであった。とくに永小作権の保証は，小作権が生存権・耕作権に由来したのとは異なり，所有権の一部購入という商品・貨幣経済原理に拠るものであったから，村落的原理とは全く異質であった。

ところで，こうした小作立法が否定されるならば，高揚する小作争議を沈静化する方策はなにか。ここで登場したのが，自作農創設事業，具体的にいえば，小作人の小作地購入を援助するための融資事業であった。これは地主団体である帝国農会も要望したものであった。すなわち，大正13年の「自作農維持及創設ノ建議」で，「小作者ノ向上ヲ誘導シ以テ農業経営ノ進歩ヲ促シ小作争議ノ緩和ヲ図ルハ農村振興ノ根本政策[(32)]」と主張したのである。小作争議の緩和と同時に，この背景には地主的土地所有の後退，地主所有地の売却・転進の傾向が生じていた。すなわち，地主ができるだけ有利に土地を売却するための条件作りを，国に要望したのである。地主層は，国家と癒着することによって自らの危機を回避しようとしたのであった。

国家からみれば，小作農に土地を与えることによって，階級闘争を緩和し，プチ・ブル的意識を持たせることで保守化させる狙いがあった。昭和2年の第一回自作農創設会議において，政府は，「抑々自作農ハ土地愛護ノ念強ク土地ノ生産力ヲ維持培養シ，其ノ思想ヤ堅実以テ農村ノ中堅トナリ，国土ヲ有利ニ経営シ農村社会ノ構成上枢要ノ地位ヲ占ムル……是レ小作農ニ土地所有ノ機会ヲ与ヘ自作農ノ地位ニ立タシメル所以ニシテ……又小作争議ヲ緩和シ其ノ解決ヲ容易ナラシムル等ノ効果尠ナカラサルモノ言ヲ俟タサル所ナリ[(33)]」と述べている。ここでは小作争議緩和より先に，自作農の持つ保守的性格が重視されていた。

したがって，農民組合はこれを批判し，「耕作権を確立せよ。我等は土地を持たずとも，土地を耕作する権利さへ確立すれば良い。……我等はまた耕作する権利あるべき筈である。……何も土地を持つ必要はない。[(34)]」として耕地不買同盟の結成を呼びかけたのであった。

このように，地主は資産・商品としての土地の有利な売却を考え，小作農は生存権に立脚する小作権を要求し，国家は自作農としての保守的性格を社会安定のために期待したのであった。自作農創設事業の実施は，国家の思惑どおり土地を求める小作農によって，小作権確立の代わりに自作地獲得の方向を押し進めることになったのである。もはや土地は耕作する権利の対象としてではなく，所有権の対象となったのである。こうした観念は，村落の土地の耕作者としての自営農ではなく，小ブルジョアとしての自作農を作り出すことになった。しかも，経営実体としての小ブルジョアでなく，観念的存在としての小ブルジョア・小所有者であった。

この事業を南郷村についてみると[(35)]，大地主の支配力の強さによって直ちには実施されなかった。つまり，南郷の地主にあっては土地の「売り逃げ」の必要性が少なく，逆にこの事業を始めることで，小作人の土地買取り要求が高まることを警戒したのであった。こうした傾向は全国的傾向とも一致する。すなわち，全農家数に対する昭和元～11年の創設農家数の比重は，近畿・東海の5.2％を最高に西日本で高く，東日本は東北の2.2％を最低にすべて3％未満である[(36)]。しかし，南郷においても，村内の要求もあってか，昭和3年夏には，自作農創設維持資金の貸付規程と審査委員会規程を制定した。これによれば，最高4,000円まで，年利3.5％，24年賦均等償還であった。この自創資金の貸付けは，昭和3～10年までに延べ30人，総農家数の3％であった。すなわち，東北地方の平均よりかなり高かった。これは，大地主の力の強さにもかかわらず，小作農の力もまた強かったことを示している。そしてそれはまた，村落の耕作保証原理よりも，私的所有権原理の方が強くなりつつあることを示すものであった。

2　国家による農村把握と恐慌下の土地管理

昭和5年に始まる昭和農業恐慌は，農民経営を破滅に追いこんだ。この農村疲弊を前にして，国家はつぎつぎと時局匡救・救農の施策を打ち出した。それは「自力更正」を旗印にしながら，内実は，国家による農村・農業の直接的把握の道であった。それが農山漁村経済更生の運動であり計画であった。その一環をなしていた産業組合拡充5ヶ年計画は，従来の任意加入制をやめ，全戸加入，農家組合単位の加入を推進した。この全戸加入・農家組合単位加入の方針は，全村・全部落を産業組合の活動の中に取りこむものであり，その事業運営の面で，部落的結合を利用していくものであった。このため形としては，産業組合の下部機構として再び部落の結合が強くなったようにみえるが，これは上からの部落利用であって，部落の性格は大きく変わることになった。すなわち，産業組合活動は，資本主義的商品貨幣経済への積極的対応であり，村落のもつ自然経済的共同性を大きく弱めるものであった。

また経済更生運動は，自力更生のスローガンを掲げて，町村の自主的更生計画を実現させるものであったが，その目標は国力の保持，国家の安定にあった。とくに，恐慌とほとんど同時に「満州」事変に突入した我が国は，強力な兵員の供給源としての農民層の保護を，はからなければならなかったのである。それが国家による農村の直接的支配を意味していることは，改めて指摘する必要もないであろう。

南郷においては，産業組合の創立は[(37)]，昭和2年の「南郷村自治要綱」に謳われていたが，実際に昭和4年に設立されてみると，地主の抵抗も強く，直ちに恐慌に捲きこまれるということもあって，事業はたちまち行き詰った。こうした状況のとき，政府の産業組合拡充策が打ち出されたのである。こうして，地主理事からの解散要求も高まるなかで，昭和9年ようやく編成替えを行なったのであった。再編前の産業組合が，役職署構成において地主のオールスターキャスト的色彩が強かったのに対して，再編後の組合では，地主役員の数も減り，しかも産業組合をバックアップしてくれる地主だけになっていた。それゆえ，産業組合が部落を単位として事業を進めることにしても，それは地主抜きの農業・農村把握，部落把握であって，構成原理は変わっていたのである。

本来，地主経済，したがって地主の土地支配原理と産業組合の活動とは，対立し競合するものであった。地主が産業組合運動に消極的乃至対抗的であった根拠は，そこにあった。国が，そうした地主経済を圧迫してでも産業組合の充実を考えたことは，農村支配の実質を，地主の手から国の手に移すことを意味した。

他方，国によるより本質的な農村把握ともいえる経済更生計画についてみれば，南郷村は，県の三度にわたる勧めにもかかわらず，指定村となることを拒否してきた。これも地主の力の反映であろう。だが，恐慌とそれに続く凶作の打撃については，経済更生計画を拒否したからといって，地主だけで救済，対処できるものではなかった。そこには，何等かの行政的な処置が必要とされたのである。

いまこれを，土地問題だけに限定してみると，南郷村では，「現時ノ不況対策トシテ」「南郷村臨時土地買収規程[38]」を定めて，村としての土地管理に乗り出している。すなわち，その趣旨は，「南郷村居住者ヨリ，耕地又ハ宅地等ヲ他ニ転売セザルヲ得ザルガ為メ，其買上ヲ請願シ来リタル者ニ対シ，其要求ニ応ズルコトヲ得」というものであった。つまり，土地を他町村人に売却することを防止し，その土地を村が買上げて，耕作人に余裕が出てきたときは買い戻させるというものである。このための財源としては，村予算に３万円を計上し，選考の上買収し，村会の承認を得て村財産にしておくこととされた。こうした土地管理は，不況による土地所有の村外移動を防止するものであり，土地は村のものという観念を，行政町村の範囲まで拡大し，しかも貨幣によってそれを維持しようとしたものであった。ムラの土地という観念を実行するには，もはや行政力，貨幣の力に頼らざるを得なかったのであり，村落の共同性に基づく土地管理は，その内容において完全に変質してしまったのである。他面，これは村有財産の増加となった。村有財産が増大することは，ますます行政町村の役割を強大なものとし，行政村的統合の強化によって部落の力を相対的に低下させるものであった。また，村財政が豊かになることは，地主層にとっては戸数割租税公課の負担が軽くなることを意味した。地主は，村有財産収入によって，自らの租税負担を減らすことができたのである。

それは，もはや単なる村落的土地管理ではない。部落のもつ共同的機能によってはもはや果たせなくなった村の土地の確保は，貨幣で行政町村の力によって行なわれたのである。その行政町村が，村落自治の展開としてではなく，恐慌と戦争によってますます国家行政の末端機構化している段階にあっては，これもまた国家管理へと接続する面を持っていたのである。

3　国家による耕地適正規模政策と満州分村および標準農村設定

いままで述べてきたように，国の土地に対する管理統制は少しずつ強まってきていたが，これは戦時統制の下で急速な展開をみせた。改めて指摘することもないが，昭和13年の国家総動員法の施行，いわゆる戦時国家独占資本主義への移行がその起点となっていた。総動員体制の下では，農業のみならず，土地自体が「動員」の対象とされたのであった。それは，村落的あるいは地主的な土地管理を，国策の中に取りこみ，変形・変質させたものであった。試みにその事項だけ拾ってみよう[(39)]。

まず昭和13年の「農地調整法」は，従来の自作農創設維持事業や小作調整法を，戦時総動員体制に合わせ，食糧増産・農民経営維持に主眼を置いて改正し，同時に兵役その他の負担から生ずる問題の解決をも図ったものである。これによって，道府県・市町村に農地委員会が設けられ，行政側の土地管理権が強化されることになった。翌14年には，勅令をもって「小作料統制令」が施行された。これは小作料の額もしくは率の上限を定め，さらに賃借人（小作人）・永小作権者・賭地権者の負担増となるような小作条件の変更を禁止するものであった。いわゆる適正小作料の設定で，これによって小作料の改訂が行なわれ，多くの場合かなり引き下げられたのである。昭和16年には，それぞれ勅令をもって，「臨時農地等管理令」と「臨時農地価格統制令」が出ている。ともに国家総動員法に基づくもので，前者は食糧生産確保のための農地保全（用途変更の制限），適切な耕作のための勧告や耕作者の指定を含むものであった。耕作者の指定とは小作人の変更を伴うもので，地主の所有権は少なくとも制度上は著しく制限されたのである。後者は物価統制の一環として，地価の抑制を図るものであった。

また米穀管理，食糧管理の一環として出された「米穀生産者奨励金交付規則」[(40)]（昭和16年）は，小作料納入形態の変更，生産奨励金による実質的な小作料率の低下をもたらし，地主の地代収取権を制限するものであった。これは翌年の「食糧管理法」で一段と整備され，いわゆる「二重米価」制の下で，地主の土地所有利廻りを低落させ，地主経済に大打撃を与えることになった。

以上の法的措置は，国・行政の土地管理が地主の私的所有権を制限し，その土地管理を空洞化していくものであった。その目標は，戦争遂行のための食糧増産と社会安定であり，それを農民経営の安定と農地の確保保全によって達成しようとしていたのである。この点を，南郷村の事例に即して具体的にみよう。

まず農民経営の安定に直接につながったのは，適正小作料の実施であった(41)。この作業は，南郷村農会の手によって昭和14年冬から15年春にかけて進められた。農会が適正小作料を査定するに当たって基準としたのは，農会自身が昭和11年から継続実施していた，全村にわたる土性調査の結果であった。それは村内310地点での栽培試験を伴う科学的なものであった。このため，不満の多かった中小地主層も承知せざるを得なかったといわれる。反当小作料は，同様な土地条件であれば大地主より中小地主の方が高い傾向にあったから，影響は中小地主に大きかったのである。大柳部落居住の各地主の例からいえば，苗代小作料はほぼ20％ほど引き下げられた。本田の方は，反当5升乃至1斗下げという例が多い。率にして約7％である。こうして，約60％の筆数の土地の小作料が引き下げられたのである。注目すべきことは，中小地主に顕著であったが，借屋小作人の土地の引下げ幅が大きく，一般小作人の方の幅は明らかに小さいということである。これは，地主と借屋層との人格的隷属関係の反映であろう。借屋層の方がより大きな負担を負っていたのである。

村農会(42)は，このほか昭和12年から自給肥料増産奨励を行ない堆肥舎設置を進めていた。また，畑作においては仙台白菜への転換を進め，南郷産の白菜の名を高からしめている。農会のこうした事業の推進者は，地主層ではなかった。昭和14年の農会役員をみると，11名中，大地主は1人，小地主が3人，他の7人は小自作上層で産業組合活動家，農民組合指導者たちで占められていた。農会はもはや地主団体とはいいがたい性格をもっていた。つまり国・行政の施策が，農会を地主団体として留めておくことを許さない状勢にさせていたのである。

このように，本来は地主団体であった村農会を変質させてきた国の施策は，行政区をも変質させていった。すなわち，昭和15年9月に国は村常会・部落常会の設置を通達した(43)。その理由説明では，「国策ニツイテハ……政府カラ県ニ，県カラ町村ニ，町村カラ区長ニ，区長カラ一般ヘト通達スルガ，区長ニ其ノ趣旨ヲ徹底スルコトガ非常ニ困難デアリ……」といわれていた。常会の設置は，この状態に対し，上意下達民意暢達のために行なわれたのである。ここで行政区・区長は新たな性格を持たされることになった。南郷村常会は[44]「部落民心ヲ統制シ隣保相扶ケテ本村更生の目的ヲ達成スル」とされていたのに対し，部落常会の方は，「日本精神ノ顕現ヲ基調トシテ部落精神ヲ確立シ，……部落民相携ヘテ各自ノ経済力増強ヲ図リ……」とあった。部落常会は，行政区単位に設置され，常会の運営には区長が当たっていたが，この部落常会の目標は，行政区というより本来の部落が日本精神を軸に復活したような観を与える。一度完全に分離してきた行政区と部落が，常会機能として統合されたともいえよう。こうした動きは，常会設置後2年経って行政区・区長が廃止され，部落会・部落会長が設けられるに至って完成する。これに続いて村農会と村産業組合が統合させられて村農業会となった。

部落会は，部落の名を冠しているが，本来の部落というよりは，行政区が部落的結合を復活させて，より強力な行政末端機構となったものであった。それが戦争遂行のためとはいえ，農地保全・生産増強・経営安定という村落原理と同様な指向を持ったところに，部落の結合力を無視できなかった状況が窺われるのである。部落会は，部落常会を基軸として，その下部に農家実行組合単位の組常会を置いて，統制団体の機能をも持った。これもまた，かつて部落が持っていた村八分的な統制機能に似ている。しかし，似ているのは形態だけであって，立脚する原理は，もはや自然経済でもないし，村人の生活でもなかった。その基盤となっていたのは，戦争遂行であり国策であった。

そうした部落会の性格を示したものは，食糧増産策としての土地改良事業への取組み方であった。[45]南郷では昭和18・19年に，泥炭湿田400町歩の暗渠排水工事が実施された。この暗渠排水工事は，土管，あるいはその代用として杉皮の「便利管」や粗朶の調達に始まり，水路の開削，埋め戻しと困難なものであった。この労働力の中心は，部落会，実行組合に割当てられた農家の出役であった。しかしこの動員に応じない人はほとんどいなかった。また工事の技術的指導も，これらの農家が中心であった。児童・生徒や婦人会・商工会の動員された人々を指導して工事の主力となっていた。また最も注意すべき作業は埋め戻しであるが，これはできるだけ自分の田は自分でという方針だが，少なくとも部落の土地は部落で埋め戻しをしている。この埋め戻しが悪いと水が通りすぎて旱害になるおそれがあるのである。この暗渠排水は，施肥技術としての分施法を普及定着させることになった。これもまた本来の地力維持的技術に結びついていったのである。

このような増産技術とともに，健全農家の育成・維持策として，適正規模農家の創出が政策的課題となっていた。いうまでもなく農家経営規模の適正化である。これは従来の自作農創設事業にせよ，小作料統制にせよ，農地調整策（小作権保護）にせよ，いずれも経営規模に触れることがなかったのに対し，積極的に経営規模の変更に立ち向うものであった。単なる自作地の創設や小作保護でなく，いわば自立し得る健全農家，文字どおりの意味での独立自営の農民という構想がそこにあった。これは，かつて地主も国家も正面切っては提起しえなかった課題である。

しかし考えてみれば，適正規模の健全農家ということは，経済構造こそ違え村人の理想的な存在形態であった。それが基礎にあるために，徳川幕府の分地制限令や伊達藩の五貫文制度も定められたのであった。それは北ヨーロッパのフーフェ，南ドイツ，オーストリアのフーベが，決まった広さの面積を示す語でなく，一家が生活し得る規模の耕地・持ち分を示す語であることを考えれば，より本質が理解できるであろう。条件が悪ければ１フーベの面積は広くなり，肥沃な土地であれば小さくなるのである。そして生産力が高まれば，フーベは分割されていったのである。

戦時期の適正規模論は，その意味では本来の土地管理原理に接続するものであった。それは，地主的土地所有の確立以来土地を把握する主導的原理となっていた，所有権原理を否定して，経営存立条件を正面に押し出したものだったのである。これが重視されたのは，国家独占資本主義の農業政策が本格化したためであろう。

ところで，政府の適正規模政策が本格化したのは，昭和17年11月の「皇国農村確立促進ニ関スル」閣議決定であった[(46)]。これを具体的に実行する政策が，翌年４月の「標準農村設定要綱」である。ここでいう「適正経営農家」の条件とは，専業自作農であること，家族労働力が充分であること，農地経営規模が適正であること，技術水準が高いこと，原則として稲作と畜産を含むこと，農業の国家的意義を自覚していること，であった。以上の目標を達成するために，部落構成農家数の設定，分村計画，交換分合，水利改良，労力調整，共同施設整備等を実施するのである。これによって，隣保共助・安定調和の農村を確立しようとしたのである。

南郷は，この第1回指定村に選ばれている。宮城県では第1回は8ヵ村が指定されている。全国では160ヵ町村ほどであった。南郷では規模適正化の事業として，一時中断していた満州への分村移民計画を再開することにした。このほか自作農創設・交換分合・水利土地改良も計画されたが，予算上のこともあり実施されなかった。交換分合は200町歩を対象にして5,000円の予算を計上したが，それが2,000円に減額されて実施不能となっている。満州分村移民[(47)]は，南郷ではすでに昭和11年に始まっており，これは全国で最も早いと評されたほど早かった。詳細にふれる余裕はないが，南郷の分村計画の最大の特徴は，地主層の内部に根強い反対論があったため，村としては計画しえず，加藤完治・石原莞爾に結びつく推進者有志（中心は高等国民学校長）によって計画・実行された点である。分村計画が地主の小作人層を減少させるものである以上，地主層の反対は当然であった。それは，小作権確立や自作農創設で地主の土地所有を制限するのでなく，小作人の減少と自作農の安定によって，地主の小作人を失わせるものだったのである。

しかし，この当初の分村移民計画は，農民は送り出したが，農家戸数は期待ほど減少しなかった。また，移住者が返還した小作地も，総面積の2～3%にしかならなかった。分村による母村農家の規模拡大はほとんど望めなかったのである。これに対して，第2次ともいうべき標準農村建設の一環としての分村計画は，計画の限りでは母村農家の規模拡大，適正規模化に寄与するものだった。しかし，これは昭和19年，先遣隊を派遣しただけで，本隊の送出をみずに敗戦を迎えることになった。

以上の，こうした分村計画に結果する適正規模論は，部落再編を含んで地主の所有権を封じ込めるものであった。国家の土地管理は，地主の土地管理を圧倒し，排除しつつあった。このなかで，部落は，土地管理の実質を，地主および国家によって両面から奪われていくと同時に，地主によって解体されていたものを，国家の手で異質なものとして再編されていったのである。それは部落という名を冠しながら，もはや異質な機能を持たされたものであった。村落としての部落のもっていた土地保全，耕作の権の保証は，国家機能に奪われていったのである。

だが他面，そうした国家の施策が，依然として部落組織を形として利用し，それに依拠しなければならなかったところに，村落としての部落の性格の継承があったといえよう。その内容は，小生産者，家族経営農民の取り結ぶ社会の，合意形成，統制力の機能ではなかったかと思われる。少なくとも，かつて部落が有していた直接的な土地管理機能ではなくなっていたのである。

（１）　詳細は，安孫子麟「人間社会存続のための物的諸条件」（歴史学研究会・日本史研究会編『講座日本歴史』13巻，東京大学出版会，1985年）1-5頁。
（２）　以上の農耕に関する部分は，同上書，6-16頁参照のこと。
（３）　とりあえず，岩本由輝報告「本源的土地所有をめぐって」とその討論（村落社会研究会『研究通信』141号，8-13頁）を参照のこと。
（４）　その一例として，前掲，安孫子麟「人間社会存続の物的諸条件」16-18頁参照。
（５）　この点後述。なお，安孫子麟「農地改革と部落の機能」（『歴史評論』435号，1986年）36-37頁参照のこと。
（６）　川本彰「村落の領域」（村落社会研究会編『村落社会研究』8集，塙書房，1972年）152-166頁。
（７）　前掲，岩本由輝「本源的土地所有をめぐって」8-10頁。
（８）　その村落の近代化の性格については，安孫子麟「近代村落の三局面構造とその展開過程」（村落社会研究会編『村落社会研究』19集，御茶の水書房，1983年）8-21頁。（本書第２章）
（９）　その事例として，『南郷町史』上巻（宮城県南郷町，1980年）327-341頁。
（10）　大場正巳『本間家の俵田渡口米制の実証分析』（御茶の水書房　1985年）。なお，この書に対する安孫子による書評（『土地制度史学』110号，1986年）も参照のこと。
（11）　安孫子麟「水稲単作地帯における地主制の矛盾と中小地主の動向」（『東北大学農学研究所彙報』9巻4号，1958年）307-308頁。（第１巻第５章）
（12）　前掲，大場正巳『本間家の俵田渡口米制の実証分析』81-84頁。
（13）　南郷村大柳佐々木家の「小作定約証」による。前掲『南郷町史』上巻，857頁。
（14）　同上書，721-725頁。
（15）　同上書，660-662頁。
（16）　通常，小作権と永小作権を同質にみる見解が多いが，この両者は質的に異なる。小作権は所有権に対抗する耕作の権利であって，村落が保証していた家維持・生業のための耕作の権を，近代的・個人的な生活権・営業権の形で主張したものと考えられる。これに対して，永小作権は，金銭を支払って獲得した権利であって，所有権の一面を制約する法認された権利であった。それゆえ，永小作権は，宮城県では登記される例が多かった。

(17) 村立事務所の部分は，前掲『南郷町史』上巻，416-436頁に，共愛社については，同書，862-872頁による。

(18) 同上書，863頁。

(19) 同上書，835-848頁および867-872頁。

(20) 前掲，安孫子麟「近代村落の三局面構造とその展開」14-21頁（本書第2章），および前掲『南郷町史』上巻，872-880頁。

(21) 同上書，662-674頁。

(22) 前掲『南郷町史』下巻，165頁。

(23) 前掲，岩本由輝「本源的土地所有をめぐって」8-9頁。

(24) 布施辰治『小作争議に対する法律戦術』浅野書店，1931年，122-114頁。

(25) 中村吉治『日本封建制の源流』上，氏と村，刀水書房，1984年，137-148頁。

(26) 中村吉治編『宮城県農民運動史』日本評論社，1968年，310-333頁。

(27) 同上書，324-325頁。

(28) 前掲『南郷町史』下巻，261-266頁。

(29) 同上書，255-257頁。

(30) 同上書，266-271頁。

(31) 河相一成「自作農創設維持政策の性格」（菅野俊作・安孫子麟編『国家独占資本主義下の日本農業』農山漁村文化協会，1978年）50頁。

(32) 同上論文，52頁。

(33) 農林省『第一回自作農創設維持ニ関スル会議録』1927年。

(34) 河相一成，前掲論文，58頁。

(35) 以下，南郷村の事例は，前掲『南郷町史』下巻，75-77頁。

(36) 数字は安孫子の計算による。

(37) 以下，南郷村の事例は，前掲『南郷町史』下巻，215-227頁。

(38) 以下，同上書，109-112頁。

(39) 以下，各法令の条文は，現代法制資料編纂会編『戦時・軍事法令集』国書刊行会，1984年，による。農地調整法，326-329頁。小作料統制令，256-259頁。臨時農地等管理令，241-243頁。臨時農地価格統制令，260-261頁。

(40) 農地改革記録委員会編『農地改革顛末概要』農政調査会，1951年，99-100頁。

(41) 以下，前掲『南郷町史』下巻，426-428頁。

(42) 同上書，247-252頁。

（43）　同上書，391頁。
（44）　以下，南郷村の事例は，同上書，390-395頁。
（45）　同上書，411-417頁。
（46）　以下，同上書，377-379頁，395-398頁。
（47）　同上書，336-383頁。

第4章　村落における地主支配体制の変質過程

――宮城県南郷村における「分村問題」――

はじめに

本章は，拙稿「地主的土地所有の解体過程[(1)]」に続くものとして，先の考察を前提として，地主の村落支配体制の変質・後退の過程を明らかにし，それを通して地主制解体の社会体制的意義の解明に一歩接近しようとするものである。ただ，限られた紙数のため，問題の一部のみを取り扱うことになる。

周知のように，1920～30年代の日本地主制の変化については，「凋落過程」,「分解過程」,「衰退過程」,「変質過程」という表現[(2)]で，その様相が論じられてきた。そのなかで，この変化の評価をめぐって説が分かれている。前掲拙稿および1978年度土地制度史学会大会での暉峻衆三氏の報告に対する私のコメントも，この評価に関連して地主制解体の様相を論じたものであった[(3)]。これらについては，地主制解体の内容を過大に評価したという批判がある。この点は，さしあたり上述の大会の討論を参照してほしい[(4)]。ここでは，直接にそれを論ずるのではなく，もう少し実証的に地主制解体の諸局面を考察し，その上で総体として，この解体の意義を評価したい。

ここで取りあげる局面は，地主の村落支配体制の変質過程に限定される。これは2つの課題を含むものと考えられる。その1つは,「地方改良」運動以降,地主の町村支配と結合することによって維持されてきた，国家体制の基盤としての地方制度が，この地主支配の変質によって，どのような役割をもつようになったか，という点である。もう1つは，昭和恐慌以降の国の政策乃至その思想的潮流（ファシズム化の動き）が，直接に農民を把握するに際し，変質する地主支配がどう関わったか，という点である。このあとの方の課題は，近年，農山村経済更生運動や産業組合運動との関連で研究が進められている[(5)]。こうした課題は，個々の町村の個別分析を基礎としなければ実証が難しいのであるが,反面また個々の町村事例では，その受容状況の差異が大きく影響をする。個人あるいは集団の個性が影響する。それだけ，個別事例の一般法則化には，充分な考察が必要とされよう。

この章では，素材として，日本農業の基本的類型の1つである東北水稲単作地帯のなかから，典型的な大地主成立地域である宮城県遠田郡の南郷村を取りあげる。南郷村は，1937年に50町歩以上所有地主数9戸を算え，1929年に小作地率81.6％というピークを示した村である。南郷村の地主については，すでに数多くの報告を発表しており，また『町史』も私たちの手で書いているので，詳細はそれらに譲り(6)，それを前提として，以下の考察を進めたい。なお，本章でとり扱う南郷村の「分村」問題については，すでに佐藤正氏による基本的分析が，章末参考文献の須永編書(6)に収録されている。ここでは，ちがった視角から論じたい。

I　前提――地主の町村支配体制の展開

1　町村体制の確立と村落機能の分化

近世的藩政村から近代的町村への変化は，村落が，国家体制の一環としての地方制度，すなわち行政機構の体系の中に取り込まれることをもって特徴づけられよう。地方制度という新たな観念は，「地方自治」理念を持たせるかのごとくみえながら，日本では，国家体制の極端な優越の下に，その末端権力機構という基本的位置づけを持たされていた。そのことは，大小区制，三新法，連合戸長役場制が，「アタカモ異家ヲ合スル如き」などと評されながら，村の統合分離を繰り返し，最後に1888年の町村制に至った過程をみれば明瞭であろう。町村制は，一方で自由民権運動の要求に応えて「自然ノ部落ニ成立ツ」町村に，自治・分権を認めながら，他方で中央政府の末端機構として，行財政能力を持つものとして村落を再編したのである。

しかしながら，町村制が施行されても，村落社会の実体は，直ちにこの新町村の下に統合されていったのではない。これ以降，国家支配の行政機構としての町村と，実体としての村落社会の分化が進行したのであった。

実体としての村落社会は，一般的につぎの三局面を有したと考えられる。すなわち，末端行政機構としての区（制度的には「行政区」），独自機能を有する機構としての「部落」，近隣的生活機能をもつ機構としての「契約講」（南郷村では一般に「六親講」という）である。通常，研究史的にも，これら三局面は一括して「部落」ととらえられる事が多かった。農民自身も，この三局面を意識的には区別していなかったのが，明治期の実態であった。しかし，この三局面の混同は，「部落」＝村落の実体を誤まって理解させることになり，素朴な「部落」＝村落共同体説に陥るものも多かった。この三局面分離の問題は，別稿において果たしたいが[(7)]，南郷村において，その実態の一例を示せばつぎのようである。なお，町村制に至るまでの南郷の行政区域の変遷は，表１のとおりであった。

南郷村に含まれる旧村大柳は，村制施行（1889年4月）とともに大字となったが，同時に大柳区として行政区として位置づけられた。その区長は，村議会に村長が提案し，その承認を経て任命され，報酬を受けていた。村は区長に対して，諸種の伝達事項や依頼を出している。村議会は，後年（1910年代）になると，村長の提案した区長候補者を拒否することもあった。

同時に，大柳は，独自の機構としての「大柳同志社」であった。1894年の改正「大柳同志社規程[(8)]」は，全文61条からなるもので，第1条で「本社ハ共有地ヨリ生ズル収益ヲ基本金トナシ」とあるように，部落有の水田37町歩を貸付け，その小作料収入によって独自の機能を果すことを目的としていた。本社は，「当区住民ノ結合」と規定されているが，この「住民」には「寄留」，「借屋」は含まれなかった。この寄留者・借屋は，その家主・地主を通じてのみ，部落の住民であったのであり，独立した住民とは認められず，したがって発言権もまたなかった。部落の役職者は，地租金20円以上を納める者から選ばれた（第7条）。三役の下に部落評議員が置かれたが，12名中10名は5町歩層以上の地主で占められ，残りの2名は，2町歩および9反歩の自小作層であった。この部落すなわち大柳同志社の会計は，「大柳区有財産決算書」という形で，区の名で村に報告され，村議会で承認を受けている。ここでは，部落と区とが，実体としては同一でありながら，表面的には両者を使い分けている様相が示されている。

表１　南郷行政区域の変遷

<table>
<tr><th>年　月</th><th>郡・大区</th><th>小区・連合町村・新村（　）内は旧村</th></tr>
<tr><td>明.元.12</td><td>遠田郡南方27ヶ村
大肝入→郡長(明.３.２)安部長太郎</td><td>南郷５ヶ村村扱（福ヶ袋,練牛,大柳,木間塚,二郷）
城下分（和多田沼）</td></tr>
<tr><td rowspan="2">明.５.４</td><td rowspan="2">第９大区（南方27ヶ村）
区　長　森　亮三郎
副区長　木村雄人，鈴木純之進</td><td>小６区（和多田沼，福ヶ袋，練牛，大柳，木間塚）
戸　長　伊東幸記
副戸長　久保愿吾，木村忠吾</td></tr>
<tr><td>小７区（二郷）
戸　長　松田庄作→安住仁次郎（明.６.７）
副戸長　安住仁次郎,松田常治,甲谷喜三太
桜井庄之助，高橋養之助</td></tr>
<tr><td rowspan="2">明.７.４</td><td rowspan="2">第５大区（遠田郡全域）
区　長　森　亮三郎→鈴木譲之助</td><td>小８区（和多田沼，馬場谷地）
戸　長　武田豊之助
副戸長　？</td></tr>
<tr><td>小９区（福ヶ袋，練牛，大柳，木間塚，二郷）
戸　長　木村雄人
副戸長　安住仁次郎</td></tr>
<tr><td>明.９.11</td><td>第３大区（遠田,志田,加美,玉造の４郡）
区　長　鈴木譲之助</td><td>小５区（南郷６ヶ村）
戸　長　木村雄人→佐藤礼蔵
副戸長　安住仁次郎→佐藤礼蔵→？</td></tr>
<tr><td>明.11.11</td><td>遠田郡
郡　長　鈴木純之進</td><td>連合村（馬場谷地，和多田沼）
（練牛，福ヶ袋）
（大柳，木間塚）
（二郷）</td></tr>
<tr><td>明.17.７</td><td>遠田郡
郡　長　鈴木純之進</td><td>連合戸長役場
（福ヶ袋，練牛，大柳，木間塚，二郷）
戸　長　安住仁次郎
（和多田沼，馬場谷地）
戸　長　森亮三郎→木村雄人→鈴木力衛</td></tr>
<tr><td>明.22.４</td><td>遠田郡
郡　長　鈴木純之進</td><td>南郷村　村長　安部久米之丞
（区は,和多田沼,福ヶ袋,練牛,木間塚,大柳,二郷）</td></tr>
</table>

注：『南郷町史』上巻，572頁。

さらに，当時大柳には，六親講が４つあり，それぞれが機能していた。六親講は，明治初年までは，入会谷地の萱刈り規制など，生産的な機能も有していたが，谷地開田・入会利用の消滅とともに，近隣互助的な生活組織となっていた。これらの六親講は，町村制施行にやや遅れて，連合組織を作り「大柳懇親講」と称するに至った。これは部落親睦や祭礼にも関わる組織となる。この六親講が生産的機能から離れるにつれて，従来，六親講に直接加入できず，家主・地主を通して位置づけられていた借屋・下層農は，自立して独自の六親講を組織するようになる。大柳では，大正期以降3つの六親講が作られ，現在は7つとなっている[9]。従来，構成員になれなかった層の独自組織結成は，部落・区の性格にも影響を与えずにはおかなかった。

区・部落・六親講の三枚看板を掲げていた大柳は，次第にこの三局面を分化させ，後には，区長と部落会長が別人となることもあった。この分化を促進し，完成させていったのは，1907年の部落有財産（貸付水田と入会谷地）の統一，村有財産（貸付水田，開田の進行）の形成であった。これは基本的には，大地主の村政支配の確立を目的として進められたものといえる。

2　村有財産の形成と地主支配

南郷村各部落の財産は，村制施行以来，制度的には区有財産として村の監督下にあったが，実態は部落財産として，一部は旧来の入会谷地として利用され，かなりの部分は開田されて貸付けられ，その小作料は，学校維持（学校田）・祭礼・親睦・土木・衛生等に使用されていた。凶作年には，貧窮農民の村税戸数割補助に当てられたこともあった。これが，1907年，大地主鈴木家が村長に就任するに至って，村有財産として統合されたのである。

この統一は，その背景に幾つかの前提条件をもっていた。1つは，地主的耕地整理によって入会谷地が開田され，共有地の個別利用が進んでいたことである。第2には，その過程で大地主の成長が進み，地主—小作関係が部落の区域を越えて，村全体さらに他村にまで拡大していたことである。部落有財産の統一は，部落の独自機能の財政的基礎を奪うことであったから，部落の形骸化，行政区的性格への接近を意味した。したがって，部落に基礎を置く小地主，自小作上層は，その利害関係を主張して抵抗する。この抵抗を乗り越えた力は，部落を超えた大地主連合であった。部落の固有の利害は，妥協的に細かい過不足精算を行うことで解消され[10]，名実ともに村有財産となったのである。しかし，この精算の過程で，評価不足として賦課金を徴収された，和多田沼・福ヶ袋・練牛の三部落は，大地主も少なく，発言力も弱かったこともあって，不満を残した。村長鈴木家が練牛に居住する大地主であったことが，これらの三区（「上三区」と称する）の反対意見を抑えることに役立ったのである。

南郷村の部落有財産統一は，すでに土地が開田されて高度利用の形態にあったから，農商務省的発想を達成することよりは，村財政の基礎を固め「村税不課村」を創る内務省的発想を目標としていた。このため，村有水田の経営による村財政への寄与が，その目的であり管理の方針であった。基本財産収入は，事務費・諸税を除いて，村費繰入金・基本財産積立金・土地購入費の3項目に充てられた。村費繰入金は，村の通常歳入に繰入れられる。積立金は，特別な支出（学校改築など）の際，取りくずされる。その一例をみれば，1910年度の村費繰入金は村税収入の34.6％，1916年度は32.4％，1921年度は実に87.5％に達している[(11)]。この分は当然村税負担が減ることになり，村税の地租割・戸数割の負担で大地主層が最も大きな恩恵を受けることになった。同時に部落・地域性が強い小学校の運営維持費が，部落の手を離れて村に一元化されたことは，学校問題に対する村の発言力を増した。同様なことは，衛生・土木等についてもいえる。それは，村制施行以来の村・各部落という多元的構造を，強力に村一元的に統合していくものであった。部落意識ではなく，新たな村意識の形成が意図されたのである。

この点をさらに意図的に遂行したものが，部落神社の村社への統合であった。本来，氏神（内神）あるいは産土神は，血縁規範・地縁規範の共同体的性格の強いところに生じた。これらの神社や祠は，すでに一度，明治初年に一村（旧村）一社の氏神制で統合されていた。これをさらに新行政村に統合することは，新らしい国家神道原理への組み替えを意味する。この点は，しかし南郷では実施されなかった。部落有財産がほぼ完全に統合されながら，神社統合は実質的にはまったく進まない。国家神道のイデオロギーは，この段階では南郷には入りきらないのである。こうした傾向は，日露戦争に際して村民が示した態度にも窺える。例えば和多田沼の牛渡捨五郎氏が，20年にわたって克明に記した日記には，戦死者の葬儀のことは記されても，戦勝の喜びはまったくない[(12)]。国が勝つことよりも，出征家族の苦難，戦費負担の重圧の方が強く意識されているのである。

こうしてみると，「地方改良」運動のイデオロギー的側面よりも，直接，地主経済の利害にかかわる村統合の側面だけが，推進されたといえよう。そのことは，村落支配体制が地主の利害，とくに地主―小作という階級関係の面を露わにしてきたものといえよう。それは，もはや部落支配を基盤とすることなく，地主—小作の階級関係そのものに，直接立脚できる地主の力を示すものであった。

3　部落の自衛機構化と大地主支配体制

部落が，その財政的基盤を失って独自機能を縮小してきたとき，部落の役職は，大地主の手から小地主乃至自作・自小作上層の手に移った。それは機構としては親睦的な色彩を強めたものであったが，しかし，村落社会としての特質がすべてなくなっていたわけではない。そうした部落的特質に立脚した新たな動きがみられるのである。

その典型は，部落組織的産業組合の成立である。大柳では，1905 年 5 月に「無限責任大柳信用組合」が設立され，1925 年 5 月まで機能する(13)。この組合長は 7 町歩の小地主，理事は地主 1 名，自作上層 2 名，自小作上層 3 名であった。この信用組合の範囲は大柳に限られており，その目的が，大地主の高利貸活動に対する防衛組織であることは明瞭であった。大柳の大地主 4 名は加入していないのである。「中産保護」を目的として奨励された産業組合は，通常こうした部落的組織として結成される。全村的組合は，まだ必然性をもたず，旧来の部落機構的まとまりこそが実質的意味を持っていたものといえる。大柳信用組合は，部落規模で貸付・預金業務を扱い，担保物件（所有地）を有する小地主・自作農・自小作上層農の信用関係を支えたのである。当然，担保に乏しい小作層・零細層は，この相互扶助原則をもつ部落的産業組合の恩恵を被ることは少ない。そこに，この部落的産業組合の限界があった。

こうした組織は，産業組合法施行前の 1892 年に，南郷の砂山部落に設立された，大地主安住家中心の「貧民救済信用組合(14)」とは，同じ部落規模のものであっても性格を異にする。この貧民救済の組合は，救済を受けた農民に対し，「儲蓄・勧業・衛生・教育等」の面で統轄を行い，さらに私行・日常生活（たとえば飲酒・食事・芝居見物・服装等々）についても制約を加えている。これは，地主による部落統制・保護そのものであった。部落的産業組合は，大地主の部落離脱後の，経済的な自助組織であった。そこには私行統制といった機能はないのである。こうした部落的産業組合から，1920 年代以降の全村的産業組合の成長までは，もう一度，地主経済との対抗を経なければならなかった。それが南郷では，本論で述べる「分村問題」であった。

ここではもう少し部落的組織についてみておきたい。「大柳信用組合」の結成の3年後，1908年には「大柳青年貯蓄会」が設立される[(15)]。この会も部落の農家を対象としており，当時の戸数142戸中，87戸を加入させていた。除かれた者は借屋・寄留，あるいは大地主であった。これもいってみれば，部落中堅層の自衛組織といえよう。これは定額月掛け，満期5ヶ年の貯金会で，預金利子率は年5.4%，積立金は部落の組を通じて集金していた。また，この会の役員は，信用組合の役員とかなり重複している。信用組合の外に，性格の似ているこの会が設立されたのは，信用組合が法的規制を受けるのに対し，これは任意自由な組織であったからといわれている。こうしたことからも，なお部落の独自活動の基盤が残っていたことがわかる。

以上の大柳の二団体は，ともに生産活動・農事改良・副業推進といった事業をもっていない。そこに，部落的統合の限界があった。商品生産の発展にかかる面は，部落的まとまりでなく，個別農家の自主的・有志的結合から生じてくるものであり，それは1920年前後から自小作上層にリードされて結成されてくるのである。

他方，全村的統合を完成させる立場からいえば，こうした部落的組織が強固なことは望ましいことではない。こうした部落・行政区的枠組みの超克は，小学校の学区設定の問題として現われてきたのであった。学校を村民意識統合のシンボルとすることは，明治初年以来の方策であったが，南郷でもまた，尋常科および高等科の学区設定の問題として，長年にわたって争われてきたのである。そしてこの学校問題が，単に部落の枠内に止まらず，部落連合の地域の間の対立となってきたとき，分村問題が起きたのである。その意味では，学区＝地域間の対立は，一方で，部落が地主支配への自衛組織となって，地主との対抗を強めていたことと，他方で，その部落の枠組みを越えて，村民統合を完成させようとする村当局＝大地主の要求との間に生じた，シンボリックな事件であったのである。

以下，学区問題に端を発する分村問題を通じて，地主支配体制の動向をみよう。

II 「分村問題」——町村支配体制の変質

1 学区をめぐる地域＝部落連合の対立

南郷における小学校学区は[(16)]，1873年5，6月に第40番練牛小学校と第41番二郷小学校とが設立されたときに始まる。前者は，旧村の福ヶ袋，練牛，大柳を学区とし，後者は，木間塚，二郷を学区とした。当初は，就学率も低く，学区の範囲もさほど問題でなかったが，就学率の上昇とともに，学区に対する各部落住民の要望が高まり，まず1874年6月，二郷小学校が砂山支校を設置して，下二郷（砂山・大橋）の児童を受入れ，ついで1880年4月，大柳小学校が新設されて，練牛小学校の大柳と二郷小学校の木間塚を分離して学区とした。砂山支校（1886年に二郷小学校の分校と改称）を加えて4つの学校がおかれたのである。これは，1912年に大柳小学校と二郷小学校が統合されるまで続いた。すなわち，練牛小学校＝福ヶ袋・練牛，大柳小学校＝大柳・木間塚，二郷小学校＝上二郷・中二郷，砂山分校＝下二郷，という4ブロックの学区が成立したのである。

この事情，およびその後の変化は，本書第2章図1に示すとおりである。

学校は，村制施行とともに，新南郷村の村民意識形成の中核とされ，旧村＝部落的結集を解体し新村帰属意識を育てるものと考えられてきた。その典型的な現われは，村制施行とともに，各小学校は，名称を「南郷尋常高等小学校」と改め，その「尋常科練牛分教場」，「尋常科二郷分教場」，「尋常科砂山分教場」と称することになったことである。このとき大柳小学校は本校として，尋常科児童とともに，全村の高等科生徒を受入れることになった。しかし実際は，校舎が狭く，高等科の全生徒を二郷分教場に併置された「高等科仮教場」に送ったのである。高等科の一本化は，教育の効果，財政上の理由等にもよるが，新村一体化の理念を実行したものであった。この点は村議会でも繰り返し強調されている。

しかし，ここに2つの不満が生じた。1つは，学校の地域名称が消え，校長のいる本校，すなわち大柳・木間塚の地位が優位を占めることになった点で，両部落を除くすべての部落の不満となった。２つめは，高等科生徒が，二郷分教場に通うことになったため，位置が南に片寄りすぎ，距離の遠い北の三部落，和多田沼（村制施行により新たに学区に入る），練牛，福ヶ袋の不満が大きかったことである。この結果，施行３年後には早くも改訂が行われ，練牛，二郷は従来どおり単独の尋常小学校となり，大柳の本校は高等科生徒のみ，その尋常科児童は，大柳の者は練牛小へ，木間塚の者は二郷小学校へと変更された。ここでは，尋常科を失った大柳・木間塚の不満が高まった。同時に，各尋常小学校に高等科を併置したいという要求も，全地域から出されていた。大地主の居住地である大柳・木間塚の要求はまもなく満たされ，中心校の増築によって，再び尋常科児童を受入れることになったのである。この間，下二郷地区の要求は，砂山尋常小学校の独立となって実現していった。

こうした絶えざる学区の変更は，児童数の増加，義務教育年限の延長（４年から６年へ），就学率，とくに女子就学率の上昇などによって，常に校舎増築の問題をかかえ，村財政の負担となっていたことに由来していた。村が，どこの小学校を増改築するかという，予算方針の問題と関わっていたのである。

こうした不満は，校舎増改築に際しても現われた。1912年に完成した二郷小学校の改築校舎は，２階建，１間半廊下の県下有数の優れたものといわれたのに対し，1919年に増築した練牛小学校は，採光も悪く外廊下の校舎であった。この決定をした当時の村議会の構成は，練牛学区から５名，その他の下三区から13名となっていた。この議員数のアンバランスは，また上三区に１校，下三区に３校という小学校数のアンバランスさと共通するものでもあった。戸数からみると，1909年では，上三区340戸，下三区670戸である。戸数比と比較した場合の上述のアンバランスは，地主数の差を表現したものであろう。かなりの発言力を持っているであろう20町歩以上地主の数でいえば，上三区３人に対し，下三区14人であり，５町歩以上の所有者（地主および自作上層）でみると，上三区18人，下三区48人であった。

このような地域差が，学校を中心として部落的枠組みを維持していくことを意図している上三区の中小地主層と，学校を全村統合の要として考える村当局・大地主連合との対立を，生み出してきたのである。

2　上三区の分村要求＝大地主支配批判

1919年に増築した練牛小学校は，またすぐ手狭となったため，学区民（上三区）は父兄大会を開いて，1921年10月に校舎を移転し教室を増加することを，村議会に請願した。この年は，大柳にあった南郷小学校と二郷小学校を統合して，名実ともに南郷の中心校とし，場所を木間塚に移すことが決められていた。この統合は，上・中二郷，木間塚，大柳の三部落の地主の合意により順調に進められた。新築校舎は，旧二郷小学校よりさらに立派になると予想された。ここには一地主の寄付により，ドイツから輸入したグランド・ピアノが入った。練牛小学校の移転・新築請願は，下三区のこの動きに触発されたものといえよう。

この上三区の請願は，1922年2月28日の議会に，砂山小学校改築の議案とともに提案された[17]。この日は，練牛小学校の移転候補地を選定する調査委員を選出して終っている。これに対し，上三区では，現校地より東方に移転候補地を挙げてそこに決定するように求めている。しかし調査委員会の結論は，逆に現校地の西方に移転することを可とするものであった。これが提案された3月13日の議会では，福ヶ袋居住の議員から強硬な反対意見が出ている。すなわち，

「議案中独リ練牛小学校敷地ノミ（地元の意見が）少数ナルハ，甚ダ其ノ真意ナキヲ遺憾トス。要ハ其ノ校ノ児童通学ニ便ナル所ヲ選択スルニアリテ，関係学区ノ議員ニ一任シタルトモ何等ノ故障ナキヲ認ム。況ヤ先ニ南郷小移転スルニ当リテ其ノ区ノ議員諸君ニ一任シタル例モアリ[18]」（句読点は引用者）

との主張であった。注意されるのは，関係学区議員に一任するという点である。これは，部落乃至部落連合の地域の自主性を貫く考えであり，学区モンロー主義ともいえよう。これは，上三区の他の議員にサポートされたが，一任は認められず，全議員が調査委員となって現地調査を行うことになった。

翌14日に，現地調査に基づき調査委員会が開かれたが，対立したまま結論は出なかった。このなかで，上三区の議員の動議により，両候補地につき，遠田郡長の裁可を受けることで全員賛成したのである。この案は，3月20日の

村会で決定され，村長は，3 月 21 日付で遠田郡長内田左平に裁可を申請したが，この時，両候補地のうち，調査委員会は西方説に決したと書き添えたという。郡長の裁可は，内田の転任もあり，非常に遅れた。後任の小山田義祐は，県教育課とも協議した上で，9 月に上三区が要望した東方移転地を指定し，その可否を小学校令第 9 条に基づき村議会に諮問してきた。

この諮問は，同年 9 月 14 日の村議会ではかられたが，郡長の裁定に一任するという 3 月 20 日の満場一致決定にもかかわらず，それに反対する意見が多かった。村長もまた，郡長は双方の主張を聴取していない，また裁定の根拠も示していないとして，「不当ノ処置」と反対した。結局この日はまとまらず，9 月 23 日まで延期されたのである。

この事態に憤激した上三区住民は，337 名の連署で 9 月 23 日付の陳情書を，村長および村議会に提出した。その要点は，郡長の裁定に従えとするものであって，上三区の利害を正面に出さず，手続き問題として述べていた。村議会の審議は，賛否激しく対立し感情的なものとなったようである（その旨の発言がある）。村長は，郡長の諮問は決定的な裁定を行ったものではなく，単に村議会の意見を求めたものであるとして，案に反対であると主張した。採決の結果は，郡長案に賛成 6 名，反対 8 名，欠席 4 名で，郡長案否決，西方移転案が可決された。賛成者の内訳は，上三区の議員 5 名（欠席者なし）と砂山の安住仁次郎であった。安住が賛成に廻ったのは，郡長一任というのに村の自主性を失うもので遺憾としながらも，円満解決をはかりたいとして，上三区地元の要求を認めたためである。その理由は，砂山という小部落が，砂山小学校を擁している事実にかんがみ，地元の要求を認めることにしないと，砂山部落の意志も否定される事態が起ることを怖れたためであろう。しかし，一旦決定された後は，安住は西方移転派となり，後に上三区の分村主張に対し，厳しい反論を行うことになる。

そもそも，上三区が西方移転に反対した直接の理由は，西方案が「練牛区ノ通学児童ノ一半ヲ木間塚ノ南郷尋常高等小学校ニ通学セシメテ，其通学区域ノ変更ヲ試ミント企テ[19]」たことにある。つまり，区（部落）を二分して別個な学区に属せしめることへの反撥が大きかったのである。これにより練牛小学校の学区はますます小さくなり，上三区は分断されて地域統合の基盤を失うという危機感があったのである。そこにはなお，部落の統合性を必要としていた小地主・自作上層の要求が認められる。いわば学区による部落の分断が，拒否されたものといえよう。

この結果，上三区民は，1922年12月28日，各区1名計3名の代表者を立て，宮城県知事に対し，「分村ノ儀ニ付請願」を，長文の理由書を附して提出することになった。これには上三区々民の決議書[20]が添えられていた。このなかでは，対立の状況について「南方（下三区）ト北方区民トノ意志ノ疎隔甚シク殆ンド敵国ノ状勢ヲ醸成セリ。今ヤ南方ノ住民ハ北方三区民ニ対シ専制政府ノ治者タル地位ニ立チ自治ノ集団タル基礎ヲ根本ヨリ破壊シ去レリ。吾人ハ……吾人ノ幸福利益ヲ保持促進スル上ニ断ジテ南方部落民ト一団部落民タルヲ肯ンゼズ。故ヲ以テ茲ニ南郷村ヨリ分離シテ一自治村ヲ立ツルコトヲ決議」したと述べている。「部落」の「自治」が最大の問題なのであった。

ここに至って，分村の理由は，もはや学区や学校の位置の問題ではなくなった。理由書の中で，南郷各区が「利害得失ヲ同フセズ民意ノ疎通ヲ欠キ相親和セザル状態」になり「三十余年努力モ徒労ニ帰シ」た根拠として挙げられているのは，つぎの点である。1　南郷が南北に狭長な地形で自治村を形成する距離・範囲を越えていること，2　北方（上三区）の地価が南方（下三区）より高く[21]，北の租税負担が著しく過重であること，3　南三区には新開田が多く，この整備のため土木費はほとんど南三区に向けられていること，4　このため南三区では農道・橋・水路が著しく良くなっていること，5　土木委員は二郷からだけ選出されていること，6　郵便局が中二郷にあり北三区の利用が不便であること，7　二郷・大柳の小学校を統合し南三区のみ優良校を作っていること，8　村議および村の重要役職は南三区，とくに二郷区出身者で占められ，北三区の発言が容れられないこと。以上の諸点であった。

つまり，大地主の多い南三区が村政の実権を握り，そのため村政の力点も南に置かれているということである。とくに，平均地価の差が大きな問題となっている。南に較べて小地主や自作農層がまだ多い上三区（北）では，地価割負担の重圧を感じていたことであろう。部落統合の必要を最も感じているこれらの層としては，下三区との負担差に加えて，部落統合を強化できない村政のあり方に，大きな不満をもったのである。すなわち，この分村要求，その理由に現われたものは，大地主支配の貫徹と，部落統合を解体していく村政とに対する批判であった。これが学区問題で，練牛部落の分断につながることを契機に，一気に表面化したのであった。

3　「自治要綱」の制定——大地主支配体制の変質・再編

分村の請願書が提出された後，数度の話し合いが持たれたが問題は進展せず，逆に翌年5月15日，上三区の村議5名が辞職した。6月には，下三区々民に対して，前述の分村説明（前出「告白書」）が配られ，部落利害の重要性が訴えられたのである。このように，対立は一部落対村という形でなく，部落連合の地域対村という形で展開することになった。このことは，部落がもはや単独で独自要求をもって，大地主の支配する村政に対抗できなくなっていたことを示している。このような地域対立の形をとった村政批判，分村要求は，いまやその所有地を全村的規模に拡大していた大地主層にとっては，大変不都合な事態であった。分村ということになれば，上三区方面の土地所有を基礎とした発言も著しく弱くならざるを得ない。部落的枠組みを離脱して村政支配を達成した地主としては，支配範囲の大幅な縮小となるのである。

この点を具体的事実によってみよう。たとえば，後に村長となる大柳の200町歩地主佐々木家は[(22)]，1907年に全所有地の13.0％，村内所有地の18.0％を上三区区内に所有していた。これが1927年には，それぞれ17.9％，25.9％と増大していた。村内所有地の4分の1以上の土地を，上三区内に有する地主としては，この分村は不都合なことであった。

また逆にみた事例として，1925年に和多田沼区内の水田456町9反2畝歩のうち，和多田沼区民の所有地は，わずか39町6反1畝歩にすぎなかったという[(23)]。上三区民の所有地，つまり練牛・福ヶ袋の区民の所有地を加算しても，やっと92町歩にすぎなかった。残りは，下三区の大地主および涌谷町からの入作であった。ここからも，いかに下三区の大地主が，上三区に土地を所有していたかが分ろう。下三区の大地主は，上三区に深い利害関係をもっていたのである。

土地所有者としては，その土地が他町村にあっても，その水利組合を通じて発言できる。また，南郷村域の水田が同一水系，単一水利組合に属するものであるならば，分村した上三区の土地についても，従来同様な体制の中で発言し得る。ところが，南郷の水利組合は[24]，和多田沼普通水利組合（和多田沼地域420町歩），上臼ヶ筒普通水利組合（福ヶ袋・練牛地域320町歩），臼ヶ筒普通水利組合（大柳・木間塚・二郷の下三区の外，桃生郡各町村を合せ2,730町歩）の三者があり，管理者はいずれも南郷村長であった。分村すれば，和多田沼と上臼ヶ筒の2組合は，南郷村長の手を離れて新村に移るであろうことは，その灌排水地域からみて必然的なことである。そうなれば，南郷村長の管理下にあった時に較べて，下三区地主の要求は実現困難となろう。所有地を拡大する地主としては，水利組合の一本化こそ望ましいものであった。現に，数年後（1933年）には，桃生，牡鹿郡を含む三郡水利組合連合が成立しているのである。また，戦後には南郷土地改良区として3組合の一本化が実現する。こうした地主の要求からすれば，分村に伴う水利組合の新村移管は，重大な不利を招くものであった。

以上のことに較べると，上三区民が重大視した上三区の地価の高さ，負担の過重の問題は，実は下三区の大地主にとって，分村しても大きな不利を招くものではなかった。それは，ほかならぬそれらの地主が，上述のように上三区に所有地を持つため，地租割の相対的過重負担は，下三区大地主もまた負っていたからである。たしかに，分村による村財政規模の縮小は，村事業の縮小を意味するから，村政を通じて支配基盤を整えることが多少は困難となる。しかし，村有財産の水田の82.1％は下三区々内にあるので，分村すれば村有財産収入の享受は，むしろ下三区が多くなるとも考えられるのである。

このように，下三区の大地主にとっての不利益は，むしろ分村理由書に記載されない点にあったのである。当時，つまり戦後の町村合併前の町村としては，南郷は宮城県下有数の大村であった。地主にとっての，こうした地元町村のもつスケール・メリットは，分村によって著しく失われることになるのである。また，地主のみならず，ようやく力を伸ばしてきた南郷の商工業者たちも，分村によって大きな打撃を受けることになる。これら商工業者は，大半が二郷と大柳に集中していた。1914年の調査によれば[25]，物品販売業者93戸のうち，上三区は27戸にすぎず，二郷は40戸を算えていた。これら商工業者の納付する営業税付加税も大きくなっており，それだけ営業不振となれば，村財政に影響するところは大きかった。

このため，村当局も大地主層も解決に苦心するが，事態は逆に悪化していった。1924年6月には，上三区の区長・同代理が辞表を出し，村議会（上三区の5名欠員）では再考を求めて辞職願を保留している。しかし，区の仕事はストップしてしまったのである。さらに，上三区では村税不納の戦術もとり始めた。対立は，1925年3月，村会議員選挙を上三区がボイコットしようとしたとき，頂点に達した。同時に事態解決の動きも急速に高まった。まず遠田郡長の調停などで議員選挙は予定どおり行われ，上三区からは，前回と同じく5名が当選した。[(26)] 6月には，上三区の議員3名[(27)]に前出の50町歩地主安住仁次郎と280町歩地主伊藤源左衛門が加わり，連署で事態解決案が建議として出された。安住は，この直前に全罫紙10枚に及ぶ長文の「遠田郡南郷村分村反対理由書」を起草したが，分村要求に理由のないことを指摘しつつ，同時に上三区の要求を入れ妥協点を求めて解決をはかろうとしたのである。こうした姿勢は，村内最大の地主野田真一にもみられたといわれる。表面上は，福ヶ袋の中地主（18町歩）蔵元雄吾と砂山の安住仁次郎とを軸として，これを，下三区からは，上述の野田・伊藤が，上三区からは50町歩地主松岡達が，裏面で支援するという形で解決策がはかられていった。つまり，部落・地域を越えた大地主連合が形成され，事態解決に当ったのである。問題は，小地主・自作上層に代表される部落的利害に対し，大地主がどう譲歩し妥協案を作るかということであった。

その方法として，村議会は，第三者に仲裁委員を委嘱し，これに上下区の代表委員を加えて，妥協調停案を作製することとした。この委員会は，1925年夏から1927年5月まで40回の会議をもち，原案「覚書」[(28)]を作製した。仲裁委員は，隣村鹿島台村長鎌田三之助，県から高城畊造，他2名であった。とりまとめの中心は高城であった。こうして1927年春には，11条の「覚書」について合意が得られた。1年半以上の年月を要したわけである。しかし，「覚書」は具体的・個別的であるので，これを普遍化し「村是ノ如キモノ」として，将来とも「村治ノ大指針」とするため，10条からなる「南郷村自治要綱」[(29)]にまとめられたのである。

「覚書」は，具体的であるだけに論争点がより明確であった。その第1条では，村長・助役の選出は，なるべく上下区から相互に選出することを含みとしている。第2条では，基本財産収入は経常歳出の補塡には充てず，特別な事業にのみ充てるとしている。第3条では，村税賦課方法は公平を期すため，各区代表によって行うことを規定している。第4条では，全村的産業組合の設置を規定している。第5条では，各小学校に高等科を併置することを「理想」とするとしている。第6条では，練牛小学校の東方移転とその充実を規定している。第7条では，村内道路の整備，第8条では，村役場の位置，第9条では，上区の伝染病院の設置，第10条では，明治水門水害予防組合運営とその負担の公平化，第11条では，郵便局業務の充実，電信・電話業務の併設，を規定していた。

全体として，上三区の地域的・部落的な要求とみられるのは，１，３，５，６，７，８，９であって，これらは妥協の合意である。しかし，2条は，地主の村税負担の増加をもたらすもので，単なる部落的要求とはいえない。むしろ地主的村政への批判の現われというべきであろう。同様なことは，4条についてもいえる。全村的産業組合が設立され充実するなら，打撃を受けるのは地主経済である。これが，国の産組拡充計画に先んじて取り上げられていることは，中堅農民層の要求の強さを示している。また10条も，他町村をも含んだ改善策であり，「全村協力シテ」といわれているように，地域を越えた自作層の要求とみることができる。

このように，問題の解決は，地域間妥協のみならず，地主と自作層の間の妥協でもあった。それは地主の譲歩を内容としたものであった。それは，一種の農民運動であった。だが，この妥協によって，大地主は危機を回避し，新たな地主体制を再編したといえるであろう。この再編地主体制を再度揺さぶるのは，産業組合活動の充実・発展であった。しかし，その時は同時に国家の農村支配体制が，村を大きく変える時期でもあった。地主は，そのなかで急速に後退していくのであった。「自治要綱」の制定は，村内独自の大地主批判運動であったため，地主支配体制に一定の後退をさせたが，同時にそれを再編し危機を回避させ，それなりの安定体制を作らせることに止まったのである。

この「覚書」は，1927年5月9日の南郷村有志大会において，10ヶ条の「自治要綱」にまとめられて承認され，6月28日の村議会で決定された。この際，各条文の末尾にあった「期スベシ」という表現が「期ス」と改められたことは，村政への拘束を弱めたものとして注意される。これも最大の地主野田真一の発言による修正であった[30]。大地主層の抵抗である。

Ⅲ　地主支配体制の後退——産業組合と「満州」移民

南郷における「分村問題」—「自治要綱」の制定は，村内部から生じた村政支配体制批判の農民運動であった。「自治要綱」に示された条項は，その後，緩漫ながら着実に実行されていく。同年6月30日の村議会では[31]，練牛小学校の移転地を地元要望の通りに決定して，知事に答申している。そして10月15日には，練牛小学校の改築予算が議会に上提され，20日，21日の審議の結果，全部新築という予算を削減し，6教室分は移築することになった。この動議提出も大地主野田であった。これも，地主側の抵抗の一例であろう。そして，ここで明らかに否決された高等科併設問題は，村統合の要として高等科は1校のみの方針を貫くことになった。しかし，直接に高等科に代わるものではないが，実業補習学校の独立・充実を求める請願運動も起き，その中心となったのは，自作・自小作上層の，後に産業組合運動の中心活動家となった30人の人々であった[32]。

このように，部落・地域的要求とみられた高等科併設問題は，中堅農民の全村的な要求と変って実現していくのである。この実現には，地主野田家が，土地・建設費を寄付したことが大きな力となっているが，これもまた地主と農民の妥協の現われである。1920年代後半の村政は，もはや部落・地域的な要求だけでは動いていかないのである。むしろ，全村的な階級的要求が，村政を動かす力となっていく。それは，町村支配体制の変質であると同時に，地主支配体制の後退局面であった。

こうした自作・自小作上層の要求が，最も典型的に示されたのが，1929年1月の「有限責任南郷信用販売購買利用組合」の設立であった[33]。産業組合については，前述のように「自治要綱」に規定されていたところであるが，それを受けて，1928年5月には，村議会に「産業組合創立ニ関スル件」が上提され可決されていた。しかし，本来，産業組合設立が，村議会の議題となるのはおかしいともいえる。これは，当時の南郷の実態がしからしめたところであって，それ以外の方法では信用もなく，また地主の抵抗が大きくなったと考えられる。この結果，設立された組合の長は，村長が兼任するという形になったのである。こうした産業組合は，真に充実した活躍をなし得るものではない。設立された組合は，5ヶ年間は開店休業だったと評されたのである。

産業組合が真に産業組合として機能するのは，1933～1934年の大改革からであった[(34)]。ここでは，実権は自小作上層に移り，これを支援した上野恭の力により軌道に乗ったのである。上野恭は50町歩地主の出身であるが，むしろ一人のインテリ（慶応大学経済学部出身。卒論は地代論）として行動した面が大きい。彼の信用は地主たる地位に基づくのであるが，戦後，推されて農民組合長となり，社会党籍をもったことを考えると，一個の人間の思想から，産組運動に加入した面を見落すことはできない。しかし，そこでも自小作層の自主的な運動なしには，上野の参加もあり得なかったのである。

この自小作層の運動は，前史を有していた。自主的な有志組合を作って，生産活動を行っていた[(35)]という経緯なしに，産組運動だけが起きてくることは不可能であった。産組運動に対する地主の妨害・抵抗を乗り越えた力は，直接には，こうした前史としての活動であった。同時に，「自治要綱」以降の，村体制の変化，地主支配の後退という状況が，それを育てたといえるのである。

村の変質は，このようにして進んだ。しかし，時代は，国の農村再編が強力に推し進められるときであった。産組運動は，国家政策と分ちがたく結合していく。そうしたなかで，国家政策が，小作貧農層の要求をも組織していったのが，「満州」移民であった[(36)]。これもまた地主支配体制の後退を強いるものであった。

南郷村が，宮城県でも有数の「満州」移民の村となっていくのは，地主支配に抵抗しながら，国家政策にとりこまれた貧農の要求の強さによるものである。

産業組合や「満州」移民については，別稿を準備しなければならない。ただ，南郷においては，「自治要綱」制定以降の，最も大きな町村支配体制の変化として，これらの2つの事を展望しておかなければならないのである。

（1） 安孫子麟「地主的土地所有の解体過程」菅野俊作・安孫子麟共編『国家独占資本主義下の日本農業』所収，農山漁村文化協会，1978年，13-43頁。（第1

巻第 6 章)
(2)　同上論文，13-18 頁。(第 1 巻第 6 章)
(3)　安孫子麟「コメント　暉峻報告・西田報告に対する討論」，土地制度史学会編『資本と土地所有』所収，農林統計協会，1979 年，263-267 頁。
(4)　同上書，223-267 頁。
(5)　たとえば，西田美昭編著『昭和恐慌下の農村社会運動』とくに第 5 章，御茶の水書房，1978 年。中村政則著『近代日本地主制史研究』，とくに第 5 章，東京大学出版会，1979 年（論文初出は 1978 年），など。
(6)　数は多いが，さしあたり，須永重光編『近代日本の地主と農民』御茶の水書房，1966 年。南郷町史編さん委員会『南郷町史』上巻，南郷町，1980 年，を参照されたい。
(7)　口頭発表としては，安孫子麟「報告要旨・近代村落の本質とその展開過程」，1982 年度村落社会研究会大会報告，1982 年。
(8)　全文は，前掲『南郷町史』上巻，599-605 頁。以下の叙述も主に『南郷町史』による。なお，本章に引用する『南郷町史』の多くの部分は，安孫子の執筆部分である。
(9)　南郷村の六親講の成立状況は，前掲の村研大会報告資料に掲げてある。
(10)　須永前掲書，282-298 頁。菅野俊作執筆分。
(11)　前掲『南郷町史』上巻，619 頁，631 頁，648 頁より計算。
(12)　同上書，1082-1084 頁。
(13)　須永前掲書，268-271 頁。
(14)　南郷町農業協同組合編『南郷町農業協同組合二十年史』同組合，1968 年，13-17 頁。
(15)　須永前掲書，268-271 頁。
(16)　以下の学区の説明は，前掲『南郷町史』上巻，501-502 頁，515-532 頁。
(17)　以下は，『南郷村々会議事録』綴の各年度の記載による。
(18)　『大正 11 年度南郷村々会議事録』綴り，3 月 13 日第 2 回村議会での蔵元雄吾議員発言。
(19)　1923 年 6 月「本村上三区民ノ告白書」。これは下三区の区民各戸に配付された分村理由説明書である。
(20)　決議書の全文は，須永前掲書，346 頁。
(21)　北三区の平均地価は，反当 14 円 16 銭，南三区は 9 円 26 銭で，南は北の 3 分の 2 以下であった。
(22)　以下佐々木家の事例は，須永前掲書，253-254 頁，470-471 頁。
(23)　安住仁次郎「遠田郡南郷村分村反対理由書」による。安住家資料。
(24)　前掲『南郷町史』上巻，703 頁，719-720 頁。

（25） 同上書，890-895 頁。

（26） 練牛の安部東輝・宮崎太蔵，福ヶ袋の蔵元雄吾・高橋信美は，前回に引続き当選。和多田沼の岡崎俊一郎が入らず，代って練牛の沼津健二郎が当選。

（27） 前注の宮崎・蔵元・高橋の 3 名。

（28） 南郷村「南郷村有志者大会々議録」所収。これは村で印刷配付したパンフレット状のもの。

（29） 全文は，前注の「会議録」。須永前掲書，354-355 頁。菅原芳吉『南郷村誌』南郷村，1941 年，186-187 頁。前掲『農協二十年史』37-38 頁。等にある。しかし，これらはいずれも原案を収録したもので，村議会で修正を受けた正文ではない。正文は，「村会議事録」の 1927 年 6 月 28 日の項をみないと分らない。近く刊行される『南郷町史』下巻には，修正正文を収録する予定である。

（30） 前注参照。

（31） 以下，練牛小学校関係は「村会議事録」による。

（32） 須永前掲書，378-380 頁。なお，南郷農業高等学校『南農四十年史」，1971 年，1-6 頁。

（33） 前掲『農協二十年史』28-37 頁。須永前掲書，400-406 頁。

（34） 前掲『農協二十年史』39-47 頁。

（35） 同上書，28-29 頁。

（36） 須永前掲書，485-489 頁。

第5章　「満州」分村移民と村落の変質

——宮城県遠田郡南郷村の事例——

はじめに——本章の課題

本章は，ここ数年来考察してきた[1]，昭和戦前期にみられる村落の変質，すなわち明治期的な村落構造の解体過程を，「満州」（現中国東北地区。以下かぎをとる）分村移民運動が村落支配機構に与えた影響の面から，解明しようとするものである。

満州農業移民が，初期の試験移民期から本格的大量移民期へと進むに伴い，分村移民の形態を主軸とするに至ったことは周知のとおりである。この分村移民は，もはや単なる移民政策ではなく，日本戦前期農村のファシズム的再編政策の一環として位置づけられる。これによって，戦前期農村の性格は著しく変化したのである。

ところで，この分村移民の研究は，農山漁村経済更生運動との関連でなされることが現在の大勢となっている。高橋泰隆氏の先駆的研究以降，こうした分析視角が定着したといえよう[2]。たしかに，この経済更生運動は単に恐慌・凶作対策だけに止まるものではなく，戦前期農村の変質・再編の一大画期であることはまちがいない。しかしながら，逆に，戦前期農村の変質や分村移民問題が，すべて経済更生運動の一環として位置づけられるかといえば，そうではないであろう。

たしかに，全国的に著名になった分村移民の村々をみると，経済更生運動の一環として分村移民が計画されてきた。そこから，外的な政策的要因に対応する行政村の動きとして分村移民計画が把握され，行政村内部における新たな受皿の形成，農村のファシズム的再編と結論づけられてきたように思える。しかし，こうした分村有名村の実態が，直ちに論理的展開でもあるとはいいがたいのである。

むしろ，全国でも最も早く分村計画を樹てた行政村，たとえば宮城県遠田郡南郷村や山形県東田川郡大和村の例でいえば[3]，恐慌・凶作の打撃により，村の旧支配体制では対応しきれない状況となり，ここに村落体制の変質を求める農村内部の要因が生じ，これがファシズム的移民政策と結びついていったのである。こうした農村内部的要求は，当初，村の支配体制・行政当局とは対立しつつ移民を推進し，それが国策にバックアップされることにより，はじめて村落支配体制を変えるものとなっていったのである。つまり，分村計画樹立の早さでは全国１，２位の村では，村当局とは別なところで，村当局と激しく対立しながら立案されていったのである。それは，当時の生産力構造，村落支配機構，地主経済の状況等々の条件に規定されたものであるとはいえ，単に偶然とはいいきれないものがある。

結論を先取りしていえば，戦前期農村の状況は，恐慌・凶作・戦争の下で旧村落の内実が崩壊して再編の必要に迫られており，国策からみても，また村落内部の要求からみても，旧来の地主的村落体制を止揚しなければならなくなっていたのである。これら二様の村落変革要因が，ともにまず対立しなければならなかったのは，地主的支配原理に立脚する旧来の村の行政体制であった。このなかで，南郷村・大和村の場合は，村落内部の要求が運動に組織されて，国策と結びつきつつ分村計画を樹てていき，これがやがて村の行政体制をも変質させていったのである。とくに，南郷村では経済更生村の指定を受けることを三度断ったといわれるほど，国策的村再編には抵抗している。そのなかで，村内有志の運動として分村移民が進められたのである。

これに対して，長野県佐久郡大日向村を典型とする経済更生運動優良村での分村移民は，まず村の行政体制が国策的再編の受皿へと変革され，その後分村移民計画が樹立されるのである。こうした村においては，旧来の村落体制が恐慌・凶作・戦争の激動に対応できず，いちはやく後退し再編されていったものと考えられる。逆に南郷村では，この激動のなかでもなお地主支配体制が強固に存続し，容易に国策的再編へ妥協しなかったといえよう。しかし，それはただ強固なだけではなかった。村内では，生産力上昇を基盤とした自小作上層農の運動が展開しており，国策的再編とは別な形で村落変質が進行していた[4]。分村移民運動もまた，強固な地主的旧体制への批判として登場するのである。これは，戦前期農村の変質のもつ本質を，より原初的形態において示すものといえよう。そしてその分村移民方式が，ひとつの手本として国の大量移民実現の手段に採用されていったと考えられるのである。

ここで付言しておきたいことは，南郷村の分村移民は，すでに「南郷型」として世に知られている点についてである[(5)]。これは，「南郷型」，「庄内型」，「大日向型」という分村移民三類型の一つであって，その区分は分村移住の形態についてなされたものである。そのため，南郷村移民の特質は，しばしばこの形態面の特徴のみで語られることがある。しかし，真の「南郷型」の特質は，村行政当局の関知しない分村計画という点にこそある[(6)]。なぜそうなったのか，それが本章の課題なのである。その解明によって，村落変質・再編のより基礎的な過程を把握したいのである。

I　分村計画樹立前の村政対立

前掲の『満洲開拓史』が，「分村計画の具体化したものは，昭和11年，宮城県遠田郡南郷村をその嚆矢とする[(7)]」と書いているように，南郷村は，分村計画を樹てて移民を進めた日本最初の村であった。しかしこれは，南郷村の第1回目の分村計画についてであり，こののち1943年末に，2回目の分村計画が樹てられている。それは，南郷村が標準農村建設計画の第1回指定村となったためのものであって，この時は村行政当局の手によって立案された[(8)]。したがって上に述べてきた南郷村分村移民の特質は，第1次の分村計画についてみられるもので，第2次の計画はそれとは質を異にしている。本章はこの第1次分村計画を主なる対象とし，あとでこれと対比の意味で第2次分村計画にも触れたい。

まず第1次分村計画が樹てられる前の南郷村政の様相をみておこう[(9)]。

南郷村は，1929年に，総耕地面積3,026町歩，水田2,856町歩という典型的な水稲単作の村である。そしてこの年の水田小作地率は83.5%という分解の進んだ村であった。1930年，自作農は3.4%，自小作農36.2%，小作農60.4%，50町歩以上の村内地主8戸，20～50町歩の村内地主12戸で，全国有数の大地主村であった。また村有の小作水田が多いこと（230町歩）が特徴で，これは明治末の部落有財産統一がほぼ完璧になされ，萱谷地を開田した部落有水田が村基本財産となり，このため，恐慌・凶作時に村税収入が激減したときも，村有水田の収益金が村財政に繰り入れられ，財政破綻を免れてきたのであった。

村政の実権は，当然ながら地主層の手中にあった。とくに，大地主の所有地が部落的範囲から全村，さらに他町村まで拡大していくなかで，明治末からこれら大地主層は，部落支配層の地位から村政支配層へと上昇し，村政の立場から部落利害の調整者という地位を占めるようになっていた。しかし，これら大地主の大半が，村南方の二郷・木間塚・大柳の3行政区に居住していたため，北方の和多田沼・福ヶ袋・練牛の3行政区農民との間に，地域的対立が生ずることは避けられなかった。

さらに，1920年代からは，地主支配から脱却しようとする自小作上層農の農事改良運動，農家小組合運動，農民組合運動，産業組合運動，実業教育充実運動などが，穏やかな形ではあるが着実に展開しており，村内に新たな対立関係を作り出してきていた。それらは，旧来の地主的村政に対する批判という本質を内蔵したものであった。

表面に現われた最大の対立点は，地主の利益・地位を擁護するための行政村的統一秩序の確立をめぐるものであった。具体的にみれば，高等小学校を村一校に統合する問題，土木費等の村財政の地域的配分問題等のことがあった。こうした対立は，その本質においては，大地主層の支配に対する上層農民の抵抗であったが，表面化するときの形態は，地域間（行政区間）の対立，あるいは地域（行政区）と行政村の対立という図式になっていた。行政村（村当局）は，本来，村内の各地域の間の利害の調整をはかるとともに，地主層の要求に従って村統合を強化しなければならないものであった。そのため，時としては強制的に対立を解消し統合をはかった。たとえば，明治末としては全国的にも珍らしい完全な部落有財産統一がその例である。これは大地主的村政の勝利であり，このため地域に多くの矛盾と不満を残していた。

こうした様々な対立の頂点をなすものが，1922年，小学校の移転地問題に端を発した北方三行政区の「分村」・新村設置要求問題であった[(10)]。村を二分する争いであった。この問題の解決は，1927年6月28日，南郷村会において，「南郷村自治要綱」10ヶ条を制定することによって結着をみた。発端は小学校の位置問題という純然たる地域対立の形をとりながら，到達した「自治要綱」

は，従来の大地主的村政の一定の譲歩であった。条文そのものは長くなるので，『町史』下巻（24-25頁）をみて頂きたいが，内容をみると，村執行部の選任（1条），村税賦課方法（3条），学校教育（5条），村役場の位置（7条）などの点では，地域間のバランスをとりながら地域と村との妥協的一致が示されている。これに対して，村基本財産の運用（2条），産業組合の設置（4条）は，大地主層の譲歩であった。中堅農民の要求の強さの反映であった。逆に，道路改修（6条），水利組合の負担（9条），郵便局・電話局の設置（10条）などは，地主層にとって利益が大きいものであった。このように，「自治要綱」の制定は，村と地域，地域と地域の対立を解消するものであったと同時に，本質的には地主層と中堅農家層との妥協をはかるものであったのである。

この「自治要綱」に盛り込まれた諸課題は，その後着々として実現されていった。それを実現していったのは，大地主層，中堅農家層，そして村行政当局の三者であった。すなわち，野田真一家（所有400町歩）に代表される大地主層は，郵便局・電話局・銀行（支店）を開設し，公園・演芸館を作り，道路の改修，橋梁の新設を行った。また学校や村立診療所の設置に多大な援助を行ったのである。自作及び自小作上層の中堅農家層の要求と活動は，とくに全村統一の産業組合の設立，実業補習学校の独立・充実に向けられた。

産業組合は，早く明治末年に部落的規模のものが小地主・自作上層の主導の下に設立されていたが，そのほとんどが活動を停止あるいは解散していた。これを全村一本化した産業組合としたいという願いは，地主経済に支配されていた中堅農家層の切実な要求であった。こうした全村規模の産業組合という構想は，全国的にみれば1933年の産業組合拡充5ヵ年計画以降のものである。それが南郷村では，農家層の下からの要求として生まれ，1927年には村是となり，1929年1月には発足をみたのである[(11)]。しかし，この新生産業組合に対する地主層の態度は，冷淡，消極的，時には明瞭に対立するものであった。このため，この産業組合が本格的に活動を開始できたのは1934年のことであった。この間，沈滞する組合を支え再建の原動力となっていったのは，やはり自作・自小作上層農であった。

また実業教育の充実も，これら中堅農家層の運動によるものであった[(12)]。南郷村には，各小学校に併設された3つの実業補習学校があったが，指導者もいない季節制でその実は挙っていなかった。このため，3 校を統合し通年 2 ヵ年制の独立の補習学校を設立したいという気運が生じたのである。その契機は，村議であった小地主（菅原民治）や，産業組合のリーダーでもあった自小作上層農（渡辺勝躬）の主張であった。渡辺は自分の長男の農業教育の経験から，南郷独自の中堅農民養成の学校の必要性を説いたという。そして，1930 年 2 月の「農村教化懇談会」を機に，独立補習学校の設立請願委員（村会議事録によれば 30 名）が組織され，活発な運動が展開された。これらの人々は，少数の小地主を含んでいるが，大多数は自小作上層農であり，とくに産業組合のリーダー，中核層はすべて加わっていることが注目される。請願書は同年 3 月に村会に提出され，村長はこの構想を支持して 5 名の調査委員（いずれも村議で地主）を選出した。村長や調査委員は，この後千葉県の八街農林学園や茨城県友部の日本国民高等学校，さらに愛知県の農学校も視察し，その結果，同年 9 月の村会に「南郷村立国民高等学校設置ノ件」を提案するに至ったのである。これは友部の加藤完治の日本国民高等学校と同様な名称であるが，必ずしも加藤の教育方針を踏襲したのではなく，「デンマルク式農業教育ヲ施ス学校ヲ国民高等学校ト称スル例ニ倣フ[(13)]」とされているように，「農村ノ実生活ニ必要ナル知識技能ヲ授クル[(14)]」ことで中堅農民を育成することが目的であった。後にこの学校が，南郷の移民運動の拠点となるが，当初より加藤完治の影響を受けていたのでないことは注意しておく必要がある。

この学校は大地主野田真一の多額の寄付（敷地・校舎建設）によって実現し，1931 年 4 月に開校するが，このように自小作上層の要求と地主の対応が一致したのは，村の中堅農民育成の点で妥協が成立したことを意味していた。したがって，この学校が満州移民に傾斜し，貧農土地問題を取上げるに至ると，地主層の支持は得られなくなり，村会で廃校意見が出るに至るのである。ここにも村政対立が発生したのであった。

Ⅱ 分村移民計画（第1次）の樹立と村内対立

1 南郷における分村計画以前の満州移民

南郷村からの満州移民のすべてが，「南郷型分村移民」であったのではない。1936年3月の「分村移民計画」の前に，南郷の満州移民はすでに始まっていた。この分村移民前史には，大きくいって2つの流れがあった。

その1つは，関東軍・拓務省及び加藤完治ら移民論者によって1932年に始められた，いわゆる試験移民期（第1～4次移民）の渡満者である。最初の第1次移民団には宮城県からも37人が加わっているが，南郷からの参加はない。南郷からの最初の移民は，1933年，三江省依蘭県七虎力に入植した第2次移民千振開拓団の引地輝雄である。翌年浜江省綏稜県北大溝に入った第3次移民綏稜開拓団（のち瑞穂村）には，川崎岬等3人が加わっていた。1935年の第4次移民は，東安省鶏寧県は哈達河と城子河の2開拓団が入ったが，哈達河に木下憲美他2人，城子河に3人が南郷から参加している。この木下の参加は注目すべきケースなので詳しくみよう。(15)

木下の実家は，村内でも富裕な方で4町歩の自作農であった。父は村議を4期つとめたのであるが，兄弟も多いため海外移住を希望していた。初めメキシコ移住を考えたが許されず，ついで1934年にブラジルを希望し，親の許可も得られて1935年3月15日神戸から出港することになっていた。南郷は，明治末から海外移民の歴史があり，蔵元雄吾（昭和初年南郷村長）のハワイ移民事業もあって，海外に出ることは珍しくなかったのである。また後述するが，1933年から翌年3月にかけて，南郷高等国民学校（31年6月に改称している）校長松川五郎と大地主野田真一によって，ブラジルに小作農場を建設する計画も進んでいた。木下がブラジル行きを希望した時には，松川校長はブラジル移住案を捨て満州移民論者となっていたが，ブラジルは南郷村民にとって現実的な移住地として意識されていたのである。木下と同じ時にブラジルへ行く青年は，南郷にほかに5人いたといわれる。

すでに神戸出港の船まで決まっていた2月のある日，木下は長兄憲躰につれられて，仙台の第四連隊長石原莞爾に会う。憲躰は，かつて師義三とともに社会民衆党の活動に関わっていた。しかし右派社会民主主義者の満州事変支持を機に国家主義に近づき，石原莞爾と接触していたのであった。木下は，ここで石原から満州移民の重要性を説かれ，その場で承諾して，石原の紹介で加藤完治の友部の国民高等学校へ向うことになったのである。友部には，南郷から及川頼治も共に出かけた。木下は，ブラジル行きを御破算にしたので家からの援助を受けられず，自力で準備しなければならなかったが，大地主野田仁（真一家の分家）の援助によって費用は賄えたという。3月初め友部に向った2人は，ここで1ヵ月訓練の後，入植地未定のまま第4次移民団先遣隊として4月に渡満する。そして瀋陽北大宮の加藤の分校，さらに哈爾浜の訓練所に5ヵ月入り，9月末入植地哈達河に入ったのであった。

木下のこうした移住経緯をみると，石原―加藤のラインが，南郷村にまで届いていたことが分る。しかも，かつては左翼無産運動に加わっていた兄憲躰が，親の意に反してまで弟を満州に向かわせたのである。憲躰は弟憲美に対し，自分は体が弱くて移民に行けないのが残念といっていたという。自作上層出身の木下兄弟をとらえた理念は，貧農土地問題の解決という課題ではなかったのである。そこには，石原の民族主義・アジア支配論という侵略主義があり，その実現をはかるファシズムの農村浸透の様相が示されているのである。

そして，南郷におけるもう1つの流れもまた，同じ潮流から分出した形態であった。その中心となったのが南郷高等国民学校長の松川五郎であった[(16)]。後の南郷分村移民計画も彼の手になるものであった。

松川は，仙台出身の陸軍大将松川敏胤の次男で，北大農学部卒業後，加美農蚕学校の教諭として勤務していた。南郷高等国民学校は，設立当初，小牛田農林学校長の斎藤永治が兼任していたが，4ヵ月後の1931年7月，松川が最初の専任校長として着任したのである。松川が移民運動に加わるようになった契機は，1933年2月，最初の卒業生横山宏遠が，学校で学んだことを生かすべき土地がないという訴えを持ってきたことであった。これは小作貧農（零細農）層の持つ要求であった。松川は，土地獲得の方策について悩み，海外移住策に到達したのであった。当時，日本とブラジルの間に不在地主制度についての協定がなされたので，南郷の地主がブラジルに土地を買い，そこに南郷から小作人を送って地主へ小作料を支払うという方策が考えられたのである。この案は，移民とはいいながら南郷村地主制の海外拡大策であった。そのため地主層の協力も比較的得られたのであった。この計画は候補地も決まり渡航調査に出かける直前に中止される。それは加藤完治の南郷来村が原因であった。

加藤は，1934年３月７，８日に南郷を訪れて講演会を開き，南郷高等国民学校で松川と会った。加藤の語るところによれば，「石原少将が仙台の第四聯隊長に赴任されまして，私に良い村と悪い村と２つの村を何とか改造して貰へないかといふことであつた。その村は，一方は遠田郡の南郷村，一方は柴田郡の村田町であります。……そこで私は南郷村にお話に行つたのであります[17]」ということであった。つまり加藤の来村は石原の依頼によるものであった。それは，上述の木下憲美が石原の説得を受けて満州へ渡った数日後のことであった。加藤は，松川に対し，「日本農村の救済及び満洲建設の偉業」を達成するための満蒙植民論を説き，松川はそれに共鳴したのであった。松川はこう書いている。「私は一度に道が拓けた心地がしてせいせいした。解った，満州は日本の子として育てるんだなと思った。それならば一層意義ぶかく，他と比べることは出来ん。夢はますますふくれてきりがなく，一切を満州に切りかえよう[18]。」

こうして松川は，その年の高等国民学校の卒業式で，卒業生に満州移民の件を呼びかけたのである。その結果，８人の志願者があった。松川はこれらの青年を集めて開拓訓練を行うとともに，家の了解を得る努力をした。しかし辞退者も出て最後に５人が残った。南郷での基礎訓練を終えた５人は同年５月19日，友部の加藤完治の下に向い，ここでさらに訓練を重ねることになった。しかし，この５人がどういう形で満州移民に加わるかはまだ決っていなかった。

こうした青年たちの移民志願は，従来の在郷軍人会を通じての農業移民とはちがった空気を作り出した。南郷の従来の移民の方は，リーダーである石原や加藤の理念とはちがって，農民自身の現実の姿は，土地を求めて村を脱出する貧農次三男であった。しかしいま松川が始めた移民運動は，国策に沿う民族進出の理念を掲げていた。その気運に誘われて，その年の夏，１人の青年が松川に満州移民の希望を申し出ている。それは小林謙吾，後に南郷移民運動の先頭に立つ皆川七之助（新聞店）の甥である。小林は，南郷実業補習学校季節制の時の卒業生である。松川は，その年の９月１日，石原莞爾に紹介された東宮鉄男に会う際，小林を伴ってゆき，東宮の渡満少年隊に小林を加えて貰うのである[19]。小林は，他県の 4 人の少年とともに直ちに渡満，大連で大谷光瑞の学生 8 名と合流し，瀋陽の加藤の北大営分校で訓練を受けた後，10 月 8 日，三江省饒河の大和北進寮に到着している。いわゆる「饒河少年隊」の第 1 陣であった。

南郷を先に出た高等国民学校の 5 人は，友部の加藤の学校で約 1 年間訓練を受けていたと思われる。そして恐らくは東宮の希望によって，翌 1935 年 6 月 19 日，他の 13 人の少年とともに神戸出帆，7 月 13 日に大和北進寮に入った[20]。これが北進寮の第 2 陣であり，小林の方が 1 年早く入っていたのである。のち福田清人が小説『日輪兵舎』（朝日新聞社，1939）で小林を主人公として描いている。

この饒河少年隊の目的については，東宮と加藤とでは考え方がちがっていた。東宮は，これを農業移民としてではなく，国防・治安維持の見地からみていたし，加藤は農業移民と考えていた。東宮は姉宛の書簡の中[21]で，「少年たちは数年訓練したあと各々向く方に向けます。どの方向に進ませるかは決定していません。」と書いている。また「適当な職業のない者には土地でも分配してやらうと思ひます。」ともいっている。これは，松川の考えとも大きく異なるものであった。饒河少年隊の農業移民的性格は，友部の加藤の学校から送られる少年が増えるにつれて強くなったのである。

以上が分村移民以前の南郷村における移民の状況であるが，松川は，以上の 2 つの流れを，加藤完治の線で統一し，かつ母村南郷の土地問題の解決，これはかつて卒業生横山が提起したものであったが，それを合せて進めようとした。それが分村移民計画であった。

2　移民運動をめぐる村内対立

上述の分村計画以前の移民状況から分かるとおり，前者の流れが貧農次三男主体の個別的任意的な移民であったのに対し，後者の流れは国策を踏まえた村内運動であった。しかし，後者は，高等国民学校卒業生を主体としているかぎり，まだ農業移民としての内実を備えていなかった。これを村を挙げての農業移民送出とすることが松川の目標となった。しかし，個別的任意的な移民には抵抗がなかった村内も，村を挙げての移民運動となると強い批判が出てきたのである。以下，その点についてみよう。

松川は，1934年5月に5人の卒業生を友部に送り出したあと，まず最初に，今度は卒業生女子を「開拓の花嫁」として満州に送る計画を樹てた。最初13人の希望者があったが結局5人が残り，南郷の学校で訓練を受けたのち，1934年9月砂金俊子が，「開拓の花嫁」第1号として第1次移民団弥栄村へ嫁いでいった。翌年に3人が，そして残る1人は1936年に渡満した。また，個別移民として第2次の千振開拓団にいった引地輝雄が，15人の仲間とともに1935年2月に花嫁探しに帰村してきたことも，花嫁としての渡満の空気を強めていた。

松川は，以上の青少年男女の送出によって自信を持ち，1934年9月には自ら満州開拓地の視察に赴き，帰国してから本格的に挙家移民の運動に取り組んだのである。皆川七之助は，その最も良き協力者となった。松川はこう書いている。

「そこで，個人的にポツポツ出掛けて行くのをあてにして居つたんでは国の移民は出来ない。どうしても皆が轡を揃へて自分の村から農民を繰出す。国家が黙つて居ても村が繰出すといふことにならなければ駄目だ。しかし駄目だといつて居つては仕様がないから，自分でやつてみようぢやないか，というのでその意気込みでやつて居つたのであります……。それにつれて喜ぶ人と顔を顰める人と二つがはつきり出て来る。さうすると村の中で問題が起きて来て，松川は怪しからんと言ふ者が出て来た。[22]」

松川はこの反対者について，「反対するのは地主さんと村の学者ですなア，農会の反対があつたのは南郷でも全く同じです[23]」といっている。「南郷も同じ」というのは，庄内の大和村でも「地主とか農会の幹部，村会議員といふやうな方々」が移民に反対していたからである[24]。その反対の理由は，小作人が減少し地主経営に支障がある，村の労働力が不足する，移民者の借金整理法が地主に不利である，といった点で，これは南郷だけでなく普遍的にみられたことであった。

これに対して松川は，1ヵ月ほどかけて各部落を歩き，代表者を募って，南郷小学校体操場を借りて，南郷村の進路についての村民討論会を開いた[25]。当日会場は立錐の余地もないほどの参加者で，窓を外して戸外で聞くほどであったという。ここで15人の有志者がくじの順番に従って朝から夜まで意見を述べ，最後に松川が，今の農村のどんな問題であれ，結局解決は移民に帰着することを説き，満州建設・共存共栄のためにも移民を推進すべきだと訴えた。そしてこの大会で，移民策を村是とさせようという決議がなされたのである。この村民討論大会は，上述のような反対者があるにもかかわらず，村内には多数の体制変革を望む者がいたことを示している。松川はそこに依拠したのであった。

松川は，各部落を歩いて移民を募る一方，学校を挙げて移民教育を実践しはじめた。この状況を，松川は戦後になってから，分村移民を村是とすることを村長松田丹治に話し，「村は一切諒承の旨を発表した」と書いているが[26]，当時の村会議事録には移民のことは全く記録がない。逆に村会の空気は，多額の費用を投じている高等国民学校は農村中堅人物育成のためのもので，移民学校ではないという非難が強かった。

これが表面化したのは[27]，1935年2月11日，紀元節に因んで開かれた一村議宅での豊作祈年祭の折であった。ここで，校長としての松川の学校経営方針が公然と非難された。ついで，3月6日，松川が，仙台で開かれた皇国農民団主催の講演会に，村民数人とともに参加していたとき，電話で村会に呼び出され，学校の経営方針について追及を受けた。このときの一部の議員の発言のなかには廃校意見もあったようである。松川は，これを行政による校長の教権侵害であるとして抗議し辞表を出した。これに同調して7名の教員全員も辞表を出した。この時，松川校長は全教員を奉安殿前に土下座させ，開扉して「臣松川の不徳の致すところ」と奏上した上で，辞表に署名捺印している。これが不敬罪に当たるのではないかと報道された。また，「大混乱に陥った南郷村会」という見出しをつけた新聞もあり[28]，村内の政争がからむと報じたのもあった。

こうして，高等国民学校を舞台とした松川の移民運動は一旦挫折したが，逆に移民を望む農民層のなかには従来にも増して運動が浸透していくことになった。地主層と下層農民層との対立は，いっそう明確になったのである。

3　南郷村満蒙移民後援会の活動と分村計画

松川は，1935年4月30日付で退職辞令を受け取ると，直ちに親の代からの田畑を売却して，東京の世田谷代田に居を移した。ここで，加藤完治の指導の

下に，満州大量移民計画の作成にとりかかったのである。協力者は森本庫一，川尻清の２人であった。[(29)]

試験移民から大量移民への転換は，政府内外に反対論・慎重論が多かったが，これを押し切った力は，二・二六事件による政局の変化であった。これは，第１次武装試験移民案が一旦は閣議で否決されながら，五・一五事件によりわずか５ヵ月後に閣議を通過した事態と酷似している。松川らの作業はほぼ１年かかって完了し，関東軍はこの原案を基にして「満洲農業移民百万戸移住計画」を策定した（1936・5・11）。この案は，「満洲国政府」の同意を得て，同年７月９日拓務省に提出された。拓務省は，７月23日海外拓植委員会を開いてこの計画を決定し，８月，昭和12年度予算に第１年度分として6,000人送出の経費476万円を計上し，第70回帝国議会に提出したのである。他方，内閣は，８月25日，七大国策を閣議決定したが，この第６項に満州大量移民計画が入ったのであった。ここにおいて満州移民は，国策として本格的に推進されることになったのである。

このように松川たちの仕事は国策決定に一定の役割を果たしたのであるが，しかし彼の真の役割は，村において大量移民送出を具体的に進めることにあった。松川は，東京に移ってからも時に南郷村を訪れ，移民送出のための活動を継続していた。松川は後年つぎのように発言している。「私は学校長は辞職しましたけれども，村の人をやめた訳ではありませんので，村の人として皆川君と協力してやつて参つたのであります。[(30)]」つまり松川の南郷における活動は，国策に従って村の外から進められたものでなく，「村の人」として村の内部において移民を推進したものであった。ここに「分村」移民運動となった根拠がある。国策であると同時に，村をどうするか，村の土地問題をどう解決するか，という課題が常に問われていたのである。

本格的大量移民の「模範」＝典型村が，前述のように経済更生運動の優良村でもあることは，村の問題の解決という方向が，村民をして移民に参加させたものであることを示している。すなわち，大量移民は内地農村問題の解決，とくに土地欠乏問題の解決と結びついてのみ，可能性を持ち得たのであった。しかし，同時にそのことは，必然的に地主層の反発を招くものであった。村の問題とはいいながら，貧農層の減少は小作地を望む欲求を減退させるので，地主にとっては望ましくない状況が予測されたのであった。国策には正面切って反対できない地主も，小作希望者がいなくなるとなれば，反対の口実はできたのであった。「村の人」としての運動は，以上のような二面を持っていたのである。

南郷村内をみると，大勢は消極派乃至反対派であるなかで，皆川七之助が，「私は満洲気狂だと言われた」と自らいうほどこの運動の中心的人物となっていた。皆川は，松川の教導によって，村の人口問題・土地問題の解決策は移民しかないと考えたといっている[31]が，実はそう考える前に，甥の小林謙吾の渡満（前述）の際，石原・東宮の「満州建設」の思想に接していた。そうした精神運動としての少年移民を，村問題解決運動としての分村移民にまで展開させるには，さらに幾つかの条件が必要であった。

その第1は村内支持者の形成である。村内にあって松川・皆川の運動を支持したのは，かつてのブラジル移民案の柱となった大地主野田真一であった。野田が地主でありながら地主層の大勢に反して移民運動を支持したのは，彼がそれまで行ってきた数々の村内慈恵施策の考えの延長であった[32]。その施策は，村内対立の緩和が地主層の基盤を安泰にするという高い視野から生じたものであった。この村内慈恵施策のため，野田は他の地主層からむしろ疎まれていた。松川はこういっている。「野田という人は公共のため非常に尽した人ですが，初めその人が架けてくれた橋の上で村の人に会っても顔をそむけるといって嘆いて居りました[33]。」それゆえ，野田の移民運動支持は野田に対する反感を強めたのであった。野田の移民支持理由としてつぎの点も考えられる。野田は浄土宗を深く信仰していたが，その玉蓮寺の住職白木沢大専は当時在郷軍人会南郷分会の会長で，そうした立場から白木沢も移民推進派であったのである。

こうした運動の柱となる人々のほかに，ほかならぬ移民者の家族がいた。これら移民者の家族を中心に，南郷村満蒙移民後援会が組織されるのであるが，この間の事情を松川はつぎのように述べている。

「……皆川君なども正義派でどつちかと言へば竹槍組であつた。ところがやるべき仕事が出来たから，悪い者の相手にならないで，俺たちでやるべきことをやつて行かうといふので固つたのが移民後援会であります。形の上からいへば，村長さんを会長さんにしなければならぬのですが，そんなことを言つて居る時ぢやない。当時役場はいはば砂利食ひ共の集りであつたが，僕等は悪者退治をする気はないし，又これに頼る気持もないので，移民後援会をやります時にも，皆川君を初め向うに子供・兄弟を出して居る家族の人達と，それに賛成する人達だけを集めて，11年2月に発会式を挙げたのであります。会長には，饒河に出した阿部という青年（正しくは安部八男）のお父さん（虎造）を押し，正会員は満洲に子供や兄弟を出して居る人達であります。……役場の方で覚醒し次第，会を役場の方に移すことにし，皆川君も向うへ出た小林といふ人の育ての親ですから副会長になつて貰つたのであります。[(34)]」

こうして村当局とは別なところで，移民運動が本格的大量送出に向けて始まったのである。皆川は，「丁度私の商売が新聞販売業で各戸訪問が出来るから，これも神のお引合せと思ひましてやり始めました。先づ第一に耕地反別を見まして，それから家族数，生活状態を見まして，この三つで呼びかけたのであります。最初のうちは，皆川は満洲に移民を一人送れば多少の報酬を頂けるのだらうと云ふやうな目で見られたのであります[(35)]」と当時を語っている。そうした運動の結果，「先に満洲気狂と云ふやうなことを言つた者も，自分の子供を内地に置いても婿に貰ひ手もなし，さりとて分家さす土地もないと云ふ訳で，全部満洲にやらなければならぬと云ふことを実際皆言ふのであります[(36)]」と変ってきたのである。

この移民運動の綱領ともいうべきものが，後援会設立の翌月決定された「南郷村移民計画」である[(37)]。全文は長いので省略するが，「二　根本方針」をみると，

1　過剰農家を北満に送り，第二南郷村を作って元村と合わせて大南郷村とする。

2　元村に残る農家の標準経営面積は3町歩とする。

3　個人に着眼せず家・村に着眼して計画的大量の移民を行う。

4　移民を進める者は真に国の弥栄を冀う者に限る。したがって必ずしも役場などの機関に頼らない。

ことが示されている。ここで注目すべきことは，分村方式が大日向村型であったこと，内地農村での適正経営規模を打ち出していること，問題は個人ではなく家の問題，村の問題であるが，役場に頼らなくともいいとしていることの諸

表1　移民計画の具体案

村民耕作分耕地面積	1,800 町歩
総農家戸数	1,005 戸
標準面積（3町歩）包容戸数	600 戸
超過戸数（移住スベキ者）	405 戸
昭和 11 年度移住（決定済ミ）	50 戸
昭和 12 年度移住	100 戸
昭和 13 年度移住	100 戸
昭和 14 年度移住	155 戸

点である。とくに適正規模論が政策の正面に出るのは太平洋戦争下のことであることを考えると，この構想はまことに大胆である。同時にこれは当時の状況としては実現不可能な理想であった。つまり村内の運動に止まる限り，母村に留まる農家の経営を変更する力にはなり得なかった。後年の戦時下の政策をもってしてもできなかったことなのである。また，分村方式が大日向村型であった点も，現実の移民方式の壁にぶつかって第1年度目から構想を変更せざるを得ないことになった。それがいわゆる南郷村型で，南郷だけで一開拓団を構成するのでなく，各開拓団の中に入って，その中で一集落 30 戸〜50 戸を形成するという形態になったのである。この結果，分村と母村を合せた大南郷村についての企図も，全く放棄されることになったのである。

ところで，具体的な移住計画は，表1に示したように，適正規模を考慮すれば送出すべき戸数は 405 戸となり，これを4ヵ年で完了するというものであった。このうち初年度の昭和 11 年度 50 戸については，計画立案の段階ですでに移住者が決定していた。この年は，国の第5次移民に当り，黒台・永安屯・朝陽屯・黒台信濃の4つの開拓団が編成された。南郷からは，このうち黒台に加わることとなっていた。Ⅲでみるように結果としては，黒台に 59 戸（単身者を含む），朝陽屯に7戸，計 66 戸の送出となったのである[(38)]。これは2次乃至4次の移民が合せて 10 人だったことを考えれば，驚異的な激増である。ここに分村運動の成果をみることができよう。

4　分村移民の意義

満州移民政策が，個別農家の移住から分村移住の奨励へと変化したことは，内地農村からみれば，全く新たな事態になったことを意味する。国策としての満州経営というファシズム的基調は強まりこそすれ変化はないが，その農村（母村）に与える影響は全く異質なものとなった。試験移民期を経て第5次移民までは，農村の次三男対策，就業対策的な性格が強く，したがって村内での移民反対の動きはほとんどみられない。しかし，分村計画は，農村の土地・人口問題の解決を謳うもので，農家数の40パーセント減（南郷），50パーセント減（大日向）を図るのであるから，それは直ちに村落の体制，農業経営の変化をもたらすものであった。それは南郷の移民計画が示していたように，600戸の3町歩経営を現出させるのであるから，農民層は小作層であってもかなりの経営力をもつことになるのである。南郷では，この同じ時期，産業組合の再建が軌道に乗り，地主経済と激しく対抗しつつ営業成績を伸ばしていた(39)。村内でこうした産業組合の力が伸びているとき（その主体は小自作上層農），農家数激減・経営拡大となれば，地主対小作の力関係はさらに変化して，地主経済を圧迫することが予想されるのである。

前述のように，南郷村政を支配する地主層は，再三にわたる県の経済更生指定村の勧誘を拒否してきている。それは一面で地主に農村救済の力があることを示すとともに（たとえば恐慌・凶作下の村財政の健全性），他面では地主支配の自由，国家による農村統制の拒否を望んでいたことを示す。このように，村政支配層が折角拒否していた「経済更生」運動を，分村移民運動は実質的に村内において始めるものであった。農林省経済更生部長石黒武重がいうとおり，「分村計画は，外に在つて満洲建国農民としての大使命に参画せしめ，内に在つては農村の経済更生を徹底化することを目的とする(40)」ものだからである。彼はさらに，そもそも満州移民は，内地農村の土地人口問題の解決に資することを目標の一とし，農民の土地切望を実現し，経営規模を安定水準まで引き上げ，確乎たる農村社会を築く更生の道と説明する。そのために，もともと流出すべき運命にある人口の移住から一歩進めて，村内に定着し沈澱している人口の移住をはからなければならない。また農民を村に縛りつけている絆を断ち切るために，債務からの解放，所有や権利の処分，生活の保証等を，村の使命として村が奮起しなければならないと説くのである。

このように，本来なら行政村が行うものと考えられている分村移民を，村の一部有志が貧農層の潜在的支持の下に移民を進めるのであるから，それが成功するならば村の体制は必然的に変らざるを得ないのであった。それはもし国策としての移民が掲げられなかったならば，一時的なものに終っていたであろう。しかし，南郷の移民後援会が分村計画を樹てて5ヵ月後，内閣の移民政策が大転換を遂げ，本格的大量移民へと展開したことが，この村内運動を助けることになった。いわば，この村内運動，貧農の要求は，錦の御旗を得たのであった。

逆に国の側からいえば，20ヵ年100万戸移住という計画をいかにして達成するかは難しい問題であった。担当機関である拓務省も，1936年時点では「分村」移民という構想をもっていない。政府が大量移民計画を昭和12年度（1937年）から実施するに当たって範としたのが，恐らくこの南郷の計画であったと思われる。南郷よりちょうど1年遅れて，1937年2月に分村方針を決定し，6月に具体策を定めた大日向村は，村長浅川武麿によれば[(41)]，1932年に経済更生村の指定を受けていたがその実は上らず，究極的には土地問題の解決しかないということで，当初は個別的満州移民に関心をもったようである。1936年に，浅川は県の御牧ヵ原農場を訪ねて移民の指導を受け，さらに加藤完治を紹介され，加藤を通じて拓務省，農村更生協会，満洲移住協会，関東軍に会って指導・支援を受けるのである。このように，大日向村の移民は，村外の機関から分村方式を示唆されたのであった。それらの機関は，松川を通じて南郷の移民方式を知っていたのである。

同様なことは，庄内の大和村についてもいえよう[(42)]。ここの中心人物富樫直太郎は文字通りの一農民であった。彼は，自治講習所時代の加藤完治の影響を受け，皇国農民団を1936年8月に結成していた。大和村も経済更生の指定村（1932年）であり，特別助成村（1936年）であった。しかし，この経済更生は，「村人にぴつたり触れない……顔役が居るだけで村人は無関心」だったといわれる。富樫は，根本は土地・人口問題だと考えて，加藤の理論に従って「移民計画」を樹てるのである。ここでも地主，村議，農会の反対があるが，1937年2月，大和村皇国農民団の名で「移民計画」を発表した。これは文章上も南郷の計画と同様な点が多い。南郷と異なる点は，この計画発表後2ヵ月で，村長を会長とする「移民後援会」が作られた点である。ここでは形式的にせよ，村行政を挙げての移民運動となったのである。この差は，1936年の七大国策策定の前か後かのちがいにあるといえよう。ともかく大和村でも，分村方式は村外（加藤）から示唆されたのであった。それは，南郷の計画と字句まで同じ点から明瞭である。

ところで「分村」移民という語がいつから用いられたかは不明である。南郷及び大和村では「計画」の中になく，大日向村において 1937 年 2 月から用いられている。これは恐らく移住協会か拓務省の造語であろう。それだけ国は大量移民の方式を探っていたものと思われる。こうして，少なくとも 1937 年夏には「分村移民」・「分村計画」という語が一般化したのであり，以後政府はこの方式を全国町村に徹底させていったのである。

Ⅲ　分村移民の送出と村政の変化

1　分村移民の送出状況

前述のように，南郷村における分村計画による第 1 回目の移民送出は，国の大量移民計画実施の 1 年前，第 5 次移民からであった。いま判明する限りでの移民数をまとめれば表 2 のようである。これからわかるとおり，南郷の分村移民は，5 次乃至 7 次の 3 回で事実上終っている。8 次，9 次は 3 ～ 6 戸にすぎず，10 次～12 次は全く行われていないのである。

国の送出状況は，1 次乃至 5 次までで 9 開拓団が送られたのに対し，大量移

表 2　南郷村移民送出戸数（単身者を含む）

移民次数	渡満年月		開拓団名	移民戸数
	先遣隊	本隊		
2 次	なし	1933. 7	千振（七虎力）	1
3 次	1934. 9	1934.10	瑞穂（綏稜）	3
4 次	1935. 8	1936. 3	城子河	3
〃	1935. 9	1936. 3	哈達河	3
5 次	1936. 9	1937. 3	黒台	59
〃	1936. 9	1937. 3	朝陽屯	7
6 次	1937. 8	1938. 2	湯原宮城	35
7 次	1938. 2	1939. 4	安拝	32
〃	1938. 2	1939. 4	拉林	？（なしか？）
8 次	1939. 3	1940. 3	横泰	3
9 次	1940. 2	1941. 3	趙家店	3
〃	1940. 4	1941. 3	長興鹿島台	3
13次	1944 .3	なし	哈達河南郷	22

注：南郷村「昭和 14 年度村勢一覧」及び「昭和 19 年南郷村開拓団概況」による。
　少年義勇隊は含まない。

民開始の6次は一挙に18開拓団が送出された。そして7次22開拓団，8次40開拓団である。大和村，大日向村ともにこの第7次から始まるのであって，南郷分村の早さは，ここでも明らかである。また宮城県においては，1937年8月に「満洲移民分村指導要項」を発表し，「県ニ於テ分県方針ヲ樹立シ，町村ニ対シテ全家族移住ニヨル分村計画ノ樹立実行ヲ奨励シテ農村ノ経済更生ニ資スル」[(43)]こととした。この分県—分村方式は県議会でも活発な論議を呼んでいる。慎重論は労力不足，財政負担を問題としたが，その背景には地主的反対論があったものと思われる。県は7次〜11次の5ヵ年計画で10集団送ることを計画したが，実際は，10次まで8集団で終り，11次は非農家の仙台開拓団だけとなってしまったのである。

南郷の分村移民が，事実上第7次で終った理由としては，「支那事変勃発後ニアリテハ，村内ノ青少年等ハ現役兵ノ志願或ハ軍需工場等へ転出スル者多ク，現在ニ於テ移住ヲ希望スル者僅少ニ至リタルヲ以テ，目下ノ処中止ノ状態ニアリ」[(44)]といわれるように，8次，9次は個人的移住に止まったのである。その戸数も，5，6，7次で133戸（拉林は不明）にすぎず，しかも既存農家はこのうち70戸（78戸という資料もある）であった。計画の405戸に比すれば，達成率は17.3パーセントである。全国的に有名になった分村移民としては，数字的には低いものであった。

計画初年度の第5次についてみると[(45)]，既存農家は20戸（23戸という資料あり）で，ほかに妻帯して実家に同居していたもの14人，独身者32人（長男を含む）であった。この既存農家20戸の経営面積合計は18町2反歩で，当時の南郷の1戸平均1町8反歩からいえば，ちょうど半分の規模の零細な農家だけだったといえる。また6次では約20町歩，7次で15町歩といわれるから，総計では70戸，約53町歩の経営が委譲されたわけである。

これらの耕地は，自作地であれば移住後援会が世話をして売却するのであるが，実際上は自作地の売却はなかったようである。小作地は，小作権の売買を認めずすべて地主に返還されるが，その貸付けは地主と後援会が協議したり，地主会にはかったりして，移住できない零細農に分けることになっていた。この場合も極端な零細農は除外されたようで，概ね1町歩以上経営の農家が対象となった。これは地主側の意向で零細不安定な層への貸付けを嫌ったためであった。しかし，地主の貸付けが自由意志で行えなくなったことは，地主所有権を著しく制限することとなった。また逆に小作権を売買する小作人の権利も消滅したわけで，国策の名による土地統制ともいうべき事態が発生したのである。ただ，２，３年後には，その土地を借受けることになった小作人が小作権を譲渡されたという意味で，移住者に壮行料反当 20 円を払う慣習が生じてきた。

また南郷に多かった宅地・家屋を借りている借屋層が移住した場合，宅地は地主に返還され，家屋は破棄するものとされていた。それは空いた家にまた人が入っては戸数減にならないので，家畜小屋・倉庫に転用するか，または取り壊した。なかには消防演習の際，模擬火災のため焼いたのもあるという。

負債は，ほとんどすべての移民が負っていたが，５次の平均が約 160 円，６次の平均が 300 円であった。これは，まず移住者の資産売却金を返済に充て，残りは後援会の皆川が保証人となって，７年無利子据置，８年目に全額返済という証書書替えを行っている。８年目に返せない場合は，以後は利子がつくのである。

移民供託金 30 円の調達は，餞別などで賄われていたが，都合できないものは野田真一が無利子で立替えている。また県も 1937 年から 100 人分の立替金を予算化して，移民奨励を行っていた。

送出の状況は以上のようなものであるが，分村移民の目標が内地農村の土地問題の解決にあるとするならば，70 戸，53 町歩ではとうてい目標を達成することにはならなかった。適正戸数 600 戸で割れば１戸当り９畝歩の増にしかならないからである。このため松川は，第７次の送出計画が樹った時点（1939 年１月）でつぎのように述べている。

「（計画は）勿論，出した後の元村については，やつて見なければ分らないし，詳しい計算が立つ筈もなく，本当の目安だけを樹てたのであります。……分村運動というものは，何戸行つて，どれだけの土地が空くかということは，大体の目安であつて，それが最後の目標でも何でもない。目標は何かといふと，この運動を通して，満洲に対してしつかりした理解が出来れば私は満点だと思います。さうすれば，否でも応でも耕地面積の問題は片付くだらうと思ひます。……そこに苦しみや悩みがあるが，それを通してお互ひを日本人たらしめることが出来る。経済的方面は自然の結果として，そこに現れて来るのだと思つて居ります。分村運動は，言ふまでもなくその根幹は精神運動である。[46]」

これは南郷村移民の実態をみた松川の，先を見通した方向修正といえないであろうか。すでにその2年前に，松川は「実際やつてみますとこれは精神運動であります。真に村を思ひ国を思ふ人が中心になつて村全体を打つ，それが何よりの力だと思ひます[47]」と述べている。つまり，数は少なくともその理念が村を打つのである。それによって村は変るというのが，松川の到達した点であったといえよう。こうして土地問題の解決という旗印は不鮮明なものとなった。

2　村行政の対応と村落体制の変質

分村計画というものは，本来は「町村自体の仕事として村が計画を樹て，村が生み出すものでなければ，それは出来ない[48]」と松川がいうように，行政＝村支配体制が行うべきことであった。南郷に続く大和村では，有志（皇国農民団）の運動が直ちに村行政の仕事となっていったし，大日向村以降のほとんどすべての分村計画は，村，とくに村経済更生委員会の任務となっていた。これは，1937年から38年にかけ，農林省が拓務省と協議を重ねた上で，分村移民を経済更生運動の主要な柱としていったことによって，いっそう村行政の役割が重要視されていくことになったためである。南郷のような例は，極めて稀なものであった。しかし，南郷においても，村行政との関係は次第に変化していった。それは，村行政側の分村移民への対応の変化といえるものであった。

まず村に起きた事実を追ってみよう。松川・皆川の運動は，「必ズシモ役場等ノ機関ニ依ラザル事」といい，また役場は「砂利食い共の集り」と非難しながらも，実際は村の協力を必要としていた。そして事態はその方向に動いた。計画樹立の1年半後，皆川は「真心が通じましたか，今度は村長も助役も，どうしても満洲移民を村是としてやらなければならぬと云ふやうになりました[49]」と述べている。しかし，村是となったような事実はなく，依然として移民事業は後援会の仕事であった。村会議事録には，移民問題は全く現われてこない。1937年4月には村長が交替し，松田丹治から菅原民治になった。また助役に安住耕蔵が選出されたが，安住は移民反対派の中心人物であった。こうしたなかでは，村是とすることは無理であった。南郷では，その前年に「村是確立調査会規程」が定められ，調査会が発足したが[50]，翌年の日中全面戦争の開始，8

月 24 日の「国民精神総動員計画実施要綱」に基づく運動によって，村是を定める暇もなく事態は急転回していった。皆川の理解とは異なって，南郷では移民は村是的な位置づけはなされていなかった。

むしろ，村行政の対応を変えさせる力は外側から来た。1936 年 8 月の広田内閣の七大国策の策定がそれであった。それは村にとっては，内心はともかく建前としては反対し難い状況を作り出した。具体的な事として，南郷では，1937 年 2 月 7 日，木間塚の神明社において，県知事菊山夫妻の媒妁で開拓者 13 組の合同結婚式が挙行されたのである(51)。『河北新報』は写真入りで大きく報じ，「空は雪空・満洲模様　日本一結婚式　満洲開拓尖兵十三組」と見出しをつけた。来賓祝辞は，県会議長，県学務部長，県町村長会長，第 2 師団将官であり，南郷村長も当然加わらざるを得なかったのである。このお膳立ては後援会であったが，こうして南郷は外部から包囲される形となった。

この合同結婚式で，村当局を初めて公的に巻き込んだ移民後援会は，その 10 日後，第 5 次移民黒台開拓団本隊の出立に際し，村としての壮行会を開かせている。引続き仙台で県主催の壮行会もあったので，村としてもやらざるを得なかったのである。黒台開拓団の先遣隊は前年 8 月に愛子の農学寮に入ったが，この時は格別の行事がなかったことを考えると，半年の間に移民の状勢は大きく変ったといえよう。しかし，黒台本隊の渡満は，笛・太鼓つきで鹿島台駅まで送られたが，その帰途の見送り人の空気は「厄介者が出ていった」というものだったという(52)。まだ村を挙げての移民というものではなかったのである。

同じ年の 12 月 20 日には，やはり神明社で知事夫妻の媒妁による第 2 回目の 16 組合同結婚式が行われた。これ以降，「移民の村南郷」の名が全国に知られるようになって，村当局も積極的に移民を援助することになった。しかし，たとえば村費支出はまだ全く行われなかった。そのなかで，第 6 次湯原宮城，第 7 次安拝の分村移民が進められたのであった。この第 7 次安拝の本隊が出発した 1939 年 4 月が，南郷分村移民の最終ピークであった。

村の分村移民観を変えたもう 1 つの流れは，村立高等国民学校における移民教育であった。松川辞職後，1935 年 5 月に着任した校長前田勝美は，満州移民に抵抗がある村内の空気を感じて，「私には南郷村高等国民学校長としての任務があるので，その立場上満州移民に熱中する訳にはいかなかったが，幸いに皆川七之助という人の協力を得て，移民希望の訓練などは主に皆川氏に任せることにした」と述べている[53]。その後，前田校長も拓務省から移民訓練責任者の辞令を受け，指導は皆川，責任は前田ということでやってきた。判明する限りでみると[54]，

1936 年 3 月	移民女子拓植講習会	30名
1937 年 4 月	第 5 次移民補充団員訓練	5 名
1937 年 5 月	満州鉄路自警隊員訓練	5 名
1937 年 9 月	第 2 回女子拓植講習会	67名
1937 年12月	第 6 次移民団本隊員訓練	93名
1938 年 5 月	第 7 次移民団本隊員訓練	95名
1939 年 2 月	第 8 次移民団先遣隊員訓練	45名

という状況である。前田は，「私の方針に対して，当局を始め村の人達の間に，表面的には特に反対の空気は感ぜられなかった[55]」と述懐している。これをみれば，村当局がなお消極的であった様相が窺えるのである。しかし国の委託を受けて，学校がこれだけ移民教育に関わっていったことは，村の移民に対する考えを次第に変えることになった。

しかし皮肉にも，村当局が移民に理解を示し始めたとき，1939 年春を境に南郷の移民は停滞，そして中断するのであった。だが満州分村移民運動が村体制に対して突き付けた，新たな形での土地問題解決の方向は，従来の小作運動や産業組合運動，あるいは小作権の売買，永小作権の設定という形での土地問題解決方策がなし得なかった変化を生じさせていた。

それは，地主支配体制と直接的に対決することなく，貧農層の要求を汲みあげながら新たなリーダーを創出したことである。いうまでもなくその背景には，国策乃至戦争遂行という村体制が抗し切れない大きな動きがあった。中国侵略と国内ファシズム体制の形成という動きがなければ，南郷の村体制もどこまで変化したかは疑問である。しかし，国に分村移民方式を採用させたものは，南郷の内的移民運動であり，南郷村内の土地問題のありかただったのである。南郷の移民運動については，農村更生協会の幹部職員が疑問に思ったように[56]，南郷は他村より裕福であり，平均経営面積も大きく（1 町 8 反歩），村有財産も多く，病院や学校も整っている。もっと条件の悪い村の方が移民に積極的になり

そうであるが，という問題がある。しかし，逆に南郷がそうであったからこそ生じたさまざまな対立と運動が発展していたのである。移民運動は，そのなかで貧農の土地要求を基盤とし，それをファシズムの方向で解決しようとしたものであった。そこに南郷としての移民の必然性があったのである。

南郷の移民運動について，これを「棄民」とする柚木駿一氏の見解がある[57]が，敗戦となってみれば全国からのすべての移民が棄民であったろうが，南郷の運動そのものは南郷村としての棄民ではなかった。だからこそ村当局や地主勢力の消極的抵抗が続いたのである。

それがもたらした村体制の変質は，南郷の移民が停滞した1939年2月に，県が未指定町村も新たに経済更生委員会を設置するよう指令した際に現われた[58]。南郷村はこの指令により，30名からなる委員会を設置したが，その構成は，地主層7人，産業組合等農業団体のリーダーである自小作上層10人，行政区長経験者4人（9区あった)，農会技術員2名，移民後援会1名，その他学識経験者（校長など）であった。これは従来の村会議員のメンバーと著しく異なっていた。村議の7割を地主が占めていたことと対比すれば，村の体制は明らかに変ってきたのである。

3 終りに——「標準農村」設定と第2次分村計画

本来ならば，ここで太平洋戦争下の「皇国農村」確立政策について述べ，そこで策定された第2次分村計画を考察することによって，村落体制の変化の終着点を明らかにする予定であったが，すでに与えられた紙数を越えているので，一切を割愛せざるを得ない。それらの点については，『町史』下巻に私が執筆した個所で概要のみであるが[59]述べてある。

ただここで指摘しておきたいことは，1943年秋の，初年度の標準農村設定の指定の際，南郷村は県下8町村のひとつとして指定されたということである。この標準農村建設計画事項の第8項に「分村計画ニ関スル事項」があり，これに基づいて南郷は，今度は村として分村計画を樹てることになった。これは，国—県 町村が一体となって進めるべきものであったので，南郷の独自性は当然排除されたのである。

この時の分村計画の趣旨は，国の「大東亜共栄圏ニ於ル大和民族ノ配分布置」という基本国策に立って，「皇国農業及農民ノ維持培養ヲ図ル」ものであった。このため適正規模農家の実現を期し，それにより生ずる余剰農家を分村移民とするものであった。しかし，分村移民により母村農家の適正規模化をはかることは，戦争末期では全くの空論でしかなかった。空論ではあるが，その内容は地主支配体制を真向から否定する要素を含んでいた。それは土地制度の面でも，またイデオロギーの面でもそうであった。この第2次分村計画によって送出された，第13次移民哈達河南郷開拓団の先遣隊のなかに，南郷の15町歩地主荒川陽一が加わっていたことは，第2次分村計画の性格を示す象徴的な存在であった。哈達河で荒川を出迎えた前述の木下憲美は，「食うに困らない地主が，なぜ？」と絶句したという。荒川の渡満は，大東亜共栄圏における大和民族の配分布置を忠実に実行したものであると同時に，村落支配者としての地主の立場が，「皇国農村」体制の下で失われつつあったことの象徴でもあった。

一方，移民団の編成は困難を極めた。皆川は連日連夜，団員募集に奔走した。もはや彼が団長にならなければ，団員は集められなかった。第13次哈達河南郷開拓団は，皆川を団長とし，先遣隊・補充先遣隊合せて22戸が渡満した。しかし本隊はもはや送れなかった。そして荒川も皆川も，ともに帰らなかったのである。

（1） 安孫子麟「村落における地主支配体制の変質過程」（東北大学経済学会『研究年報経済学』44巻4号，1983年），「近代村落の三局面構造とその展開過程」（村落社会研究会『村落社会研究』19集，御茶の水書房，1983年），「農地改革と部落」（『歴史評論』435号，1986年），「地主制下における土地管理・利用秩序をめぐる対抗関係」（前掲『村落社会研究』22集，1986年）。（本書第2章．第3章，第4章，補論3）

（2） 高橋泰隆「日本ファシズムと農村経済更生運動の展開」（『土地制度史学』65号，1974年），同「日本ファシズムと『満州』農業移民」（『土地制度史学』71号，1976年），満州移民史研究会『日本帝国主義下の満州移民』（龍渓書舎，1976年），小林弘二『満州移民の村』（筑摩書房，1977年），君島和彦「ファシズム下農村における満州移民」（大江志乃夫編『日本ファシズムの形成と農村』所収，校倉書房，1978年），山田昭次編『満州移民』（新人物往来社，1978年）など。

（3） 山名義鶴編『分村計画を語る』（満洲移住協会，1937年），朝日新聞社編『新農村の建設』（同社，1939年）。
（4） その概要は，南郷町史編さん委員会『南郷町史』下巻（同町，1985年）第5編第1，2，5，7，8章を参照のこと。
（5） こうした形態分類は1939年の農林省事務官の発言にすでに現われている（前掲『新農村の建設』204頁）。代表的なものは，満洲開拓史刊行会『満洲開拓史』（同会，1966年）207頁。
（6） 研究論文としてこの点を指摘した最初のものは，柚木駿一「満州移民運動の展開と論理」（『社会経済史学』48巻3号，1982年）。しかし，その意義を評価するというよりは，「先駆的役割は果したが，移民運動における村総動員体制を確立することはできなかった」（70頁）という視点からみている。明言はされないが，経済更生運動の一環として，村を挙げての体制を作って分村移民を進めた村々を典型とされているように窺える。本章は，むしろ村総動員体制とならないところに，戦前期農村変質の本源的な要因，村落内部的要因を見出そうという視角に立っている。それを原初的形態と表現したのである。
（7） 前掲『満洲開拓史』204頁。
（8） 1943年4月7日の「皇国農村確立促進ノタメニスル標準農村設定ニ関スル方針」，同「要綱」に基づき，宮城県では同年秋8ヵ村が第1回指定を受けた。この要綱の建設計画第8項に「分村計画ニ関スル事項」があり，これに従って南郷村では二度目の分村計画が樹てられた。
（9） 以下の村概況の詳細は，さし当り前掲『南郷町史』下巻を参照のこと。
（10） 同上書，8-28頁。
（11） 産業組合については，同上書，215-227頁。
（12） 実業教育については，同上書，325-329頁。
（13） 「南郷村会議事録」（昭和5年9月16日）。村長の答弁。
（14） 「南郷村立国民高等学校学則」第2条。
（15） 以下は，木下憲美氏からの聴きとりによる。
（16） 以下は，南郷農業高等学校編『南農四十年史』（1971年）及び前掲『南郷町史』下巻によるところが多い。
（17） 前掲『新農村の建設』51-52頁。
（18） 前掲『南農四十年史』198頁。
（19） 石森克巳『饒河少年隊——大和北進寮の記録——』（瑞門会，1982年）171頁。以下の叙述も同書による。
（20） 多くの記録は，5人の少年の渡満を1934年5月としているが誤りである。それは村を出た年月である。
（21） 秦賢助『満州移民の父東宮鉄男』（時代社，1941年）274頁，279頁。

（22） 前掲『新農村の建設』61頁。
（23） 同上書，106頁。
（24） 大和村の状況は，同上書，95-106頁。
（25） この村民討論大会については，同上書，106-107頁。および前掲『南農四十年史』199頁。
（26） 同上『南農四十年史』199頁。
（27） 以下は，同上書，34頁，199-200頁。
（28）『河北新報』1935年3月17日付記事。
（29） 前掲『南農四十年史』200頁。
（30） 前掲『新農村の建設』62頁。
（31） 前掲『分村計画を語る』8頁。
（32） 前掲『南郷町史』下巻，266-271頁。
（33） 前掲『新農村の建設』65頁。なお，福田清人の小説『日輪兵舎』（朝日新聞社，1939年）は，こうした村内対立をよく描き出している。登場する人物は，ほとんどが実在の人に特定できるほど事実に近い。反対派は地主である。
（34） 同上書，62-63頁。
（35） 前掲『分村計画を語る』43頁。
（36） 同上書，44頁。
（37） 多くの文献に全文が出ているが，さしあたり『南郷町史』下巻，352-354頁。
（38） 南郷村役場『昭和14年南郷村概要』による。ただしこの資料の送出年度は1年ずつずれて誤っている。また，『新農村の建設』（231頁）も同じ誤りとなっており，これを引用した諸文献も訂正はしていない。
（39） 前掲『南郷町史』下巻，222-225頁。
（40） 前掲『新農村の建設』5頁。以下の叙述も5-9頁。
（41） 同上書，68-72頁。
（42） 同上書，95-99頁，262-272頁。なお大和村については，柚木駿一「満州農業移民政策と庄内型移民」（『社会経済史学』42巻5号，1977年）がある。
（43） 宮城県議会編『宮城県議会史』第4巻（1979年），276頁。以下の記述も同書による。
（44） 南郷村『南郷村土地開発沿革ト村勢概要』1939年。
（45） 以下の送出状況は，前掲『分村計画を語る』9-14頁，50-55頁。前掲『新農村の建設』231-233頁。そのほかききとり調査による。
（46） 前掲『新農村の建設』64-66頁。
（47） 前掲『分村計画を語る』6-7頁。
（48） 同上書，5頁。
（49） 同上書，44頁。

(50) 前掲『南郷町史』下巻，390頁。
(51) 同上書，359-361頁。以下の事柄も同書による。
(52) 前掲柚木「満州移民運動の展開と論理」68頁。
(53) 前掲『南農四十年史』41頁。
(54) 同上書，41頁。
(55) 同上書，41頁。
(56) 前掲『分村計画を語る』39頁。
(57) 前掲柚木「満州移民運動の展開と論理」67頁，70-71頁。
(58) 前掲『南郷町史』下巻，386-388頁。
(59) 以下この項は，すべて『南郷町史』下巻，377-383頁，395-398頁による。

第6章 「満州」分村移民の思想と背景

はじめに

「満州」（現中国東北部。以下かぎをとって単に満州と記す）への農業移民が，「分村移民」の形態をとるにいたって本格化したことは，今は周知のこととなっている。そしてまた，それは1930年代の日本農村が置かれた状況を，象徴的に示す事態でもあった。本章は，この満州分村移民という形態が，いかにして生じてきたかを考察する。

満州移民政策は，満州事変（9.18事変）による日本の中国東北部支配を契機に始まった。そして1936年8月，広田弘毅内閣が，7大国策14項目のなかに満州移民政策を織り込み，拓務省が作成した「二十ヵ年百万戸送出計画」を実施することによって，大量移民という新段階に入った。しかしこれは，新段階への単なる移行とはいいがたい質的な変化を伴なったものであった。その現象的な要因は，その年の2.26事件であった。このとき満州移民に消極的であった蔵相高橋是清が殺害され，高橋＝大蔵省という「移民事業に対する障害もなくなって(1)」生じた変化であった。

高橋は，満州移民計画の当初より反対の立場をとっていた。彼が満州事変の拡大にも消極的であったことはよく知られているが，満州事変が始まるとすぐ，満州移民の計画が，加藤完治，関東軍，拓務省によって立案され，1932年3月，拓務省が「満蒙移民奨励費」2063万円の予算案を閣議に提出した際にも，高橋は蔵相として反対し「移民なんて可愛そうだからやめとけよ(2)」と，軽くつぶしてしまったのである。しかし，その直後の5.15事件で首相犬養毅が殺害され，斎藤実内閣が成立すると状況は変った。高橋は蔵相として留任したが，軍部を背景とする移民推進の力に押されて，同年6月（第62議会）には「満州移住地及産業調査費」10万円，さらに8月（第63議会）には「満州試験移民費」21

万円を計上せざるを得なかった。こうして同年，第1次試験移民団が渡満したのであった。しかし，高橋はなお移民政策に消極的であった。京都大学教授で移民の積極論者だった橋本伝左衛門は，「高橋という頑固な爺さんが居って財布の紐を固くしめ，なかなか十分に金を出してくれない。この人は満州移民が嫌ひで，どんな親しい人と話をして居ても移民の話になるとそっぽを向いてしまって受付けなかった(3)」と評している。

この高橋が殺害されて内閣が変ると，5ヵ月後に満州への大量移民が重要国策に入ったのである。蔵相馬場鍈一は，多額の移民予算を計上した。この背景にあったのは，政治における軍部の力の増大と，満州支配を基礎に，より本格的な中国侵略を企図した「北進論」の国策であった。満州移民が，日本帝国主義による満州の植民地支配のための，人的主軸であったとされる所以である。

しかしながら，「二十ヵ年百万戸送出」という大量移民が国策となっても，それをどのような方式によって実現するか，ということはまた別な問題であった。当初，その方式が具体的に内閣で考えられていたとは思えないのである。すでに第4次（1935年），第5次（1936年）の移民団は複数送出されていたが，ここまでは，政府としては，個々の家の自発的な意志による移民を進めてきていた。しかし，20ヵ年100万戸という大量移民は，その方式では到底実現できることではなかった。

ここで政府によって奨励されたのが「分村方式」による移民であった。これは日本内地の村（母村）を2つに分ける形で，2～4割の農民家族を満州に移住させ，満州に第2の村（開拓団）を建設するというものであった。この分村移民は，対外侵略の一環としての移民というだけでなく，当時の日本農村のファシズム的再編政策の一環という意義をも持ったのである。

このファシズム的再編という側面は，高橋泰隆氏の先駆的研究(4)以来，当時の農山漁村経済更生運動との関連で考察するという分析視角が定着している。そしてそれが分村移民方式の主流となっていたことは疑いない事実である。そもそも，母村を割って満州に分村するという計画が策定されるためには，母村内部に強力な運動が起きなければならない。この力が農山漁村経済更生運動であったのである。だが，母村における経済更生運動の1つとして，満州分村移民を取り入れるに至るまでには，なぜこれが結びつけられたか，誰がそれを主導したか，という過程が解明されなければならない。分村移民と経済更生運動を自明のこととして結びつけることや，自然発生的な事態として理解することは，ファシズム的再編という側面を，十分に解明することにはならないであろう。本章では，この分村移民という方式が政策化されていく過程の考察を通して，分村方式を必然化していったその思想と状況を解明する。

I　分村移民方式の定着過程

1　分村移民方式以前の移民目的

満州移民の送出において分村移民という形態が初めてとられたのは，1936年3月，宮城県遠田郡南郷村が「南郷移民計画草案」を作成したときである。このことは，当時の文献で確かめ得る。一例のみ示せば，満州移住協会の機関紙『拓け満蒙』（1巻7号，1937年11月）は，「これを一番最初に始めて分村計画の実例を世に示したのは，宮城県遠田郡南郷村であった。これが我が国の分村移民計画のそもそもの草分けである(5)」としている。南郷村のこの計画立案は，前述の広田内閣が大量送出計画を重要国策とする5ヵ月前のことであった。

それまでの満州移民は，基本的には個々人の自発的な意志による参加であって，それを国が奨励・支援するという形態であった。自発的意志といっても，1932年の第1次（弥栄開拓団）と1933年の第2次（千振）の移民団は，武装試験移民であって，関東軍の要望もあり在郷軍人に限られていた。しかも第1次では，出身府県も第2師団管区（宮城，福島，新潟），第8師団管区（青森，秋田，岩手，山形），第14師団管区（茨城，栃木，群馬，長野）を原則としていた。第3次移民（綏稜）以降は全国から募集されており，在郷軍人という資格制限も外されていた。この結果，1つの移民団のなかでの出身府県のバラツキはいっそう大きくなっていた。

南郷村においても(6)，第2次移民に1戸，第3次に3戸，第4次に6戸と，少数の者がそこに加わっていた。なお農業移民ではないが，1936年までに南郷村からは，満蒙開拓青少年義勇軍の先駆形態ともいえる大和村北進寮，通称饒河少年隊に，1934年に1人，1935年に5人出ている。また，いわゆる大陸の花嫁として，開拓団に嫁いだ女性が，1934年に1人，1935年に3人，1936年に1人あった。

このような個別移住が満州移民の基本的な形態であった。移民団の構成が，自発的意志による個別的参加であったのは，満州移民の目的が，日本国内の農村，農民の実態から生じたものでなく，満州支配の安定，大陸における人的主軸の構築という，侵略政策の一環ということを前面に出していたためであった。それは，初期移民の計画作成が関東軍参謀によってリードされていたことからも明瞭である。移民計画の大きな進展が，5.15事件，2.26事件の直後にみられることは，象徴的な事態であった。この軍部主導の移民計画においては，内地農村で農業経営を成立させ得ない，小作農や下層農が意識されていたとはいえ，日本農村の当面する課題の解決ということには結びついていなかったのである。

しかし，一言つけ加えておけば，満州移民の最初の提言を行なった加藤完治の意図の背景には，当時の日本農村の窮状打開という狙いがあった。すなわち，加藤の回想記によれば[(7)]，1932年1月2日，山形から上京してきて加藤と会見した退役中佐角田一郎は，農村の窮状打開の道は満蒙植民しかない，先生の力で満蒙移民国策遂行の第一歩を踏み出してほしい，と訴えたという。これは，加藤が1915年から10年間，山形県立自治講習所の所長をしていた間に固めてきた持論でもあった。農民に土地を与える以外に，現下の窮状を救う道はなく，土地を得るには海外への植民しかないということである。こうした考えと，日本の東亜進出論とが合体して，加藤は最終目標を満蒙植民におきながら，当面は朝鮮への植民を実行していたのであった。

こうした日本農村の窮状打開という目的は，移民計画の具体化が関東軍の手で進められる過程で，背後にひっこんでしまったのである。こうして，満州を中国支配の拠点として確保し，北方のソ連に備えるという目的だけが，前面に押し出されてきたのである。このように一度切り離されたかにみえる，移民の2つの目的を，再び結合させることになったのが，1936年広田内閣の，20年間の100万戸移民計画であった。

2　分村移民方式の登場

しかしながら，分村移民の最初といわれる南郷村での動きは，この大量移民政策が定められる前から進行していた。南郷村の満州移民については，私もすでに数編の論稿を発表してきたし，他の研究論文や当時の文献もあるので，詳細はそれらに譲りたい[8]。ここでは行論に必要な点だけを述べておこう。

南郷村からの満州移民は，前述のとおり，1933年の第2次移民からであった。しかし，これが移民運動となり分村計画へと進んだきっかけは，1934年3月，加藤完治が来村して満蒙移民を説いたことだった。このとき，南郷村立高等国民学校長松川五郎は，それまでのブラジル移民構想を捨てて，満州移民に転換した。ブラジル移民構想は，同校の卒業生が松川に対して，農業を学んで卒業しても耕すべき土地がないと訴えたことから始まっている。松川は，土地問題の解決なしに，農業教育を生かすことはできず，ひいては村の発展はあり得ないと考えたのである。そしてそこに，加藤の国策としての「満州建設の偉業」という思想が加わって，満州移民への転換が決意されたのであった。

加藤の南郷来村は，当時仙台の第4連隊長として赴任してきていた石原莞爾の依頼であった。石原は，南郷村ならば，満州移民について協力を得られそうな大地主（400町歩地主野田真一家を指す）がいると考えていたのであるが，石原がどうしてそう判断したのかはよく分らない。推測であるが，当時南郷村には，社会民衆党の活動から転向して，石原と交流のあった木下憲躰（のち村議会議長となる）がいたから，このルートで情報を得たと考えられる。木下もまた，弟を石原の説得によって，ブラジル移民から満州移民（1935年，第4次哈達河）に変えている。

さらに，ちょうどこの同じ時期に，満州国軍政部顧問で「満州移民の父」といわれた東宮鉄男の下に，南郷村から1人の少年が送られ，東宮が作った少年移民隊の東安省（現黒龍江省）大和村北進寮，通称饒河少年隊の第1陣として渡満している[9]。こうしてみると，満州移民の大立物，加藤完治，石原莞爾，東宮鉄男の3人が，揃って南郷村に接触していたわけである。

松川は，その年1934年のうちに，同校卒業生のなかから満州へ行く希望者を募り，5人の少年を，加藤が校長であった茨城県友部の日本国民高等学校に送った。加藤は，翌年この南郷の5人を含む18人の少年を，東宮の大和村北進寮の第2陣として渡満させている。さらに松川は，「開拓の花嫁」として同校卒の5人の女子を送り出している。こうしたなかで南郷高等国民学校の教育も，満州移民教育に重点がおかれていった。学校のなかだけではなかった。松川は，1934年秋，渡満して現地視察をした結果，本格的に農民の家族ぐるみの移民運動に取り組んだのである。村民に呼びかけて，移民に関する討論集会も開いた。

松川のこうした運動は，村の有力者，とくに村会議員たちから激しく非難された。学校は農村中堅人物の育成，リーダーたる後継者の教育を目的とするのであって，移民教育の場ではない，ということであった。翌1935年3月，村議会は松川を呼んで責任を追及し，松川は校長を辞職した。この急進的ともいえる松川の運動は，村の戸数減少による小作希望者の減少を危惧する地主層の反発を招いたのであった。松川はつぎのように回想している。「村の中で問題が起きてきて，松川はけしからんと言ふ者が出て来た。反対するのは地主さんと村の学者ですな。農会関係の反対のあったのは，南郷でも全く同じです[(10)]」。ここで「南郷でも同じ」といっているのは，山形県東田川郡大和村での反対者のことである。

松川は，東京に移って加藤完治の指導を受けながら，あくまでも「村の人として[(11)]」南郷村の移民活動を指導した。松川が東京に移って半年後，満州移住協会（会長子爵斎藤実，理事長男爵大蔵公望）が設立され，松川はここで企画部長となった。松川はこうして全国を視野に置く立場から，南郷村の移民計画を指導したのである。そのとき，松川の頭にあったのは，かつての南郷村のブラジル移民構想であったと思われる。それは，ブラジル，パラナ州に3700ヘクタールの土地を得て，次三男を中心に移住させ，ここにブラジル南郷村を建設するというものであった。これは次三男中心とはいいながら，第二南郷村を作る点では分村計画であった。松川は，これを満州において建設しようと考えたと思われる。前述のように，それは南郷村における土地不足を解決する方策であり，当時の農村の窮状を救うための1つの道と考えられていた。

南郷村で松川とともに活動したのは，新聞店主の皆川七之助であった。皆川は，大地主野田真一や，野田家と親交のあった白蓮寺の住職，かつ在郷軍人会南郷分会長であった白木沢大専師のバック・アップを受けつつ，村内零細農層から移住者を募っていった。めざしたのは，1936年に渡満する第5次移民団への参加であった。

詳しい経過は不明であるが，1936年2月には，南郷満蒙移民後援会が発足している。会長は大和村北進寮に子供を出した安部虎造，副会長は皆川であった。会員に村の有力者はいない。零細な小作農が主体であった。後援会は，松川が起草した「南郷移民計画案」を，翌3月に発表した。これが南郷分村計画書となった。厳密にいえば，これは南郷村の第1次移民計画である。第2次計画は，1943年，南郷村が「標準農村設定要項」に基づく指定を受けたとき，村会において決定された。

「移民計画草案」が発表されたとき，すでに第5次移民団への応募者は50名に達していた。うち戸主及び長男は29名である。全文は長いので省略するが[(12)]，第二項根本方針はつぎのようである。

「1　過剰農家ヲ漸次拓務省満州移民トシテ北満ニ送リ，第二南郷村ヲ彼地ニ設定シ，元村ト合セテ大南郷村トナシ，以テ面積ノ問題ヲ解決シ，村更生ノ基礎ヲ固メ村民ノ精神ヲ作興シ，皇国ノ弥栄ヲ計ラントスルニアリ。

2　元村ニ於ケル標準反別ハ，調査ノ結果之ヲ三町歩トス。

3　移住ノ速度ハ国ノ移植民事業ニ伴ヒ，ナルベク早カラシムル事。

4　最初ハ少数ニテモ青年ヲ送ルコトニヨリテ，国策移民ノ意義ヲ実物ニ就キ村民ニシラシメ，漸次計画的大量移民ニ入ル事。即チ個人ニ着眼セズ，家，村ニ着眼シテ進ムル事。

5　此ノ任ニ当ル者ハ，真剣ニ村ノ弥栄，皇国ノ弥栄ヲ冀フモノニ限ル事。従テ必ズシモ役場又ハ学校ノ機関ニ依ラザル事。」

計画は，この方針に基づき，1005戸の農家中405戸を送出し，元村は600戸，平均経営面積を3町歩にするということであった。このため，1936年に，50戸，以下毎年100戸，100戸，155戸と送り，1939年で完了するとされた。

ここではまだ，分村移民という語は使用されていない。しかしほぼ40％に当る農家を送出して，第二南郷村を作るというのであるから，これは紛れもなく分村計画であった。全国で最初のことである。

しかし，実際には，第二南郷村を建設することは，初年度から放棄された。それは，第5次移民団は，1集団200〜300戸という規模が定められていたため，当面の応募者50数戸では1集団を形成し得なかったのである。このため，南郷村では59戸を黒台に，7戸を朝陽屯に送ることになった。この黒台で南郷部落が作られた。6次，7次でも同様で，ある程度の数を送って，その開拓団のなかで南郷部落を作ったのである。第5次の黒台は，南郷村の59戸が最多で他に宮城からは入っていないようである。ついで多いのは新潟県の51戸，茨城県38戸で，総計212戸であった。6次以降は，宮城県も県単位の移民団を編成する方針をとったため，1集団すべてが宮城県出身で，そのなかに南郷部落を作ったのである。ただし，送出戸数は計画を大幅に下廻り，第6次湯原宮城に35戸，第7次拉林に32戸，同安拝に数戸という状況であった。これは，1937年からの日中全面戦争で，南郷村からも多数の応召者が出たため，人手不足になったことに関係すると考えられる。

3 農山漁村経済更生計画と分村移民方式の結合

南郷村の移民計画は，その後の他村の分村計画と較べると，2つの大きな特徴がある。それは，地主層の大勢が反対派であったため，村役場は全く消極的で運動に関与しなかったことと，南郷村が経済更生計画村の指定を受けていなかったことである。むしろ，南郷村は，指定を受けることを三度断ったといわれるように，経済更生計画自体に反対の姿勢をみせていたのである。それは，昭和初期の，恐慌・戦争・冷害によって，多くの農村が窮乏化し，地主が支配する旧来の村秩序が維持できなくなっているなかで，南郷村の地主層は，なお貧窮する農民を支え，社会福祉的事業を進めることで，村の秩序を維持する力を持っていたためである。南郷村は，県下第一の大地主村であり，1929年の小作地率は，81.6%。水田だけでいえば83.5%に達していた。この地主層の力によって村財政も健全であり，村有基本財産からの収入も多かった。このため，他町村で多くみられた小学校教員給与の遅払いも全くなかった。また，基本財産収入も「社会政策的事業」に充用するという考え方が強まっており[13]，村議会は，村立診療院，村営託児所（4ヵ所），高等国民学校を，つぎつぎと設置していた。個々の地主も，困窮している自分の小作人を客土工事に雇って，賃金収入を与えるなどしていた。こうして，地主層は国が主導する経済更生事業に頼らなくとも，村の秩序を維持し得ると考えたのであろう。そしてそれ以上に，地主の支配的地位を弱めることになるかもしれない，国の統制に反発したものと思われる。それで指定を三度断ったのである。

しかし，南郷村の農民が，地主に頼り地主に従属していただけとはいえない。村の農業の中核的担い手であった小自作層（平均経営面積は 3 町歩）を中心に，地主に対抗して，産業組合活動の充実，農家小組合の経済活動など，活発な動きを示していた(14)。地主層はこの運動と妥協を計りながら，支配的地位を維持していたのである。そしてこうした小自作上層農もまた，満州移民には消極的であった。

したがって，南郷村での移民運動は，零細貧農層の運動という性格を強く持っていた。村は，地主，小自作上層，貧農の三極に分化し，それぞれ特徴的な運動を行ったものといえる。そこには，打開の方法さえみえない村の危機を認識し，それゆえ，全村一致して当らなければならない経済更生運動は，入り込む余地がなかったといってよい。小自作農中心の産業組合活動が，経済更生運動と一番結びつき易い性格をもっていたが，村議会を支配している地主層の思惑を変えることはできないのであった。こうして，地主的秩序からも，経営上昇路線からも疎外された零細貧農が，侵略的国家主義と結びついて進めたのが，南郷における満州移民運動だったのである。

これが，南郷村移民運動の特徴であり，必然性なのであった。当時から現在に至るまで，分村移民の「南郷型」という規定が注目されているが，それは送出・定着形態からみた分類であって，運動の質を問題としたものではない。上述のような，村当局と対立し，経済更生事業と全く無関係に進んだことこそ，「南郷型」の本質であり，形態規定以上に重要な意義を持つものであった。

この点は，日本で第 2 番目に分村計画を樹立した，山形県東田川郡大和村においても，分村運動の初期段階にみられる。

大和村(15)は，経済更生事業初年度の 1932 年に指定村となっている。さらに 1935 年には教化指定村，1936 年度にはこれも初年度で特別助成指定村になっている。この点は南郷村とは異なっていた。大和村では，危機対応を国家の経済更生政策に委ねていたといえよう。しかし，大和村は経済更生の郡下の模範村といわれながら，実態は成果の少ないものであった。農家負債は累増し，土地のない農民は増加していった。

1936 年，特別助成村となったときの大和村の小作地率は 71.8％ であった。しかし小作地の半数は，他町村在住の不在地主の所有であって，10 町歩以上の村内地主6戸の支配力は，村秩序を維持し得るほど強くなかったと考えられる。因みに，南郷村の地主は，10町歩以上が40戸である。なお，一戸平均の経営面積は，大和村が2.0町歩，南郷村が1.8町歩であって，東北地方としても大きい方であった。こうした状況のなかで，大和村の経営上層農は産業組合活動の発展に期待するところがあった。経済更生活動の中心は産業組合だったのである。しかし，ここでも零細貧農層は，耕す土地を手に入れられないでいた。

大和村の分村移民運動のリーダー富樫直太郎は中農であって，水田のみでは経営が成り立たないことから多角経営を志し，鶏，牛，豚の有畜経営，あるいは野菜作を導入したが，結局は土地不足の壁にぶつかったのである。とくに貧農層の場合は土地不足が深刻で，貧農の窮状を打開し，ひいては村の経済更生を達成するためには，開拓地を求める以外にないと考えて，最初は山形県最上部の萩野開墾地へ村民を入植させようと考えた。こうした考えは，加藤完治が山形県自治講習所長をしていたときの植民論を，富樫が思い起したためであった。

しかし，萩野入植を検討する過程で満州移民運動に接し，1936年3月，日本国民高等学校の阿部国治を村に迎えて座談会を催し，この時から満州移民に方向を転じたのである。8月には農道講習会を開き，このときの参会者を中心に，皇国農民団大和村分団を結成した。皇国農民団は，加藤完治が，日本国民高等学校出身者を中心に，1934年に組織した農民団体で，「建国ノ大義ニ則リ皇国農民ノ本分ニ邁進センコトヲ誓フ」[16]ものであった。加藤は，5.15事件後の状勢を考えて，「正義の貫徹には力を要す。力とは真面目な農民の団結である」としたのである。富樫は，この皇国農民団のなかで，農業の本当の意義が分ってきたという。

この皇国農民団を足場とした大和村の移民運動は，早くから東京の満州移住協会と連絡を持ち指導を受けた。移住協会の松川五郎も大和村に講演に来た。しかし，この計画は，村当局，農会，小学校長の反対を受けた。このため富樫は，同志で行う決意を固めて，分村計画を立てたが，これには抵抗が大きかったという。

こうして作成された「大和村移民計画案」(1937年2月)は，一年前の南郷村の計画と全く同様であって，明らかに南郷村の「草案」を真似たものであった。たとえば「第二項根本方針」の1～5は，文章もそのまま同じである。全文は省略するが，1，4項はつぎのようである。

> 1　過剰農家ヲ漸次拓務省満州農業移民トシテ満州ニ送リ，彼地ニ第二大和村ヲ建設シ元村ト合セテ大大和村トナシ，以テ面積ノ問題，地力ノ問題ヲ解決シ，村更生ノ基礎ヲ固メ村民ノ精神ヲ作興シ，皇国ノ弥栄ヲ計ラントスルニアリ。
>
> 4　最初ハ青年ヲ送ルコトニヨリテ，国策移民ノ意義ヲ体得セシメ，漸次計画的大量移民ニ入ル事。即チ個人ヨリモ家，村ニ着眼シテ進ムル事。(17)

前述の南郷村案と，ごく一部を除けばほとんど同文である。これをもっても，南郷村→満州移住協会→大和村，というつながりが確かめ得るであろう。南郷村の方式が注目されはじめたのである。

ここまでは，大和村でも，村当局及び経済更生計画と無縁に，移民計画が進んだのであるが，第6次移民団に参加すべく希望者を募っているうちに，いわゆる「庄内分郷移民計画」への拡大が進行した。これは，大和村の移民計画に対して他町村からの参加希望も出て，県としても国策の大量移民を考える立場から町村協力を進めるうちに，2市3郡を含む大庄内郷の分郷移民へと展開したのである。県の指導が入ってからは村当局も移民への理解を示し，改めて分村計画を立て直した。この結果，大和村からの送出戸数は，当初の201戸から147戸へと修正され，単独の大和村分村を作るのでなく，満州庄内郷を建設することになった。

この間，大和村には，大和村満州移植民後援会が組織され，会長には大和村長が当った。これは，当初の「計画案」で，移民事業は後援会が行うとしていたことからみれば，村が移民の実行に全面的に参加したことを示すものである。単なる後援会ではなかった。また庄内全体では，1938年に入って「庄内郷建設協会」が設立され，各市郡農会長が役員として顔を揃えた。会長には飽海郡農会長だった日本最大の地主本間家が就任した。しかし，形だけは2市3郡の連合として整ったが，農会は地主の立場を代表するので，種々の消極性がみられた。富樫の回想によれば，「会長さんは，分村計画はそんな風に出来るものでない。事変関係で労力が不足して居るから，分村計画よりはその問題が大事だ，といって反対です。いろいろ議論した結果，腹の虫が治まらぬやうだが，一応承知した形になって居ります。満州移民を邪魔するのは，私の方では農会ですな(18)」という状況であった。

しかし，ともかくこの「分郷計画」が樹立される過程で，大和村，庄内では，満州移民は，村役場・農会も一体として進めること，経済更生運動の一環として位置づけられることになったのである。しかし，その結合の論理は弱いもので，村の内的要因で結合されたというよりも，国・県の行政指導の結果，そういう形になっていったと考えてよいであろう。

これに対して，全国で３番目に分村計画を樹立した長野県南佐久郡大日向村の場合(19)は，当初から経済更生運動の残された唯一可能な方策として取り上げられていた。そして，南郷村でも大和村でも，その移民計画で使用されていなかった「分村移民」という語を，最初に使用したのが大日向村であった。

大日向村は，1932 年に経済更生指定村になっている。更生事業の重点は，負債整理と産業組合の林産物販売の拡充であった。後に，この更生活動について「教化部門ニ就テ閑却ノ嫌ヒアリ」という反省が出ているが，総じて経済活動に傾き，精神活動の跡はみられないのである。だが，製炭を主業とする山村では，更生の実は挙らず，村有林の過伐により更生運動は壁につき当っていった。

1935 年，前村長の不正事件の後を受けて村長となった浅川武麿は，村の名望家，地主の出身で，早稲田大学卒業のインテリであった。混乱し行き詰まっていた村の秩序を建て直すには，まことに適した地位とキャリアがあった。彼は，大日向村全体をまとめて満州分村移民に向わせるに，最もふさわしい人物だったといえよう。浅川は，経済更生運動の立て直しに力を入れたが，その基礎は農事実行組合とその単位をなす五人組の編成であった。それと併行して 1936 年には第二次経済更生基本調査を行った。おそらくは，この調査の過程で満州移民が，村経済の打開策として考えられ始めたと思われる。その契機は，浅川によれば，１人の少年が満鉄の鉄道自警村に赴いたことだったという。1937 年１月には，村として満州移民の宣伝が行われている。しかしまだ，分村という大量移民の構想ではなかった。

分村計画が論議されたのは，1937 年２月の役場・農会・産業組合・小学校の，いわゆる「四本柱会議」の際だった。そこで出た方針は３月の経済更生委員会で決定された。だがまだ「分村」という語は表われてこない。この間に，長野県立御牧ヶ原修錬農場長や農林省の係官が来村している。また修錬農場に紹介されて加藤完治の指導を受け，農村更正協会や拓務省とも打ち合せている。分村移民という語は，この時に作られたと思われる。あるいは，産業組合理事として移民計画を具体化した堀川清躬の造語かもしれない。1937 年 6 月に大日向村分村移民事務所が設置されているから，3 月から 6 月までの間に造られた語であろう。

このように，大日向村の分村移民計画は，経済更生事業のなかに生れたのである。両者の結合というより，分村計画＝経済更生という関係であった。こうした村の動きを，拓務省や満州移住協会が見逃すわけはない。この計画は積極的に指導し，実現させようとしたのである。農林省は，それまで満州移民に消極的で，経済更生運動に力点をおいていたが，それは移民運動とは無関係であった。しかし，大日向村が経済更生の残された唯一の可能性として満州移民を考え，これを分村方式で行うとしたとき，農林省もまた経済更生の一環として注目し始めた。1937 年 6 月，農林省経済更生部長小平権一は，係官とともに自ら来村して特別助成指定のための調査を行ったが，その際，分村計画を実現させるため，村民を説得したという[20]。

こうした経過をみると，南郷村，大和村に始まった分村移民計画は，大日向村において経済更生運動と一体化され，これ以降，国の政策として，経済更生運動としての分村移民が奨励されるに至ったのである。

4　分村移民方式の政策的推進

これらの村からの分村移民方式による最初の送出は，南郷村が第 5 次の黒台と朝陽屯，大和村は第 7 次の三股流庄内郷，大日向村も同じく第 7 次の四家房大日向村であった。県単位で 1 集団を作ることは第 6 次移民団からみられ，この年の 18 集団のうち 10 集団が県単位であった。因みにそれらの県は，山形，宮城，福島，新潟，茨城，群馬，埼玉，長野，広島，熊本で，圧倒的に東日本に多かった。第 7 次で庄内郷，大日向が出ると，第 8 次では，県単位集団よりも分村，分郷方式の集団の方が多くなった。第 8 次 40 集団のうち，分村，分郷方式は 18 集団，県単位が 14 集団，他は府県混合の集団であった。

移民団が定着するためには，団結の点でも統制の点でも，できるだけ同郷人の方がよいということは，大量移民政策に入った第6次移民のときから強調されていたことである。しかし，分村，分郷方式は，単に同郷人ということだけでなく，送出母村に残った農民の経営向上に寄与するという，もう1つの大義名分があった。産業組合拡充でも，時局匡教事業でも，負債整理でも，さらには生産向上，勤倹節約の自給運動でも，成果を挙げ得なかった経済更生運動は，この分村移民運動に，いわば最後の活路を求めたのである。

こうして，大量移民政策と経済更生運動とが，分村方式において合体したのであった。それゆえ，この分村移民方式は，1937年から，満州移民政策の重要な柱となったのである。

農林省は，経済更生に重点を置いて満州移民に消極的だったとされるが，1936年8月の満州大量移民政策以降，かなり変化してきていた。たとえば，農林省経済更生部総務課長五十子巻三は，1936年11月の論説で，農村の成長力を農村内で解決するのが経済更生であるが，人口の増加（逆にいえば土地不足）は勢い日本内地以外で伸ばしていかなければならないとして，「即ち集団移住による新農村の建設は，農村経済更生の為にも絶対必要であり，玆に日本農村の経済更生と満州国に於ける日本農民移住に依る新農村建設とは，全く不可分の関係にあるものと謂ふことができる[(21)]」と主張した。

これは，大日向村の移民計画が動き出す前の論説であり，このとき認識されていたのは南郷村の「移民計画草案」と，大和村の動きだけである。南郷村は，形態的には経済更生と関係がなかったが，しかし過剰農家を送出して，残った農家が土地を適正規模に配分するという分村目的は，過剰人口・過小農に悩んでいた農林省においては刮目すべき着想であったことだろう。それまでの移民は，自発的意志によるものであったから，村全体として取り組まなければならない経済更生運動と結びつかなかったものと思われる。南郷村の動きは，拓務省，満州移住協会を通じて農林省に把握されていただろうから，分村による過剰人口の解消，土地の適正規模化というやり方は，注目するところであったにちがいない。それと，国の大量移民政策とが結びつくことは当然のことだったと思われる。

ただ五十子論文では「集団移住」とはいっても，まだ「分村」とはいっていない。南郷村が，分村とはいわないが事実上村を2つに分けるとしていることに対して，その問題までは踏み込んでいないのである。考えてみれば農林省が「村を2つに割れ」と指導したのでは，大きな反発が目に見えている。したがって分村方式を持ち出すには，町村レベルからの気運の盛り上がりがほしい，というところであったろう。それを大日向村が行ったのである。

大日向村の分村計画が固った1937年6月，内閣が変って，農相には有馬頼寧が就任した。有馬は移民政策に積極的であった。小平権一が部長として自ら大日向村に出かけたのも，有馬の意向と合致したためであろう。こうして農林省も，経済更生運動と分村移民運動の合体を，政策として進めることになった。

1937年9月，満州移住協会の機関誌『拓け満蒙』は，つぎのように報じている。「農林省では従来満州移民を農村経済更生に対して割に軽く評価し，殆んど之を省みなかったのであるが，有馬農相の就任とともに，満州移民に依る農村人口緩和に依って耕地問題を解決し，これを以て農村諸問題解決の端緒ならしむべし，との意見が省内を支配するに至り，対満百万戸移住国策を実現すべくんば，拓務省の採れる如き自由応募に任せ無系統に之を行ふ時は，その実施頗る困難となるのみならず，農村を破壊する虞れなしとせず，とて，所謂分村計画に依る満州への農業移民送出を織り込んだ農村経済更生策に頗る積極的に活動を開始した。明年度はこの為に特に一課を設けて之に当る筈である[(22)]」。

このようにして，1937年夏には，農林省は，言葉の上でも明確に分村移民と経済更生を合体させて，その政策を進めることになった。同時に拓務省も，東亜課を2つに分け，移民の奨励，募集，訓練を専門に行う東亜第二課を設け，募集に専念する行政事務を独立させたのである。同時に，拓務省が作成した「満州移民第一期計画実施要領[(23)]」（1937年5月）でも，第5項で，集団移民の募集に当っては，農村経済更生計画と結合させて，土地と人口との調和を考慮し，耕地の狭小なる村から募集するとしている。これを受けて農林省は，経済更生特別助町村の農業調査を行なった。こうして，分村計画樹立指定町村は，1939年までに，563町村が指定されたのである。農林省や農村更生協会は，分村移民計画立案の指導に多大な力を尽した。特別助成村は1939年で約1100町村であったから，分村計画樹立を要求されたのは，ほぼその半数に及んだことになる。

しかし，この計画樹立町村の指定基準には問題があった。指定基準を定めるために，農林省はまず農業所得で生活し得る適正規模を確定し，それを基準に町村ごとに適正農家数を算出し，それ以上を過剰農家として分村送出計画に入れる，というのが基本的な考えであった。この計算を行えば山間部の町村で過剰農家数の比率が高くなることは当然である。こうした戸数と耕地との比だけみて，経済更生の著しく困難なところを指定すれば，山村等の貧窮村が多くなる。南郷村や大和町は，この基準でいうと富裕な，それだけ困窮度の低い村となるのである。拓務省の考え方もほぼ同様であって，「なるべく東北その他の窮乏地に重点を置く」ことと指示していた。

こうした募集地，計画指定村の選定の仕方について，当時すでに喜多逸郎（満州拓植公社）の批判があった(24)。喜多は，移民送出実績から，山間，半山間の窮乏村では，計画送出戸数に比し実績戸数が非常に少ないこと示した上で，窮乏村から移民を多く出す機械的指導を批判した。経済更生としての実効を挙げ得るかどうかは，母村の体制や力といった歴史的条件により異なるとしたのである。ともあれ，大量移民政策は，機械的計画立案に止まったことになる。それゆえ，分村移民らしい送出ができたのは，分村移民指定村のうちの数パーセントにしかならなかった。

だが，逆に機械的計画ということは，移民の精神運動という側面を強調することになった。それは，農民のファシズム的再編というべき効果をもたらしたのである。とくに日中戦争が長期化し始めた第9次移民以降は，経済更生運動自体が，新体制運動にのみ込まれ，さらに皇国農村確立運動となるに至って，完全に本質を変えてしまったのである。

Ⅱ　分村移民の持つ思想性

1　分村移民と農村経済更生運動をめぐって

すでにみてきたとおり，南郷村における松川五郎の分村移民計画の発端は，1933年2月に，卒業してゆく生徒から耕す土地がないと訴えられたからである。松川は後に，「此時私は横山君に教へられたのである。青年の元気がなくなる最大，根本の原因はここに在りと，その瞬間心に刻まれ……考えてみると村の中の問題の一々はどんづまりに於て土地の問題にぶつかって，そこから先へ進まぬ[25]」と書いている。松川は，村民が心から希望に満ちて生き生きとならなければ，教育はなり立たないと考えたのである。農民に耕すべき土地を保証すること，これが松川の出発点であった。当時の彼は，満州移民に関しては全く関心も知識もなかった。だからどこでもいい，青年たちに耕地を与えることが，村の希望の光となると考えたのである。

ここでは，国策としての満州移民も，農村の経済更生も，全く関係がなかった。これが国策の方針と結合してくるのが，加藤完治との出合いである。加藤の移民論は，根本は農とはなにか，農民とはなにか，という問題から出発している[26]。そこには，資本主義の営利理念に対する抜きがたい不信と，日本民族の作る国家への強い帰属感がある。資本主義への不信は地主の営利活動にも向けられる。そこに自ら耕す農民を求める農本主義が生まれていたのである。だが，松川にあっては，当初はそうした根本認識はない。そこまで追求せずにそれを前提として，国策としての満州移民に結びついたものと考えられる。

南郷村の分村計画立案から1年9ヵ月後，つまりすでに大日向村の経済更生運動と結びついた分村計画が有名になっていた時点で，松川は，満州移民問題を，「天業翼賛の青少年を想ふ」と題して論じている[27]。そこでは「農の道にいそしむ人を減らし，食ふことをあやふくし，重苦しい空気を以て青少年は勿論，国民全般の希望の光を覆ひかくす根本原因」の解決は，待ちに待った大事業，満州帝国建設，農本徹底によってなされるとしている。この時点でもまだ経済更生との関連は強調されず，普遍的な過剰農家の解消による土地問題の解決というレベルに止まっていた。

それ以降も松川は，経済更正との結合を，分村大量移民送出の有効な手段としてしかみていない。したがって，大量移民は日本農村の精神運動，という側面を常に強調することになった[28]。それは，前述のとおり，南郷村が経済更生指定を辞退し続けたという事実にも関連しているであろう。その意味では，農村のファシズム的再編の国策としての，経済更生運動の精神運動の側面を理解していなかったといえよう。それに触れずに抽象的に「天業翼賛」の精神運動を強調したのである。

経済更生運動は，経済活動の側面と精神運動の側面をもっている。とくに，1936年の特別助成村制度が設けられてからは，精神運動の面が強く現われてくる。これは，村の統一，村民を国策に向って邁進させるためには必要な局面であった。

大和村においても，分村計画と経済更生とは，形の上で結びついても，理念としては徹底していない。大和村では早くから指定村となっていながら，それとは別な所で移民運動が起こり，分郷方式に変る段階で形式上結びついた。分郷方式という村更生の稀薄な方式では，形はともかく村民の心に定着する運動にはならない。大和村の移民が，7次と8次のわずか2回で終り，9次以降の移民がないという事実は，村民に理念が定着していなかったためと思われる。日中戦争の長期化に伴う農業労働力の不足という事態が，容易に移民希望をなくしてしまったのである。

その意味でいえば，村当局の支持を得られなかった南郷村の方が，その対応の緊張状態のゆえに，理念的には深く定着していたといえよう。それは，地主的土地所有乃至地主支配秩序に対抗する，貧農の土地要求という図式から生じた理念だったからである。

以上の2つの村に対して，長野の大日向村の場合は，村の危機を感じとったのが，農民の側ではなく村政担当層の方であった。大日向村における前村長の不正事件は，きっかけであっても本質的な問題ではない。むしろ，5年間も経済更生運動を続けても，村の行く手に希望を見出せないのが村政担当者乃至小地主層の認識であった。それ以前に，そもそも経済更生村の指定を受けようとすること自体が，村政担当者乃至地主層の自信喪失の表明であった。恐慌・凶作・戦争という激動のなかで，村の経済も秩序も揺らぎはじめ，旧来の村落体制を新たな対応に変えなければならないときに，大日向村の村落支配層はその力を持っていなかったといえる。この点，南郷村の大地主層は，小自作上層の運動と対抗しつつも，それとの妥協によって，村の秩序再編に自信をもっていたといえる。同村最大の地主野田家の慈恵事業に代表されるように[(29)]，恐慌，戦時下に対応する再編のための力を有していた。それが，国家的な村再編である経済更生計画を，三度辞退した背景である。

その力のない大日向村は，いち早く経済更生の指定を受け，しかもそれでも曙光を見出せずに，満州への分村移民に向ったのであった。それは，満州移民の国策理念と村秩序の再編立て直しの志向との結合であった。村の立て直しを図った大日向村の経済更生運動は，産業組合理事の堀川清躬が先頭に立っていた。しかし，この「共存同栄」をめざした運動の結果は，堀川の言葉でいえば「共存同貧」の状態だったという。こうして，村長浅川武麿と堀川清躬の二人三脚的分村計画が進んだ。浅川はいう。「私は自分の職の立場からも，村を何とかしなければならない責任上，経済更生運動と移民とを結び付けてやったのでありまして，……南郷とか大和村のお話を聞くと，何人にも頼らずに出来るだけ自分達の力でやって行くといふ進み方であったのに，私共の方では偶々そんな事情で，経済更生の特別助成施設と結び付けて，政府の格別の御援助を受けたのであります。……経済更生としてやってきたこの計画が，どれだけの業績を挙げ得るか我々の責任は非常に重いと思ひます。それと私共の方では南郷と違って，中心は役場で寧ろ青年が引きづられて来た傾向がある。それでどうしても今後は精神運動としてやらなければならぬと思って居ります[(30)]」。

ここには，経済更生と分村移民が結びつかなければならなかった状況がよく示されている。それがまた，計画の機械的実施に止まらず，精神運動とならなければならないことも指摘されている。それは上からの運動が持たざるを得ない性格である。この精神運動の面が定着したとき，ファシズム的農村再編は達成されるのである。小平権一のあと経済更生部長に就任した石黒武重は，「分村計画は，外に在っては満州建国農民としての大使命に参画せしめ，内に在っては農村の経済更生を徹底化することを目的とする[(31)]」と明確にいい切っている。このように，分村計画は，国是としての大陸侵略を大枠の前提として，具体的には経済更生のなかに位置づけられたのであるが，分村計画が，農林省・拓務省によって上から作成指定されるようになると，後者の側面だけが意識されるようになったのである。

2　精神運動としての分村移民運動

村の経済更正計画としての分村移民は，計画上はたしかに村の農業経営を向上させるものであるが，現実の村の経済の仕組みは，単に標準経営規模の確保だけで向上するようなものではなかった。それゆえ，結果からいえば，たしかに移民者は数多く出たが，母村の経済状態がよくなったという事例は極めて少ない。そこには激化する戦争という条件もあり，単純に評価することはできないが，経済的向上の点では計画は効果がなかったといえる。

この点は，分村移民運動が最高に盛り上りをみせていた1939年ごろから，注意深く発言されていた。たとえば，分村移民運動の創唱者ともいえる松川五郎は，1939年1月に，「分村運動といふものは，何戸行って，どれだけ土地があくかといふことは，大体の目安であって，それが最後の目標でも何でもない。目標は何かといふと，この運動の実行を通して，日本人がよく時局を認識し，満州に対してしっかりした理解を持ち，更にお互ひにはっきり日本人であるといふ自覚に立つことで，それが出来れば私は満足だと思ひます。唯理屈でもってお互ひ日本人として自覚しようとしてもなかなか出来ないし，耕地を整理しようといって機械的に向ふに出すのでは，理解し合う時間も得られない。つまりジワジワ出そうとするとそこに苦しみや悩みがあるが，その苦しみを通してお互ひを日本人たらしめることが出来る。経済的方面は自然の結果としてそこに現れて来るのだと思っております。分村運動は，言ふまでもなく精神運動であって，簡単に事務的には出来ません[(32)]」と述べている。これは，今や流行となった，理念の薄い分村計画作りに対する懸念でもあり，経済優先に対する批判でもあった。

こうした点で，精神重視の分村計画を遂行した村として，宮城県伊具郡耕野村がある。以下，佐藤芳樹氏の研究[(33)]によって，耕野村分村移民の精神運動の側面を簡単にみよう。

耕野村の経済更生と分村移民を引っ張っていたのは，村長八島考二であった。八島は，地主出身で，時局匡救事業で行われた村道新設整備の際，道路用地を無償で村に寄付し，また工事労賃を個人で立替えて即時支給したという村長であった。彼は就任後すぐ，1929年に「日本精神の士たれ。村は教化の殿堂」というスローガンを掲げて「報国会」を組織した。さらに1932年10月に，「耕野村振興会」という全村組織を作り，そのなかに役場から小学校まで，またすべての階層組織（婦人会，青年団，農事実行組合等）を含め，機関誌を発行した。活動の二本柱は，産業と教化であった。

1934年，耕野村は経済更生指定村となるが，この受皿は「振興会」であった。県は耕野村の産業・文化の多面的活動に注目して，特別指導村としている。この指定を受けて，村では，全村学校と称する「成道学校」という組織と機能を作った。これは経済更生委員会が主として産業面を担当するのに対し，全村民が参加する精神更生施設と位置づけられている。それは「振興会」の精神運動，教化運動の別名であるといってよい。そこでは，日本精神高揚と国家経済拡充という二目標が掲げられ，37の機関・団体が含まれる3種類の月例会が設けられ，他に適宜会合を持つことになっていた。この成道学校が，耕野村の村民統合の機構となっていた。これは，戦時下の常会体制を先取りしたようなものである。また全村教育科目5科32項を示して，全村民が常に考えるべきことを明らかにしている。それは，報国精神，愛郷心から家庭生活の趣味・娯楽にまで及ぶものであった。こうした活動は，1937年12月に，「我が村に於ける全村教育」として，ラジオで全国に放送された。

しかし，耕野村の経済更生は，産業面では負債整理に重点が置かれ，そのための果樹地開墾と桑園養蚕の改善が中心となっていたが，その成果は格別大きいものとはいえなかった。それを補うものとなったのが分村移民である。

耕野村で分村移民運動が起きたのは，村内部からの自主的要求があったわけではない。国策としての大量移民政策が定って，それを受けた宮城県が，1938年2月に各村に対して「満州移民分村計画樹立ノ件」という問い合せを行ったのを受けて，村は「計画樹立致度候」と回答した。同年8月，宮城県は「満州移住分村指導要領」を発表し，村はこれによって分村計画の作成に取り組み，翌1939年5月に計画が完成した。

県の「分村趣旨」においては，経済更生運動は総動員運動の推進力となっているが，成績の面では，「中農以上ノ経営ニ於イテハ更生ノ実顕著ナルモノアリト雖モ，小農経営ニ於テハ依然トシテ経済的苦境ヲ脱シ得ザル者多ク[(34)]」という状態なので，満州移民の国策に応じたいとしていた。ここでは，経済更生が貧農層に効果がなかったので，貧農を中農とするために移民を行うとなっている。県は，明瞭に，経済更生の補完としての分村移民を考えたのであった。

耕野村では，村長自ら個別訪問を行うなど，各機関，系統を通じて勧奨が行われた。そこでは，県の指導に添って適正規模の実現と貧農の土地獲得の利益が宣伝されるとともに，従来の精神運動の延長で，報国，大陸進出の意義が強調された。村長八島の信念は極めて強かったと，いまでもきくことができる。

この結果，1938年に274戸だった村から，長興に98戸，王金に23戸を送出した。このうち全戸移住は30戸に過ぎず，計画の110戸減少の目標は27％に止まった。他は次三男層の単身移住である。

しかし，耕野村移民の特徴はむしろその持続性にある。耕野村では，1940年の第9次から，1944年の第13次まで途切れることなく送出されている。これは，南郷村でも10〜12次の3年間が完全に途切れていることを考えると，驚くべき持続性である。その理由は，経済的利益よりも国策意義を重視した精神活動の面が強かったためであろう。耕野村の分村計画が内発的なものでなく，県の勧奨に始まったものでありながら，これだけの数（121戸は県下第2位）とこれだけの持続性を示したのは，振興会，成道学校から続いた教化活動に支えられたものであろう。松川五郎が考えた，急がない方が本当の目的を達成できる，というのは，耕野村のような事態を期待していたといえる。

こうした精神運動としての分村移民は，1943年，標準農村確立のなかで始まった第2期移民計画において，さらに強調された。そこでは経済更生という語はもはや出てこない。「大東亜共栄圏ニ於ル大和民族ノ配分布置」という国策に立って，「皇国農業及農民ノ維持培養ヲ図ル」ものであった。分村方式による大量送出の見込みは絶望的であったのに，精神運動としては継続しなければならなかったのである。

南郷村もまた，この標準農村確立の指定を受けた。1944年，最後に送出された，第13次移民哈達河南郷開拓団[(35)]には，15町歩地主の当主荒川陽一が先遣隊員として参加していた。それを哈達河で出迎えた第4次移民の木下憲美は，「食うに困らない地主が，なぜ」と絶句したという。15町歩も所有していた地主当主の渡満は，大和民族配分布置の精神運動の結果であった。分村移民運動は，もはや貧農の経済向上の運動とはいえなかった。同時にこの時，地主支配の村秩序は完全に崩壊した。それが，皇国農村体制，ファシズム的村再編のもたらした象徴的な結末であった。

おわりに

日本の対満州政策を一歩進めたといえる大量移民送出計画は，国内問題であった農山漁村経済更生運動と結合することによって，一定の送出戸数を確保することを可能にした。大量送出計画の初年度第6次の移民団が18であったのに対して，庄内郷・大日向村が参加した第7次は24集団，第8次は40集団。そして分村移民運動がピークに達した第9次は，集団開拓団だけで64，集合開拓団を加えれば一挙に100を越える開拓団が送出された。

これは，それまでの国策として満州進出一本槍の移民運動に対して，国内での経済更生運動の壁を打開するという目的がつけ加わった結果であった。貧農も土地を持てる，という点は，満州移民を訴えるには国策以上の力を持っていた。当時の一般新聞の記事には，そうした魅力を書いたものが多い(36)。そして，この点でのリーダーは，旧来の村秩序の維持者であった村内名望家，地主，村長，さらには経済更生運動の先頭に立ってきた団体リーダーであった。

これは，旧来の村秩序の維持が不可能になっていたこと，さらにはその力不足を国の経済更生運動に頼ってはみたものの，その効果を上げられず行き詰まっていたこと，を示すものであった。旧村落秩序の弱化は，農村を国策の下に統合し再編する絶好の機会であった。それを実現し具体化するためにとられた経済更生運動は，本来最初から産業運動の側面と精神運動の側面を有していた。それにもかかわらず，農民が期待し，リーダーが期待したのは，村秩序再編のための産業運動の方であった。また産業運動としての成果がなければ，精神運動は表面的，かけ声だけのものに終りやすかったのである。

分村運動の先進的な村，したがって内発的な危機打開運動として展開した村においては，分村運動の持つ国策支持の理念と貧農向上の要求が結合されて，運動が進められていた。だが，分村運動が上から国・県の指導によって進められる事態になると，この結合は弱いものになり，たかだか，併記されるものになったのが実態であろう。しかも，分村送出といいながら，実態は全戸移住が少なく，次三男乃至分家の移住が多かったのであるから，貧農向上の最大眼目であった母村の適正規模経営の実現という目標には，ほど遠いものに終っていた。

そのなかで，大量移民を継続するには，国策遂行の使命を強調する精神運動の面を強調するしかなかった。第2期5ヵ年計画の背景にある皇国農村確立運動は，その精神運動の到達点であった。国は，この精神運動の前に土地という餌を置いたといえる。自分が耕やせる土地というのは，家族労働に立脚する農民にとっては，最大の魅力である。それは戦時召集によって労力不足が叫ばれ，学生・生徒その他の援農動員が行われるなかでも，なお魅力を持ち続けた。精神運動を持続させたのは，かつては経済更生運動のなかでの土地であり，最後には「皇国農村確立促進ノタメニスル標準農村設定」のなかでの適正規模の土地であった。

分村移民運動は，松川五郎の南郷村の計画以来，最後まで精神運動と土地問題のからみ合いとして進行し，そのなかで国の意図と農民の願望が交錯しながら，農村をファシズムの基盤に変えていったものであった。

（1） 橋本伝左衛門「満州農業移民の沿革」橋本伝左衛門他監修『満州農業移民十講』地人書館，1938年，21頁。
（2） 満州開拓史刊行会編『満州開拓史』同会刊，1980年，45頁。
（3） 橋本伝左衛門，前掲論文，16頁。
なお加藤完治の評価も参照のこと。山田昭次編『近代民衆の記録　6満州移民』新人物往来社，1978年，420頁。
（4） 高橋泰隆「日本ファシズムと『満州』農業移民」『土地制度史学』71号，1976年。
（5） 同誌編集室「分村計画とは」『拓け満蒙』1巻7号，満州移住協会，1937年，3頁。
（6） 以下の南郷村の移民に関する記述は，『南郷町史』下巻，南郷町，1985年所収の拙稿に拠る。同書第5編第8章第1，2節を参照のこと。
（7） 加藤完治「武装移民生ひ立ちの記」『拓け満蒙』1巻1号，1936年，2-3頁。
（8） 前掲『南郷町史』下巻。安孫子麟「『満州』分村移民と村落の変質」木戸田四郎教授退官記念論集『日本近代社会発展史論』ぺりかん社，1988年（本書第5章)。安孫子麟「地域史と国家―満州移民研究をめぐって―」『宮城歴史科学研究』28号，宮城歴史科学研究会，1988年。柚木駿一「満州移民運動の展開と論理」『社会経済史学』48巻3号，1982年，等。当時のものとしては，松川五郎「南郷村を凝視して」1～5，『拓け満蒙』1巻2～6号，1936～1937年。

山名義鶴編『分村計画を語る』満州移住協会，1937 年。朝日新聞社編『新農村の建設』同新聞社，1939 年，等。

（9） 福田清人『日輪兵舎』朝日新聞社，1939 年は，この少年小林謙吾をモデルとして，南郷村移民の初期の状況を描いた小説である。

なお，この饒河少年隊のことは，石森克巳『饒河少年隊―大和北進寮の記録』瑞門社，1982 年に詳しい。

（10） 前掲『新農村の建設』106 頁。

（11） 同上書，62 頁。

（12） 全文は，前掲『南郷町史』下巻，352-354 頁。

（13） 同上書，73 頁。

（14） 同上書，第 5 編第 3 章，同第 5 章を参照のこと。

（15） 以下の大和村の移民に関する記述は，前掲『分村計画を語る』，前掲『新農村の建設』，富樫直太郎「分村運動の戦塵を浴びて」『拓け満蒙』2 巻 1，5，11 号，1938 年，積雪地方農村経済調査所『満州農業移民母村経済実態調査』第二部，1941 年，および柚木駿一「満州農業移民政策と庄内型移民」『社会経済史学』42 巻 5 号，1977 年，等による。

（16） 「皇国農民団綱領」『加藤完治全集』第 5 巻開拓，同全集刊行会，1981 年，429 頁。

（17） 「計画案」の全文は，積雪地方農村経済調査所，前掲書，第二部，4-6 頁。

（18） 前掲『新農村の建設』102 頁。

（19） 以下の大日向村の移民に関する記述は，前掲『分村計画を語る』，前掲『新農村の建設』，前掲『近代民衆の記録』による。大日向村に関しては，他にも文献は多い。

（20） 山田昭次「ふりかえる日本の未来―解説満州移民の世界」前掲『近代民衆の記録』29 頁。

（21） 五十子巻三「農村経済更正と満州移民」『拓け満蒙』1 巻 3 号，1936 年，5 頁。

（22） 「満移ニュース」『拓け満蒙』1 巻 5 号，1937 年，28 頁。

（23） 全文は，『農業と経済』5 巻 8 号，1938 年，110-113 頁。

（24） 喜多逸郎「満州開拓農村募集選定の新指標」『帝国農会報』30 巻 4 号，1940 年。

（25） 松川五郎「南郷村を凝視して」2『拓け満蒙』1 巻 3 号，1936 年，22 頁。

（26） 中村薫『加藤完治の世界』不二出版，1984 年。とくに「農業とは」，「農民とは」，「土地について」の 3 章を参照のこと。

（27） 松川五郎「天業翼賛の青少年を想ふ」『拓け満蒙』1 巻 8 号，1937 年，4 頁。

（28） 前掲『新農村の建設』65-67 頁。

（29） 前掲『南郷町史』下巻，266-271 頁。

(30) 前掲『新農村の建設』74-77 頁。

(31) 同上書，5 頁。

(32) 同上書，65-66 頁。

(33) 佐藤芳樹「経済更生運動と満州分村移民―宮城県伊具郡耕野村の事例―」，1987 年成稿，未発表。その要点は第 18 回地域・自治体問題全国研究大会（1989 年）で発表されている。

(34) 宮城県「満州移住分村指導要領」の分村趣旨，1938 年 8 月制定。

(35) 安孫子麟，前掲「『満州』分村移民と村落の変質」350-351 頁（本書第 5 章），および前掲『南郷町史』下巻，377-383 頁。

(36) 一例のみ挙げれば，南郷村の最初の分村移民である第 5 次の黒台開拓団について，1937 年 8 月 18 日の『河北新報』は，「今春の入植者　早くも家族招致の快報！　移民村南郷の十君帰る“もう立派な地主です”」という見出しをつけて，地主と並ぶほどの土地を得たことを強調して報じている。

第7章　農地改革による村落体制の変化

——水稲単作地帯における地主制廃棄過程——

はじめに

本章は，農地改革による地主的土地所有の廃棄過程がどのように進行していったか，その廃棄の仕方が，その後，地主による村落支配をどのように変質させたか，を考察するものである。

従来，農地改革の評価をめぐる考察はおびただしい数に上っているが，それをあらためてここで取りあげたのは，それらの研究の多くが，農地改革終了直後の数年間に集中しており，改革のいわば直接的結果として考察されており，その後15年間の長期的影響としては，まだまだ研究が不足していると考えられたためである。もちろん，この15年間の変化は，改革後農業のめざましい生産力展開と，他方，強固に聳立した日本の国家独占資本による農政の強行とによって，直接に農地改革の影響としてのみ把えることはできなくなっている。むしろ，現状の問題としては，農地改革の変革を前提として，その後の生産諸関係の条件の下に考察されることが多いし，またそれが重要ともいえる。

しかしながら，すでに農地改革の評価として論議されたように，改革は，地主的土地所有の根幹にふれてこれを解体していったが，地主経済としての解体過程や，地主制支配としての変化の面では，さまざまな見解が表明されていた。問題は，地主的土地所有の解体が，本質としての地主経済廃棄にどのように作用していったかである。その考察なしには，改革後の新しい農村体制の確立，再編を明確に規定することはできないであろう。本章では，これを地主経済＝農業経営・諸営業・生活等の点において，改革後15年間の変化を追求し，さらにそれら地主層の支配体制のなかでの変化を考察しようとした。そのことによって，「地主制」の廃棄・解体過程の進行，農業離脱傾向，新たな経済原則に基づく農村体制への再編傾向を把えようとした。こうした考察では，地主層に対抗する農民諸層の生産力的経済的考察や，その社会的地位の解明が必要であったが，これはさらに膨大な紙数を要するため，本章では割愛せざるを得なかった。これらの点については，この調査地に関してわれわれ自身他の機会に幾つかの報告を明らかにしているので，それらに譲らざるを得ない。

村研大会は，ここ数年「むらの解体」を共通課題として取りあげてきた。その際，当面対象とされる現段階の農村をどのように把握し，それに基づいてどのような「解体傾向」に着目しなければならないか，ということは，共通課題の前提としておかれるべきことであったと思われる[(1)]。その共通の認識がなくては，現段階の解体傾向とみられる現象の把え方も，マチマチになってしまう。本章は，この「村落解体」論の前提となる現状の村落把握を，地主制解体の点から把握しようとするものといえる。いってみれば，解体過程にあると考えられる現段階の村落が，どのようにして形成されたか，つまり現段階村落の前段階からの変質をみようとするものである。

この農地改革を中心指標とする変質・再編の画期は，要約すれば，つぎのような内容をもつといえよう。

形態的には，日本資本主義再生産構造のなかでの地主制切捨て政策。この政策は，すでに戦時経済下での地主制制限政策として現われているが，戦後の農地改革政策とまったく同一性格とはいえない。つぎに農家経済構造の変化でみると，国家独占資本主義による自作農的商品生産の創出と把握，その下での商品生産者としての生産力展開と自家労賃水準の確保がみられる。しかし，それはまもなく，国家独占資本による農業収奪によって，不可能となる。具体的には中農層までまきこんだ農家経済解体の進行が始まる。最後に，村落構造でみると，地主制支配のなしくずし的解体と富農的再編が進行し，その上に資本の農村把握が完成し，農民の抵抗組織が成長する。

以上，きわめて単純に要約したが，この画期は，直ちに村落解体傾向の画期に接続する。改革終了時より考えれば，解体傾向の現われ始める時期まで10年ほどしかない。その意味でも，農地改革期の村落変質過程は，解体論の直接的前提として重要であろう。

I　改革前の地主的土地所有とその支配構造

農地改革の前段階として，ここでは，昭和恐慌以来，準戦時・戦時期における地主制の態容と動向についてみておこう。地主制は，明治中期以降，日本資本主義再生産構造の基底をなしていたにもかかわらず，農業危機の展開以降，資本との間の矛盾を拡大していた。それはなによりも，地主と直接生産者農民との間の本質的矛盾→対抗に基づいていたが，日本資本主義は，この本質的矛盾を抑え農民運動を弾圧するため，地主との間の矛盾については，一時的かつ妥協的な対策を重ねていた。しかし，もはや地主経済の発展方向は閉されており，とくに昭和恐慌以降，戦時経済に至る過程では，資本による地主制制約が顕著となってきた。以下，この時期の地主制の概要をみておこう。

1　地主的土地所有の動向

われわれが調査の対象として選んだ田尻町および南郷町は，ともに宮城県遠田郡に属し，典型的な水稲単作地帯，いわゆる「大崎耕土」にある農村である。両者とも町村合併前の地区を選んでいるが（南郷町は合併なし），町名は同じである。ここを調査対象とした理由は，ともに大地主の集中的な存在をもって特徴づけられる農村であったためで，50町歩以上所有の在村地主は，それぞれ9戸を算えていた。改革直前の小作地率（最高時ではない）は，田尻町74.4％，南郷町73.8％であった。このように地主的土地所有の聳立していた地域では，農地改革の影響がもっとも大きくあらわれる。改革前後の変化もまた大きいと予想されたのである。

両町の差違としては，南郷が純農村であるのに対して，田尻は藩政期以来町場として，仙台藩直轄支配地（南郷は支藩涌谷の支配下にある）であり，商業・米取引の一中心であった。したがって，田尻の大地主には商業兼営のものが多く，前期的資本としての流通・金融支配も強かった。また，南郷では比較的はやく農民運動が起り，やがてそれは産業組合運動としても自小作層を中心に著しく発展し，この運動の継承は，改革後においても，町長・助役・農協組合長・同専務理事，ややおくれて町議会議長など，町の主要ポストを社会党が占めている点にみられる。田尻では，こうした農民運動は町外で活躍した人（師義三氏など）を除き，戦前ではきわめて微弱であり，戦後においてもまた町民の下からの力として盛上っているとはいえない。この２つの町は，宮城県においてはもちろん，東北地方としても，戦後の農村として際立った実績を残している。田尻は，町長の指導の下に，新農村建設事業，農業構造改善事業の東北地方におけるリーダー的町村としての成績を残しているし，南郷は，農協の経済的実力で抜きんでており，その指導の下に水稲集団栽培など政策の主流につかず自主的発展を示してきた。このような差違にもかかわらず，現町長は，ともに旧大地主層の出身であって，その点でも両町の対比は重要であろうと思われる(2)。

最初に，昭和初年の両町における地主的土地所有が，どのようなものであったかをみておこう。昭和４年の田尻の小作地率は，水田で77.9%，畑で58.5%に達している。水田化率は71%である。これに対して，南郷では，水田で83.5%，畑で50.3%，水田化率94%であった（表１）。こうした小作地の上に大地主制が存在していたのであるが，その状況は，表２のとおりであった。ここでは５町歩以上の在村土地所有者を挙げたのであるが，これがすべて地主とはかぎらない。５～10町歩層では，所有地の大半を手作するものもあるが，地代収取者への転化の可能性も考えて，

表１　自小作別・地目別面積（昭和４年）

町名	区分	耕地計	田	畑
		町	町	町
田尻	総面積	986.7	722.3	264.5
	自作地	269.6	159.8	109.8
	小作地	717.1	562.5	154.7
南郷	総面積	3,026.3	2,856.1	170.2
	自作地	556.0	471.4	84.6
	小作地	2,470.3	2,384.7	85.6

注：「農業調査」による。

表２　５町歩以上所有者の戸数

町名	年度	総農家数	無所有農家数	５町以上耕地所有戸数						
				町 ５～10	10～20	20～30	30～50	50～100	100以上	計
田尻	昭３	戸 541	216	18	14	3	2	3	6	46
	昭15	538	?	16	13	2	2	3	6	42
南郷	昭３	1,113	689	27	19	5	7	4	4	66
	昭17	1,059	?	23	21	5	5	5	4	63

注：昭和３年は「宮城県地主調査」，昭和15年「田尻農業調査」，昭和17年「南郷名寄帳」。

一応5町歩以上層をとったのである。昭和3年，総農家数に対する比率は，田尻で8.3%，南郷で5.9%である。このように大地主の存在比率は田尻の方が高いが，しかし土地無所有農家の比率や，前述の小作地率は南郷の方がはるかに高い。このくい違いは，南郷では他町村居住の不在地主の小作地が多い点に理由がある。すなわち，田尻では他町村民の所有地が水田で7.0%，畑で2.2%であるのに対し，南郷ではそれぞれ36.9%，7.0%である。このような，田尻における在村地主の圧倒的優位性は，田尻がはやくから商人資本の栄えた町場として発展し，自らが他町村へ進出していったのに対して，南郷の純農村的性格が内部の土地所有分解を一歩おくらせていたためと考えられる。

このような大地主的土地所有がいかにして形成されたかについては，ここで充分明らかにすることはできない。その点は，前掲須永重光編『近代日本の地主と農民』を参照して頂きたい。一般に，水稲単作地帯は巨大地主的土地所有を成立させているのであるが，その理由としては，つぎのことを確認しておかなければならない。すなわち，水田面積の拡大・水利事業・「明治農法」確立・水稲反収の上昇と安定にみられる水稲生産力の発展は，水稲単作農業を社会的分業の一形態として完成させ，その条件が地代収取を安定させ地主制を展開していったのである。このことは，農民経営もまた漸次商品生産性を強め，高率の地代収奪を受けながらも，人格的支配からの自立を進めていたことに基づいている。農民経営の指標として経営面積をみると，両町とも1.8町歩であり，かなり大きいといえる。階層性を示す資料は，昭和10年代でなければないが，それをみると，表3のようである。田尻では，1～2町歩層を中心として，上下への分化の傾向がみられるのに対して，南郷の方は，中層に集中して

表3　経営規模別農家数（昭和14-16年）

町　名		総数	0～0.5町	0.5～1	1～2	2～3	3～5	5～10
田　尻		戸 538	108	106	139	67	93	25
南郷	計	1,059	168	154	311	199	211	16
	自　作	104	44	20	8	11	18	3
	自小作	286	5	11	47	74	137	12
	小　作	669	119	123	256	114	56	1

注：田尻は昭和16年「農村整備地域調査票」。
　南郷は昭和14年「南郷村誌」13頁。

いる。両町とも3町歩以上経営の農家は22～23％を占め，大経営の比重の高さが注目される。とくに南郷の自小作層は，3～5町歩に圧倒的な集中を示しており，これが南郷の農民運動の基盤をなしていた(3)。

このような土台の上にあった地主的土地所有が，農地改革に至る過程でどのように推移していったかを，やや詳しく考察しよう。

前出の表2からわかるように，両町とも5町歩以上所有者の数は減少している。この表でみるかぎり，この減少は大地主の減少ではなく，小地主の没落とみられる。しかし，事態はそれほど単純ではない。これは，末尾にある付表（個別地主の諸指標）からもわかるように，この期間中に5町歩未満層から上昇してきたものも含めての数である。南郷についていえば，昭和3年に5町歩未満でその後5町歩以上となったもの5戸，新らたに分家として成立したもの4戸，計9戸を含んでいる。これを差引けば，5町歩未満に没落した戸数は12戸に達するのである。このように個々の地主の上昇・下降を検討した結果，南郷については，つぎのように総括されている(4)。

A　35町歩（昭和3年基準以下同じ）以上層では，なお土地集積が進行した。

(a)　35～50町歩層では，上昇2戸，同一階層2戸，下降1戸。

(b)　50町歩以上層は，例外なく上昇傾向にある。

B　6～35町歩層では，下降・没落（5町歩未満へ）傾向がきわめて顕著である。すなわち，44戸中，上昇3戸，同一階層13戸，下降18戸，没落10戸で，下降・没落の戸数は63％に達する。

(a)　6～20町歩層では，下降13戸，没落10戸で，この層は没落傾向が強い。没落するのはより地主的であるもの（手作地なし）ほど多い。

(b)　20～35町歩層では，下降傾向はみられても没落するほどではない。

C　5～6町歩層では，上昇4戸，同一階層3戸，没落2戸である。

(a)　上昇したものは，2～4町歩の手作地をもつ自作上層農家である。

(b)　零細地主は，没落する傾向の方が強い。

D　5町歩未満から上昇した5戸のうち，自作農の上昇と考えられるのは2戸，他の3戸は酒造業・商業を営んでおり，地主性が強かった。

E　分家4戸は，いずれも50町歩以上地主からの分家で，最高40町歩のものを含んでいる。

すなわち，昭和恐慌より戦時体制にかけて，中小地主の土地所有縮小，没落傾向は明瞭であり，このため自創資金が多投されていた。大地主は依然集積を続けていたが，それは利廻りの低下にもかかわらず，地主経済としては充分余裕をもっていたためであって，この土地集積は，むしろ資本としての転進の遅れとして消極的な評価しか与えられない内容であった。

ところで田尻については，昭和 3 年以降全所有耕地を明らかにし得る資料を発見できなかった。そのため，村内所有地に限って名寄帳でみると，昭和 3 年の 45 戸の 5 町歩以上所有者の村内所有の変動は，昭和 20 年と対比すると表 4 のようであった。これは，村内所有に限っているため，かならずしも地主的土地所有の消長とはいいがたいが，南郷の事例でも村内所有の動きの方が村外所有より安定していることを考慮すると，田尻でもかなりの変動があったことが窺われるであろう。表では，上昇 13 戸，同一階層 24 戸，下降 4 戸，没落（無所有）5 戸，新設 2 戸となっている。これを昭和 3 年の全所有面積別にみると，50 町歩以上層では，上昇 3 戸，下降 2 戸，30～50 町歩層は上昇 1 戸，20～30

表 4　田尻町地主の村内所有面積の変化（昭和 3 年→昭和 20 年）

年度		昭和20年														
	村内所有面積	無所有	0～2町	2～4	4～6	6～8	8～10	10～14	14～18	18～22	22～26	26～30	30～40	40～50	50以上	計
	無所有						1	1								2
昭和3年	0～2町	1戸	2	2	2	1										8
	2～4	2		1	2											5
	4～6	1			6	1	1									9
	6～8	1			1	4		1								7
	8～10						2									2
	10～14							5								5
	14～18							1								1
	18～22										1					1
	22～26										1	1	1			3
	26～30									1						1
	30～40											1	1			2
	40～50													1		1
	50以上														1	1
	計	5	2	3	11	6	4	8	0	1	2	2	2	1	1	48

注：各年度「名寄帳」。

表5　田尻町地主の村内所有面積最高時点

地主番号	昭和3年所有面積	村内所有面積が最高に達する年度			
	町				
No.2	166.0	田	昭13	畑	昭12
5	104.1		11		6
10	48.1		18		19
11	33.1		10		8
21	12.1		4		4
27	10.3		5		元
38	6.7		4		6
41	5.6		9		14

注：「名寄帳」による。

町歩層は上昇1戸，下降1戸，没落1戸，10〜20町歩層は上昇4戸，没落2戸，6〜8町歩層は上昇なし，下降1戸，没落1戸，5〜6町歩層は上昇3戸，下降なし，没落1戸となっている。南郷に較べると，5〜6町歩層，6〜8町歩層の動きは同様であるが，それ以上の層ではむしろ上昇傾向が強い。また階層としての一定の傾向が薄い。つまり，ここでは，中小地主の下降傾向はみられない。それは，町場であって他の営業（商業が多い）を兼営している強味で，地代収入だけで生活しなくとも良かったためである。事実，商業兼営者は，上昇13戸中7戸を占め，下降者は1戸もない。

後にみるように，こうした改革前の地主的土地所有の動きは，改革の過程でも，また改革後の動きに関しても，大きな影響をもった。田尻では，地主的土地所有，ひいては地主経済の解体傾向が，南郷より弱かったといえる。それは単に土地所有者＝地代収取者としての経済力が強いということではなく，それを補強している諸営業＝前期的資本の諸活動に注目しておかなければならないであろう。

両町でこのような差異があるとはいえ，とくに昭和10年代に注目してみれば，田尻の地主にあっても，土地集積は停滞乃至減退傾向を示している。われわれが，個別に土地移動一件ごとに調査した地主8戸の例でいえば，その最高所有に達する時は，表5のとおりであった。この抽出8戸に関する限りでは，大地主の最高所有時は，10年以後にあり，小地主にあっては10年以前にあるといえよう。このことは直ちに地主的土地所有衰退ではないが，頭打ちの時期としては確認しておいてよいであろう。この頭打ちの上に，とくに戦時中（16年以降），自作農創設維持資金による売却が進行するのであり，19・20年にはそれがとくに多くなるのである。その点を明らかにするために，小作料収取関係についてみておこう。

2　小作料収取と地代率低下

小作料収取についてみる前に，水稲生産力発展の１つの指標として，水稲反収の動きを示しておく。周知のように，昭和期は，幾度かの凶作を伴いながらも，金肥導入を軸に多肥多収品種を導入しつつ，新たな反収水準を形成し始める時期であった。この水稲生産力発展期は，新たな技術体系を模索する間，反収の不安定さを示していたのである。その不安定さも，この地帯でいえば昭和10年代には克服され，ここに化学肥料と土地改良に基礎をおく，現代稲作農法への再編が完成したのである[(5)]。

これを具体的にこの地域での反収の推移としてみよう（表６）。昭和初年では，反収の伸びがほとんどみられないまま，８年の豊作ごろから上昇傾向が現われ，11年以降は，安定した水準となっていることがわかる。このような反収水準の上昇結果が，地主と小作人との間にどのように分配されるかが問題である。これをまず，水稲単作諸郡についてみると判明する限りで，表７のようであった。つまり，いずれの郡においても，小作料率は一貫して低下してきている。しかも，すでに南郷で明らかにしたように，実納小作料額は，契約小作料額を下廻るようになっていた[(6)]。つまり，小作農民の抵抗もまた強かったことが示されているのである。

以下，田尻の地主 No.11 家の事例についてみよう（地主番号については最後の付表参照。以下同じ)。この家の昭和期の小作料収取は表８のようである。同家の小作帳に

表６　反収の推移

年　度	田　尻	南　郷
	石	石
昭和 1	1.99	2.10
2	2.00	1.97
3	2.09	1.83
4	1.81	1.85
5	1.75	2.09
6	1.81	1.71
7	1.89	1.84
8	2.35	2.05
9	1.62	1.23
10	1.82	1.22
11	2.01	2.28
12	—	2.16
13	2.07	2.01
14	—	2.60
15	2.32	2.47
16	1.66	1.41
17	2.39	2.50
18	2.44	2.48
19	2.23	1.49
20	1.30	1.62

注：「県統計」および「農林省統計事務所資料」。

表７　小作料率の低下

年　度	遠田郡	志田郡	登米郡	桃生郡
	%	%	%	%
大正元年	45.0	57.0	53.0	53.6
10	43.0	50.0	51.0	47.5
15	43.5	49.7	48.9	42.8
昭和 5	41.1	44.7	43.2	42.2

注：「宮城県小作慣行調査」。

表８　田尻町地主 No.11 の小作料収取

年　度	水田所有総面積	契　約小作料高	当　年減免高	当年小作料総収入	減免率	反当契約小作料	実収反当小作料
	町	石	石	石	%	合	合
昭和４	10.3128	95.119.5	6.901	86.372	7.2	922.3	836.9
5	18.7501	172.012.5	150	173.812	0.1	917.3	927.0
6	23.3700	213.709.2	5.837	209.837	2.7	914.4	897.9
7	25.6120	235.272.2	917	233.257	0.4	918.6	910.4
8	25.7305	256.985.2	12.512	240.280.5	4.8	938.7	933.9
9	30.5826	281.810.2	63.512	204.051	22.5	921.1	667.5
10	30.0112	283.735.2	18.917	263.307	6.6	945.4	877.4
11	32.0807	299.367.2	4.201	292.235	1.4	933.1	911.0
12	32.4617	304.271.2	1.483	302.771	0.5	937.3	932.5
13	32.8925	310.553.2	4.679	299.872	1.1	944.1	911.5
14	33.1413	310.673.2	1.558	321.265	0.5	937.4	969.4
15	35.9417	344.947.2	31.949	314.951	9.3	959.7	877.1
16	36.9704	357.567.2	127.744	218.945	35.4	967.1	593.3
17	37.2303	360.367.2	18.699	350.187	5.2	967.9	942.3
18	37.2303	360.047.2	16.372	326.690	4.5	967.0	878.8
19	36.6109	318.033.7	11.492	300.338	3.6	868.6	822.6

注：「同家小作帳」。

よれば，小作料の引上げ（契約の変更）は，まずないといっていい。したがって反当契約小作料額の変動は，移動した土地の小作料額の大小による変化であるとみてよい。とくに目立った変化を示す，昭和 14→15 年には，水田面積も２町８反歩増加しているので，この分が高かったための変化である。この反当契約小作料の固定的な傾向（とくに同一耕地では明らかに固定している）に対して，前述の反収は，20〜35％の上昇率を示している。ここに，明瞭に地代率の低下をみうるであろう。さらにこれを，反当実収小作料についてみると，昭和９年，15 年，16 年の凶作年を別にしても，毎年多少の減免があり，反収からみてかなり豊作とみられる昭和 17〜19 年の３ヶ年間も，かえって高い減免率を示していることが注目される。この具体的理由はともかくとして，結果からいえば，地代率を低め，農民取分の増大になっていることを確認しておく必要がある。農民側の積極的な減免要求の例としては，昭和６年度に栗原郡高清水町の畑をめぐって一小作人との間に争いがあり，調停に付されている事件がある。この係争中，昭和６年度の小作料は未納として処理されていたが，10

年に至って小作人の要求が大幅に通る形で解決されている。こうした小作人の組織的な運動は，地代率低下（とくに小作料引上げの困難）の大きな要因であったと思われる。南郷の地主 No.4 家にあっても，昭和 3 年の減免要求に端を発した争議は，結果的には永久引下げとなって落着し，さらに同年の小作料引上げ分（反当 2 升 5 合）は，全額備荒貯米として小作人のために貯穀することになり，実質は地主の手に入らないのである(7)。

さて，表 8 でもう 1 つ注目されるのは，昭和 19 年の契約小作料が大幅に下っている点である。これは，同年度より適正小作料が実施されたためであって，外部的強制によるものであった。

周知のように，適正小作料は，昭和 13 年の農地調整法における自作農主義を基調として，国家総動員法に基づく勅令「小作料統制令」（昭和 14 年 12 月）によるもので，ここで小作料引上げを禁止するとともに，一部の手直しを行ったものである。すでに明かにしたように，南郷における適正小作料の実施は，昭和 16 年であった。またその実施による小作料引下げ額は，総小作料の約 3 % であり，これは全国的傾向ともほぼ一致する。しかし，田尻にあっては，この実施がおそく昭和 19 年であり，しかも引下げ額は，10% に達していた。No.11 家では，引上げ事例は 1 件であり，多くは下がったのである。こうした点でも，南郷と田尻との地主制支配の差違があらわれている。田尻では，小作料も高く，かつ引下げがおくれているのである。ところで，このような，国家権力の介入による地主制への制限は，自立化してくる農民経営からの圧力とともに，地主経済を著しく圧迫した。そして，この傾向に一層拍車をかけたのは，昭和 14 年からの米穀配給統制であり，昭和 17 年の食糧管理法の制定であった。

地主経済を直接に規定するものは，小作米の販売であろう。これが供出制度の下で，統制米価による貨幣納入となってしまっては，地主の前期的資本としての機能は大幅に制限されることになった。さらに，昭和 16 年からの地主価格と生産者価格（奨励金を含む）の格差(8)は，地代率を決定的に低めた。同家についてみると，昭和 17 年の反当収量 2.388 石，反当小作料 0.968 石であるから，現物形態では地代率 40.5% であるが，販売金額からいえば 37.9% に下がる。昭和 19 年には 15 円 50 銭の奨励金となるから，適正小作料の引下げ分を考慮すると，30.0% となる。17 年の現物形態からみると，地代率は 40% から 30% に下がるのである。このことは，改革直前の地主経済を決定的に危機に追い込んだ。土地投資に対する利廻りは，もはや一般利子率を大きく下廻ることになった。

それゆえ，この戦時末期から自創資金の投下が増大し，地主の土地売却が広範にみられるようになったのである。

3　町政支配層としての地主

以上，土地所有，小作料収取の面で，地主経済の衰退傾向をみてきたが，それにもかかわらず，社会的支配層としての地主の地位には，ほとんど変化がみられない。それは，地主経済としては衰退傾向にあるとしても，その経済力の内容は，一般農民層とは隔絶した高さをもっているのであり，経済力の逆転とはなっていないためである。さらに，支配層としては，絶えず国家権力のバックアップがあり，とくに農民運動に対しては直接に権力が介入して地主を助けていた。したがって支配層としての地位は，さほど動揺はしていない。ここでは，両町の差違，および改革後との対比のために，町政支配の点に限って，地主の支配層としての状態をみておこう。

まず，町長であるが，田尻では大正12年から昭和14年までNo.21家がつとめており，その後戦後公選制に至るまで，No.6家が就任している。No.21家は昭和3年12町歩地主であるが旧来の家格も高い家である。No.6家は102町歩の大地主であった。南郷は，戦前は村であるが，その村長は，昭和初期には，No.64（当時16町歩），ついで，No.11，No.4，No.18と大中地主が占め，終戦時はNo.6であった。

ところで，町村長を頂点とする町村政のもっとも典型的な支配層である町村会議員についてみると，両町の昭和期の状況は，表9のようである。南郷では50町歩以上地主は，常に3分の1を占めており，中小地主が漸減して，土地所有の衰退傾向と一致した動き

表9　町村会議員中の地主数

町名		南郷			田尻		
年度		昭8	昭12	昭17	昭8	昭12	昭17
議員数		19人	19	18	18	18	18
うち地主数	50町以上	6	6	6	5	6	5
	5～50	8	7	5	6	7	6
	計	14	13	11	11	13	11

を示している。田尻でも大地主の比率はやはり3分の1であるが，動きにはっきりした傾向はみられない。南郷では非地主議員のなかに，社会民衆党系，日農系の小作代表が2名入っている。これは注目すべきことであり，普選とともに日農南郷支部が作られ，その運動の発展，また産業組合活動と結びついて，これらの議員が当選している。田尻では，このような農民組合乃至無産政党系からの当選者は含まれない。

大地主の優位性は，田尻の町農会長，郵便局長，産業組合長，在郷軍人分会長，青年団長が，すべて50町歩地主で占められている点にもみえる。また学務委員6人中4人が50町歩地主である。さらに，土地所有者の力の強い三丁目堰水利組合にあっては，3人の役員中3人もしくは2人が50町歩以上地主であった。南郷では，水利組合関係は，明治水門予防組合，一市三郡水利組合，臼ヶ筒他2ヶ所の普通水利組合の3種があるが，より大きく他郡他町村との関係の深いものほど地主の占める率が高く（明治水門予防組合では7人中5人，一市三郡組合では5人中3人），村内の水路に限定される臼ヶ筒以下の組合では地主の率は低い（17人中7人）。こうした点は，大正中期以降，部落区長が小地主，もしくは自作上層の手に移り，地主は部落役員から手を引き，村政を把握している形態と同様である。支配層の階層的差違が現われているのである。

なお，田尻について明確にできなかった点で南郷にみられるのは，産業組合役員の構成である。南郷の産業組合活動が，小自作上層の手で進められたことは前にもふれたが，このことを反映して，産業組合の再建期である昭和10年までは，役員7人中地主は2人にすぎない。しかもこのうち1人（組合長）は，小自作指導者の要請で就任した地主であり，総じて産業組合のなかでは地主の力は弱かった。むしろ，地主はこれに対立する面の方が強く，産業組合の再建がなり，県から表彰された（昭和10年）以降，地主も加入するのが実情であった。この時期には9人中4人が5町歩以上の地主になっていた。

以上，とくに戦時経済期を中心に，地主制の動向をみてきたのであるが，そこでは，外延的な土地集積も，また内容としての小作料率引上げも限界に達していた。支配層としての地位にこそ変化はあまりないが，内容としての地主経済は明らかに衰退していた。このような限界のなかで，地主は土地売却へと向わざるを得なかった。なによりも自創資金の流入の大きさがそれを示しているし，また，戦時末期の二地売却が，ほとんど小作人を相手としていることからみて，そのことは，量的にはともかく，質的には地主的土地所有の解体過程であった。

一般に，東北地方の大地主地帯にあっては，地主的土地所有の衰退傾向は，全国的趨勢よりかなりおくれる。それは地主経済の転進の可能性が少なかったためであろうし，また大地主にあっては，たとえ利廻りでは低落していても，それは生活を脅かすには至っていなかったからと考えられる。南郷，田尻ともに，小作地率では昭和初年をピークとして，それ以降微弱ながら下降するが，それは中小地主の土地売却の結果であり，大地主の土地売却がみられるのは，昭和10年代後半，とくに，18・19年以降顕著となる。その時点では，農業統制が著しく進行し，地主経済に対する国家的制限として現われていた。こうした状態のうちに，敗戦・農地改革を迎えたのであった。

II　農地改革の実績——地主的土地所有廃棄の状況

1　農地改革の実績

農地改革の実績について検討すべき点は幾つかあるが，ここでは，小作地の解放（買収および売渡し），小作料金納化の二点について考察しておこう。

まず，属地主義的に両町地区内の土地について，改革の起点昭和20年11月23日現在として把握された所有状況を示しておこう（表10）。その時点においては，ともに小作地率約74%であって，昭和4年時と比較すると南郷では小作地率は7%下がっており，田尻では1%ほど上昇したことがわかる。ともかく改革起点においてこのような高さを示した小作地は，改革の実施とともに買収されていったのであるが，その状況は両町で著しく異なっている。すなわち，南郷では，昭和25年8月（「農地等開放実績調査」時点）までに1703町歩，買収率（改

表10　改革時の小作地面積

町　名	自作地	小作地	計	小作地率
	町	町	町	%
田　尻	250.2	727.1	977.3	74.4
南　郷	773.6	2,180.3	2,953.9	73.8

注：「農地等開放実績調査」。

革前小作地に対する）78％であるのに対して，田尻では306町歩余，買収率42％，と半分に満たないのである。ここの点は，地主による財産税物納との関係もあるので，買収面積と物納面積を合わせて示すと，表11のようである。つまり，田尻にあっては物納面積を合算しても，解放率はやっと51.6％にすぎず，これに対して南郷では実に95.2％という徹底した解放状況を示しているのである。この買収面積の進展の程度をみると，22年末田尻では68％，南郷82％，23年末田尻94％，南郷96％となっており，23年度中にはほぼ大半の買収を終っていることがわかる。

ところで以上の解放状況から，田尻において，広範に小作地が残存したのかといえば，けっしてそうではない。改革がほぼ終了した時点昭和25年8月でみると，田尻町内の小作地は，田68町2反歩，畑21町2反歩で，小作地率は9.1％（南郷は3.8％）に減少している。つまり，昭和20年11月から，昭和25年8月までに，小作地は637町5反歩減じながら，農地改革によって買収・物納されたものは375町4反歩だということである。その差262町1反歩は，改革によらずして解消された小作地，つまり地主の「売り逃げ地」と考えていいであろう。南郷では同様の引き算をすると，こうした売り逃げ地がまったく存在しなかったことになる。両町における農地改革の進行は，このように著しく異なっていたのである。これは，両町における農地委員会の差によるものと考えられるが，その点は後に述べよう。

改革の過程は，ともかくも小作地を著しく縮小した。こうして残された小作

表11　町内地主所有地の解放状況

町名	所有者	買収			物納			計		
		田	畑	計	田	畑	計	田	畑	計
		町								
田尻	在村地主	154.3	52.1	206.4	61.7	7.6	69.3	216.0	59.7	275.7
	不在地主	26.9	2.8	29.7	—	—	—	26.9	2.8	29.0
	団体法人	12.3	57.7	70.0	—	—	—	12.3	57.7	70.0
	計	193.5	112.6	306.1	61.7	7.6	69.3	255.2	120.2	375.4
南郷	在村地主	692.1	45.3	737.4	321.7	—	321.7	1,013.8	45.3	1,059.1
	不在地主	632.8	5.3	638.1	48.4	3.0	51.4	681.2	8.3	689.5
	団体法人	322.0	5.5	327.5	—	—	—	322.0	5.5	327.5
	計	1,646.9	56.1	1,703.0	370.1	3.0	373.1	2,017.0	59.1	2,076.1

注：「農地等開放実績調査」。

地（地主保有地）は，すべて金納小作料に変えられた。南郷においては，小作料納入は，農協の口座を通じて，小作人の口座から地主の口座へ振替えられており，それ以外の闇小作料はまったく存在しないようである。こうした徹底した統制小作料の実施が可能であったのも，改革の徹底さ，ひいては戦前からの農民運動の所産であり，地主制廃棄の深さを示すものといえよう。現在では，この小作料の低さのゆえに，地主保有地（所有権）の買取りを拒否する小作人が多く，地主は保有地を売却したくとも売れないという状況ができているのである。田尻においても，一般的に闇小作料はないようであるが，南郷ほど明確にはわかっていない。

2　地主的土地所有の解体と地主の売り逃げ

１でみた改革の実績は，町の属地的統計によっていたので，この町の地主の町外所有地の解体状況はわからない。また売渡しを受けたのも，田尻ではほとんどが町民であるが，南郷では隣接する桃生郡北村からの入作農家が，約800町歩の売渡をうけているので，南郷町民だけの問題ではなくなっている。そこで，ここでは，個別の地主の立場から，その全所有地について改革の結果を検討しておこう。そうしてみると，地主の抵抗の状況ももう少し明確になる。しかしながら，こうした点になると，資料は整備されておらず，いきおい考察も個別調査の事例を利用せざるを得ない。

まず南郷の状況からみよう。

南郷に居住した土地所有者で耕地を買収されたものは263戸であった。しかしこれら被買収者をすべて地主というわけにはいかない。この263戸中きわめて零細な被買収者を除いた206戸の状況をみると，表12のとおりである。すなわち，買収されるとともに売渡しも受けている農家が78戸もあり，その１戸当り面積は，買収５反歩，売渡１町４反歩となり，売渡しを受けた方がはるかに多い。これらは事実上自小作農民であって，地主とはいえない。また，２町歩未満の被買収者も規模からいえばかなり小さいので，これまたこの地帯としては地主とはいいがたい面がある。結局，２町歩以上の被買収者70戸が，地主と考えられる。ところで，昭和17年の５町歩以上所有者のうち，この70戸のなかに入っていないのは，No.34，No.55，No.56，No.60，No.62の５戸で

表 12　南郷町地主の被買収状況（全所有地につき）

区　分	規　模	戸数	買収面積	物納面積	売渡面積
		戸	町	町	町
買収のみのもの	2 町以上買収されたもの	70	1,178.4	323.6	—
	1 〜 2 町　〃	22	30.6	—	—
	0 〜 1 町　〃	36	14.1	—	—
	小　計	128	1,223.1	323.6	—
買収・売渡ともにあったもの	買収面積の方が大きいもの	3	7.1	—	3.8
	売渡面積の方が大きいもの	75	32.3	—	102.4
	小　計	78	39.4	—	106.2
合　計		206	1,262.4	323.6	106.2

注：「被買収者調」（昭 38）による。

表 13　南郷町地主の階層別解放状況

階　層	地主数	改革過程での解放面積			昭和17年所有面積	解放率
		被買収	物　納	計		
	戸	町	町	町	町	%
50町以上	9	736.9	228.0	964.9	1,373.7	70.2
30〜50	5	88.5	56.6	145.1	193.0	75.2
20〜30	5	64.7	37.0	102.6	118.0	87.0
10〜20	20	180.0	1.0	181.0	258.3	70.1
6 〜10	14	54.2	0	54.2	101.5	53.3
5 〜 6	5	13.9	0	13.9	27.4	50.8
計	58	1,138.2	323.6	1,461.8	2,072.0	70.6

注：表 12 と同資料。
　以下表の南郷町地主の階層は昭和 17 年。付表参照のこと。

ある。このうち No.34 は，昭和 17 年以降土地を失って改革時には地主とはいえなくなっており，No.55 以下のものは，自作農的色彩の強い農家である。こうしてみると，昭和 17 年に 5 町歩以上の所有者で，かつ改革によって 2 町歩以上買収された者は，58 戸となり，これが南郷における地主と規定し得る家であろう。

この 58 戸について，町内外を問わず買収・物納された面積とその解放率を示したのが，表 13 である。ここでいう解放率は，昭和 17 年に対するものであるから，改革そのものの成果を示すものではない。それにしても改革の直接の成果として平均 70% の地主所有地が解放されているのである。階層的にもっとも高いのは 20〜30 町歩層で，これに対して 10 町歩未満では解放率は 50%

をやや越える程度でかなり低い。この層では手作地の占める比率も大きいから，この結果は当然であろう。なお，物納の比重の大きいのは，20～50町歩の中地主層である。大地主層では，9 戸中 3 戸が物納をせず，6 戸の物納面積が示されている。この層では，貨幣・有価証券・材木などの資産もあり，それが物納の比率を低くしている証拠であろう。そして現在になってみると，物納をしておいた方が資産（材木など）が残るので有利だった，といわれている。なお，この 58 戸の買収・物納面積は，前述の 206 戸の総解放面積の 92.2% に達しており，この層が地主的土地所有の中核であることを如実に物語っている。

表 14　南郷町地主の改革前売却

階層	昭和17年所有面積	解放面積	昭和25年所有面積	改革前売却面積	一戸平均売却面積
	町	町	町	町	町
50町以上	1,373.7	964.9	29.7	379.1	42.1
30～50	193.0	145.1	12.0	35.9	7.2
20～30	118.0	102.6	12.0	3.3	0.7
10～20	258.3	181.0	48.0	29.2	1.5
6 ～10	101.5	54.2	37.8	9.7	0.7
5 ～ 6	27.4	13.9	13.5	0	0

注：表 12 などから算出。

ところで，この 58 戸の解放率が 70.6% とすると，残りの 30% はどうなったのであろうか。昭和 17 年を基準として，これから解放面積を差引き，昭和 25 年改革後の所有面積を差引いて，改革によらない売却（売り逃げ）をみると，表 14 のようになる。すなわち，50 町歩以上層にあっては，1 戸当り 42 町歩の売り逃げがあるのである。ただし，この売り逃げは，先にもみたように，昭和 20 年 11 月以降の町内売り逃げではない。それ以前，もしくは他町村での売り逃げである。つまり，南郷では，改革が始ってからは，地主の恣意的な土地押付けはなかったが，それ以前の自創資金での売却，あるいは改革が進行し始めてからでも他町村では売り逃げが行なわれたのである。この事前売却も個別的にみれば，あとの付表でもわかるように，No.1 地主が約 70 町歩，No.2 が 90 町歩，No.3 が 82 町歩，No.4 が 64 町歩で，この 4 戸で計約 306 町歩に達するのである。No.5 以下は格段に小さくなる。No.1 でのききとりでは，この大部分は昭和 20 年中に売ったといわれており，それも他町村に多かったといわれている。こうした大地主にあっては，町内でも売り逃げがあるのであって，30 町歩未満層とはまったく様相が異なる。中小地主のネグリジブルな売り逃げは，

表 15　田尻町地主の被買収規模

規模	買収規模別 地主数	所有規模別 地主数
	戸	戸
100町以上	1	6
50～100	1	3
10～50	11	17
5～10	14	16
3～5	8	22
計	35	64

注：買収規模は「被買収者調」。
　　所有規模は「農地等開放実績調査」。

表 16　田尻町地主の改革前売却（町内）

昭和3年階層	地主数	改革前売却面積	一戸当り売却面積
	戸	町	町
100町以上	6	149.7	24.9
50～100	3	50.2	16.7
20～50	5	2.8	0.6
10～20	15	14.0	0.9
5～10	19	7.0	0.4
計	48	223.7	4.7

注：本文中の計算法で算出。
　　以下，表の田尻町地主の階層は昭和3年のもの。付表参照のこと。

農地改革を察知したものというよりは，戦時中の自創資金によるものが多いのである。

以上みたように，南郷居住の地主の所有地は，一部大地主の売り逃げを伴いながらも，全体としては，かなり徹底したやり方で解体されていったのである。こうして地主の手に残されたのは，1町歩前後の手作地と，1町5反歩を限度とする保有地のみになったが，この点はあとに述べるとして，つぎに田尻での状況をみておこう。

田尻では，1でみたように，町内所有地に関しても売り逃げが多かったと予想されたのであるが，改革の過程での被買収者は120名に達していた。このうち，昭和20年11月に5町歩以上の所有者であったものは42戸で，3～5町歩層が22戸，それ未満が56戸である。この5町歩未満層にも不耕作者があるから，田尻在住の地主数はほぼ50戸と考えてよいであろう。ところで，これらの地主の全買収面積（町外をも含めた）別の戸数をみると，表15のようである。所有規模に比較して著しく小さいことがわかる。この差が売り逃げになるのであるが，これを個別の地主の町内所有について算出したものを付表に掲げておいた。これは，昭和20年11月基準の町内所有地から被買収・物納，昭和25年所有地を差引いたものであり，改革の表面から除かれた土地売却と考えてよいものである。これらの土地売却を，昭和3年の地主階層に従って集計したのが，表16である。さきに，表11でみた田尻町内の売り逃げ地262町余に対して，5町歩以上の在村地主による分は，総計223町7反歩で，その差40町歩は，5町歩未満の土地所有者もしくは他町村地主による売り逃げ分と考えられる。階層的にみると，50町歩以上の大地主によるものが199町9反歩に達し，全体の90%に達していることがわかる。また解放されるべきだった面積（解放地と売り逃げ地の計）に対する率をみると，50町歩以上地主では59%の売り逃げ率で，約6割は改革によらずに解消されたことになる。この数字は，南郷の大地主では20%であるから，田尻の地主がいかに強力な圧力で土地を売却していったかがわかる（南郷の場合は終戦前の数も含むから実際はもう少し低い）。

こうした田尻の地主の土地売却が，具体的にどのように進行したかをもう少し詳しくみておこう。田尻でのききとりによれば，終戦とともに，地主所有地の解放がさけ難いものであるという空気が支配的となり，地主層が対策を協議しているうちに，勧銀より自創資金の引き出しに成功し，これを積極的にすすめていったといわれている。もちろん，すべてが自創資金によるものではなく，地主の小作人への押しつけも数多くあったといわれている。こうした事態は，改革法案の国会審議とともに急激に進行し，昭和21年末までかなり多くの売却がみられたのである。21年末に成立した田尻町農地委員会は，地主の所有地確定を法定の20年11月23日とせず，「地主台帳」作製の時点（22年1～2月）におき，それ以前の土地売買をまったく不問に付してしまったのである。この結果,「農地等開放実績調査」にも多くの売り逃げ地が露呈されることになったのである。

こうして行なわれた売り逃げを，個別地主の事例についてみよう。われわれの調査では，No.2，No.5，No.10の三家について，その町内全小作人について検討しているが，これを小作人一人一人について表示すると，膨大な表となるので，一例としてNo.2家の通木部落の場合を示しておこう（表17)。これと同種の表を各地主ごとに作製した結果，つぎの諸点が注意された。第1に，これら売り逃げ地の売買登記手続の日付は，21年5月から22年3月の間に集中していることである。No.2にあっては，22年3月の第1回買収後にもかなりの売り逃げがあったが，他家の場合はほとんどこの3月までに売却を終っている。第2に，各小作人が入手した売り逃げ地は，改革による売渡し地の面積より大きい。これは，事例としたのが売逃率の高い大地主であるため当然である。第3に，これを買受けた小作人についてはつぎのことを指摘できる。すなわちこ

表 17　田尻町 No.2 地主の事前売却（通木部落のみ）

小作人	昭和20年 所有面積（町）	売 逃 分 買受面積（町）	改革による 買受面積（町）	買受計（町）	No.2地主より の小作率（%）
No.1	1.3525	1.8723	3106	2.1829	57
2	1319	2.0111	104	2.0215	81
3	0	1.8226	0	1.8226	70
4	0	1.5018	1.4917	3.0005	94
5	2522	1.4518	506	1.5024	58
6	0	0.2625	401	1.3026	67
7	7523	1.0323	0	1.0323	48
8	0	6816	219	7105	73
9	1911	5622	426	6118	65
10	6707	5604	0	5604	37
11	1423	5223	2024	7317	18
12	0	3627	0	3627	29
13	0	3106	0	3106	9
14	0	2409	0	2409	100
15	0	2402	0	2402	32
16	0	2024	0	2024	42
17	0	1024	0	1024	20
18	0	1012	0	1012	12
19	0	1012	0	1012	20
20	0	625	400	1025	31
21	0	709	0	709	4
22	1.7303	0	1302	1302	21
23	1.4923	0	7627	7627	62
24	723	0	506	506	2
25	212	0	611	611	4
26	0	0	2225	2225	18
27	0	0	914	914	44
28	0	0	825	825	16
29	0	0	1306	1306	12

注：小作率とは，経営面積中，No.2 地主から借りていた小作地の割合。
「名寄帳」より計算。

れらの小作人は，その地主への依存度が高い。この依存度とは，改革前の経営面積中，当該地主から借りた小作地の割合を表わしたものである。逆に依存度が低ければ，この売り逃げ地を買受ける率も低いのである。また，経営面積の比較的大きい小作人が買受けており，依存度は高くとも零細小作人はあまり買っていない。これらの層では買い得なかったのであろう。こうした点にも，売り逃げの対象となった小作人が，地主との関連が強く，地主に従わざるを得なかった様相が窺われる。

以上，田尻での改革前の土地売却についてみたが，これは改革前というより改革の最中に進行したともいえるものである。とくに20年11月23日で地主所有地を確定していない点はそうであろう。なぜ地主がこうした売り逃げに力を尽したかは，改革に抵抗する意識とともに，経済的には高地価であることが挙げられよう。勧銀を通じた自作農創設の場合でさえ反当価格は1000円，プラス報賞金250円が現金で支払われている。これを改革による買収・物納の価格，反当700～800円と比較すれば，地主の有利さがわかる。さらに買収では長期年賦の公債であるから，あのインフレ期にあっては，はやく現金を手にしなければ何の役にも立たなかったのである。こうした点が，田尻での広範な売り逃げを行なわせた要因だったといえる。しかし，売り逃げをすべての地主が行なったわけではない。特徴的には大地主が行なったのであって，中小地主にあってはきわめてわずかしかないことは前にみたとおりである。それは，中小地主の力の弱さとともに，経済的にもその所有地を売却しても転業し得るほどの資金額に達しないという弱さがあったためである。それゆえ，この層は，あくまで土地にしがみつく努力こそすれ，積極的な売却に踏み切れない面をもっていたのであろう。

以上，田尻の事例をみたが，南郷との差違は，結局のところ改革前の地主制の差違，農民運動の差違として考えざるを得ない。田尻ではそれだけ地主の抵抗が強かったのである。

3　地主の手作地と保有地

田尻においては，土地売り逃げとともに，小作地の引上げも多かったといわれている。一般に，戦前・戦時中の地主の手作地と，改革直後のそれと比較すれば，改革直後の方が多い傾向にあり，これは南郷・田尻ともにそうである。しかしそれは直ちに小作地の取りあげとはいえない。戦時中には人手不足による小作地の返還もかなりあり，地主がやむを得ず手作りしたのも多いからである。しかし，改革後地主が一般的に手作りを行なっている点をみれば，さまざまな小作地取上げを行なったことが推測される。たとえば，南郷においても，

50 町歩以上層の経営地は平均 1 町 5 反 5 畝歩で，他の階層の地主より多い。ここにも取上げがあったといわれている。しかし，一般にこうした小作地引上げは，農地委員会に提訴されれば必ずといっていいほど小作人の勝訴となっている。それゆえ，本来小作地引上げは表面化せず，合意の上で進行しているので，その実態はまったく把握しがたい。まして，量的な把握は困難である。

判明する事実をあげると，田尻の農地委員会にかけられた 2 件の事例では，いずれも小作側の勝である。一例は地主 No.5 より 3 名の小作人に対して返還要求が出されたものであり，他の一例は「零細水呑百姓」が応召のため「豪商」に預けた土地の返還要求であった。後者の場合，紛争は県農地委に持ち込まれたが，やはり小作者「豪商」（町農委記録の表現）の耕作権が認められている。問題は，こうして表面に出ない分であり，それこそが地主と小作人の力関係を示すものであった。

一般に小作地取上げの存在が指摘されておりながら，その結果は，必ずしも地主手作りは大きいものではなかった。南郷では，旧地主の手作地は平均で 1 町 3 反歩程度であり，この地域での農民経営からすれば，平均以下であった。田尻でも平均でいえば，旧 20 町歩以上層ではほぼ同様である。しかし，5 ～ 20 町歩層では，手作地平均 2 町 5 反歩ほどでかなり大きく，戦後も中農上層から富農層に位置するものが多かった。すなわち，小地主であればあるほど農家として生活せざるを得なかったのであり，この層にあっては，広範な土地取上げも考えられるのである。

このような経営地をめぐる問題とともに，無視することのできないのは保有地の問題である。南郷の農地委員会の最大の課題は，「どの土地を保有地として残すか」ということだったといわれるように，その決定は，地主・小作の最大の争点であった。田尻分が不明なので，南郷における保有地の状況を示すと，表 18 のとおりである。ここから，苗代保有地と畑保有地の大きさが注意される。それは上層ほど明瞭である。この地帯では，まだ「通し苗代」という生産力段階にあり，苗代を自由に設置することができない状態では，この苗代を支配することで稲作経営全体を左右し得るのである。No.11 の地主は 1 町 1 反歩の苗代を残しているし，No.10 の地主は 8 反歩の苗代を 21 人の小作人に貸付けていた。また，畑は南郷にあっては稀少性で価値があり，宅地転用も考えら

表18　南郷町地主の経営・保有状況

階　層	経営面積			貸付面積			
	田	畑	計	苗代	田	畑	計
	町	町	町	町	町	町	町
50町以上平均	1.19	0.36	1.55	0.26	0.87	0.51	1.64
20～50　〃	0.91	0.20	1.11	0.48	0.51	0.21	1.20
10～20　〃	1.02	0.19	1.21	0.15	0.92	0.16	1.22
5～10　〃	1.57	0.13	1.70	0.13	0.95	0.02	1.10

注：23戸の調査個票より。

れたという。小作料収入では水田より低いにもかかわらずその保有が多いのである。No.4の地主では全保有地1町5反歩がすべて畑であった。こうした経過をみると，保有地について地主の作為的配慮が窺われ，それが大地主に多い点に，南郷における改革も，完全に小作主導の下に行なわれたものではないことを知り得るであろう。

これらの保有地は，その後の経過からみると，どの地目であれ地主支配の足がかりにはならなかった。それをさせ得なくした改革後の農民の力を評価すべきであって，保有地認定の際の地主の思惑は別なところにあったのである。

4　農地委員会の性格

両町での改革の状況を通じて農地委員会の性格にも多少ふれたが，ここでもう少し検討しておこう。農地委員の第1回選挙は，田尻では21年12月20日であり，南郷では22年1月20日となっている。このとき当選した委員をみると表19のようになっていた。地主委員として選出されたのは，南郷では6名中4人が50町歩以上地主であるのに，田尻では大地主が少なく比較的小さい地主である点が注目されよう。

南郷地主委員のうち，もっとも中心になったのは，No.4，No.7，No.51であったといわれるが，No.4は改革後もしばらく町会議長を続け，土地改良区などでも地主代表として活躍する。No.7はのちに南郷の地主補償連盟の会長となる。No.8は22年の第1回公選で町長となっており，No.51は小地主ながら26年に町長となり，その後も土地改良区理事長など現在に至るまで町政に関与する唯一の地主で，南郷保守派のチャンピオンである。このようにみると，第1回農地委員の地主代表は，その後の活躍からみてもっとも地主代表にふさ

表 19　第 1 回農地委員の構成

区分	南郷			田尻		
	委員	改革前		委員	改革前	
		所有	経営		所有	経営
		町	町		町	町
一号（小作）委員	A	0	2.4	A	1.1	3.6
	B	0	2.1	B	0.6	3.2
	C	0.3	5.5	C	0	0.4
	D	0.8	3.1	D	0	2.2
	E	2.1	2.1	E	0	1.8
	F	0	2.1			
	G	0	2.3	（C′）	1.7	3.1
	H	0.6	2.3			
	I	1.2	3.2			
	J	0	2.2			
二号（地主）委員	No.8	54.9	0.4	No.6	91.5	1.1
	4	192.2	1.0	34	9.2	3.9
	7	63.8	1.8	（49）	10.1	0.9
	9	50.7	2.0			
	14	33.1	0.3			
	51	6.2	0.7			
三号（自作）委員	K	2.3	3.0	F	2.0	5.5
	L	3.4	3.1	G	3.8	3.1
	M	3.8	3.6			
	N	2.8	2.8			

注：「農地等開放実績調査」による。
改革前所有の欄，地主委員のみは，付表の階層による。

わしかったといえる。

田尻についてみると，ここでは地主代表がそれほど真の意味の代表といえるかどうか疑問である。No.6 はかつての 50 町歩以上地主であるが，No.34 は 4 町歩の手作地を持つ自作地主である。また，No.49 は寺の住職であって（これは巻末の付表にない），農地委員会の委員長となっている。この点，南郷の委員長が自作代表から出ているのと対照的である。田尻での問題は，むしろ小作側委員にある。小作代表のうちＣ氏は，その後公選での町長となるが，小作代表として入るために土地を名義上借受けて農地委の選挙に出たといわれる。後述するようにＣは，戦前から社会民衆党員として活躍した人であるが出身は No.12 の 20 町歩地主である。彼が小作代表としてもっとも活躍したといわれるところに，田尻の小作代表の弱さも窺える。このような性格の農地委員会は，当初より対立緩和に終始したようであり，真の地主層の意見は，これらの地主委員によって代弁され，委員会もそれに従っていったものと思われる。南郷ではいわば地主層実力者を揃えていたのに対し，田尻では地主代表は代弁者であったともいえるのである。

それゆえ，田尻では，改革の基礎となる地主所有地確定の作業（「地主台帳」

作製）にみられたように，改革回避・妥協的解消が問題なく進行したのであった。これに対して，南郷では，前述のように農地委最大の争点は，保有地の認定であったとし，「農地等開放実績調査」に記載した改革の不充分なる点としては「保有地の制度を全廃すべきであった」と断じているのであった。このような強硬意見を出しているにもかかわらず，南郷農地委は，隣接する涌谷町・鹿島台町の農地委に比較して，「穏かであり合法的であった」という評価を受けている。それも，激しい地主・小作の対立が，法どおりの改革を徹底させたためであろう。

南郷農地委のこうした悩みに対比して，田尻農地委が最大の困難として挙げているのは，予算の貧困，期間の短かさ，職員給与手当の低さ，の３点である。ここには，まったく事務官僚的な，さらにいえば「町長」的な発想しか現われていない。これは，農地委員会自体が，そうした雰囲気で「無難」に進められた結果といえよう。そこには，改革に対する争点も，また意欲もあらわれていない。

Ⅲ　旧地主の経営と生活――地主経済の崩壊

農地改革の過程は，地主制の支柱である地主的土地所有を廃棄していったが，このことが地主経済をどのように変えていったか，主として現状から考察してみよう。

改革後，水稲生産力の発展は著しく，そのなかで農民層は経営規模に応じた階層序列で再編されていった。単作地帯にあっては，農家の経済力は，直接に経営面積によって規定される。農村の秩序もまた，こうした経営規模階層によって再編されていくのである。こうした動きのなかで，旧地主の経営・生活がどのように位置づけられるかが問題である。

１　農業経営の状況

われわれの抽出調査によって得られた結果から，まず旧地主層の経営面積の変遷を示しておこう（表 20）。現状の経営面積からみると，南郷では地主各層で大差はなく，５～10 町歩層がやや大きい程度である。また完全に経営を放棄

表 20　旧地主の経営面積の変化

地主階層	地主番号	南郷 昭和38年経営面積 田	畑	計	昭和25年以降の増減 田	畑	計	経営拡大の希望
		反	反	反	反	反	反	
50町以上	No.1	8.0	4.0	12.0	—	—	—	なし
	2	12.5	3.0	15.5	—	—	—	〃
	4	14.0	5.0	19.0	—	—	—	〃
	5	8.0	3.0	11.0	—	—	—	〃
	6	5.0	2.0	7.0	−2.0	—	−2.0	〃
	7	10.0	6.0	16.0	−3.0	—	−3.0	〃
	9	10.0	2.0	12.0	−11.0	—	−11.0	〃
	平均	9.6	3.6	13.2	−2.7	—	−2.3	
20〜50町	10	17.0	2.5	19.5	−2.0	—	−2.0	2町5反まで
	11	6.0	0	6.0	—	—	—	なし
	12	7.0	1.5	8.5	−1.0	—	−1.0	〃
	17	4.0	2.0	6.0	—	−0.5	−0.5	あり—不可能
	18	18.3	1.0	19.3	+3.0	−3.0	0	なし
	19	3.0	0.5	3.5	+1.0	−1.0	0	〃
	平均	9.2	1.3	10.5	+0.2	−0.8	−0.6	
10〜20町	20	10.6	1.0	11.6	—	—	—	あり—困難
	26	0	1.7	1.7	—	—	—	なし
	27	7.0	0	7.0	−3.0	−5.0	−8.0	〃
	31	25.0	1.0	26.0	+5.0	+1.0	+6.0	〃
	平均	10.7	0.9	11.6	+0.5	−1.0	−0.5	
5〜10町	46	16.8	2.0	18.8	−7.2	—	−7.2	なし
	47	32.8	2.0	34.8	—	—	—	〃
	49	5.8	2.0	7.8	—	—	—	〃
	52	0	0	0	—	—	—	〃
	57	27.5	2.0	29.5	—	—	—	3町5反まで
	67	4.0	0	4.0	—	—	—	なし
	平均	14.5	1.3	15.8	−1.2	—	−1.2	

注：「調査個票」による。

しているのは，No.26，No.52 ぐらいである。田尻では，小地主ほど経営面積が大きく，稲作農家として自立し得る 2 町歩以上層は 8 戸もある。その反面，経営放棄も，No.1，No.5，No.11，No.24，No.29，No.34 と多い。つまり南郷では旧地主は小経営として 1 ～1.5 町歩の経営をもち，しかも農業専業としてもやっていけない状態で止まっているのに，田尻では，かなり明確に分解して

田尻							
地主番号	昭和39年経営面積			昭和25年以降の増減			経営拡大の希望
	田	畑	計	田	畑	計	
	反	反	反	反	反	反	
No.1	0	0	0	−6.0	−2.1	−8.1	
2	20.0	3.5	23.5	+14.8	−1.2	+13.6	なし
3	5.0	7.0	12.0	+0.8	+5.3	+6.1	なし
5	1.6	0.5	2.1	+1.6	−0.8	+0.8	農業やめる
7	9.0	1.0	10.0	−5.5	−4.2	−9.7	なし
平均	7.1	2.4	9.5	+1.1	−0.8	−0.4	
10	12.0	2.0	14.0	+2.4	+0.2	+2.6	あり
11	0	0	0	−4.7	−1.5	−6.2	
平均	6.0	1.0	7.0	−1.2	−0.6	−1.8	
16	27.0	4.0	31.0	−2.6	−5.0	−7.6	なし
17	7.5	3.9	11.4	−0.2	−0.8	−1.0	なし
19	0	0	0	−3.1	−2.0	−5.1	
24	0	0	0	0	0	0	
27	16.0	5.0	21.0	+5.0	−1.8	+3.2	あり
平均	10.1	2.6	12.7	−0.2	−1.9	−2.1	
29	2.3	0.9	3.2	0	0	0	農業やめる
30	35.0	5.0	40.0	+17.0	−17.0	0	あり
32	26.0	5.0	31.0	+4.6	−1.5	+3.1	あり
34	33.8	12.1	45.9	+21.5	+5.6	+27.1	なし
39	22.6	1.3	23.9	+1.9	−0.9	−1.0	あり
40	28.0	3.5	31.5	+4.4	−5.0	−0.6	なし
45	20.7	4.2	24.9	+1.0	−1.0	0	なし
平均	24.1	4.6	28.7	+7.8	−3.7	+4.1	

いっているといえよう。また，昭和25年以降の変化をみると，南郷では拡大したのはNo.31ただ1戸であるのに，田尻では6戸が拡大し，とくに畑の開田を加えると（田尻では開田が多い），9戸が稲作農家として強化，上昇しているのである。今後の経営拡大の希望についても，南郷では4戸が希望しながら，うち2戸は断念せざるを得ない状態である。これに対して田尻では5戸が希望

しており，なお農業に対する意慾が強い。

つまり田尻では，農家として生き残ろうとする層と，農業から脱落しようとするものが，かなり明確に分化しているのである。それは，25 年以降の経営面積の変動にも現われ，個々の地主についていえば拡大にせよ縮小にせよ，南郷より大きな変化を示している。

南郷での農業停滞の状況の背後にあるものは，労働力不足を挙げるものが多い。この労働力不足は主にあとつぎ者不在によるものである。資料を省くが，調査家の農業労働力は基幹労力が 1.1 人（うち女子 0.5 人），補助労力が 0.8 人（うち女子 0.5 人），年令も平均 47 歳ほどである。年令構成では，30 歳未満で男女同数，30〜50 歳では女子が多く，50 歳以上で男子が多い。つまり，「三ちゃん農業」の色彩がきわめて強い。このような貧弱な労働力で農業経営を行っているのであるが，水稲以外では，せいぜい養豚 2 頭（調査 23 戸中 13 戸），No.7 が乳牛 3 頭，No.9 が養鶏 1500 羽，No.19 が 2000 羽となっている。他は総じて家計補助的なものでしかなく，農業面での発展は多くを望めないのである。No.4，No.5 は山林を所有しており造林を続けている。しかしそれも財政維持程度にすぎなかった。

田尻では労働力は，基幹 1.4 人，補助 0.5 人，平均年令は 40 才で，南郷よりやや多い。男女別ではやはり若い方に女子が多い。ただ田尻では請負や全部雇傭労働力に任せる家が多く，事実上農業経営から離脱しているのが目立つ。それは No.2，No.5，No.7 などである。また田尻では一般に畜産などの導入は少なく，経営の大きいものは稲作農家として存続しようという形になっている。

2　兼業の状況

つぎに兼業の状況を検討しよう。農業だけでは生活し得ない地主が多いので，当然兼業も多い。南郷では 23 戸中 13 戸が，田尻では 19 戸中 13 戸が兼業に従事している。その状況は表 21 のとおりである。表に示されるように，南郷では世帯主またはあとつぎ者の兼業が 12 戸であって，明瞭に農業離脱の傾向を示している。この兼業は，旧所有地 50 町歩未満で経営面積 2 町歩未満層に集中しており，ここでも分解傾向がみられる。零細経営で兼業を行なわないのは，No.11，No.19，No.27 であるが，No.11，No.27 はともに長男は大学卒で他出しているか在学中で，いずれ離村が見通されるものである。経営面積の上では１町歩前後をもちながら，内容的には農業離脱傾向といい得るであろう。

田尻についてみると，大地主がすべて家業ともいうべき商業を営んでおり，中地主も経営面積の大きい No.16，No.27 を除けば，すべて兼業がある。そうして小地主層では経営面積が大きい故もあって役場職員として働らいている他には兼業がない。田尻では南郷以上に転業化が明瞭であって，それも戦前からの営業に頼るだけでなく，改革後の転業傾向がはっきりしている。ここでも前にみた田尻での分化傾向は明確である。兼業従事者が No.27 を除けばすべて世帯主があとつぎ者である点も，この兼業が本質的傾向であることを示している。

3　あとつぎ者の学歴と離村傾向

旧地主の兼業状況から，一部の農業専業者を除けば，脱農傾向がみられることを確めたが，この兼業状況を安定的な姿とみることができるだろうか。換言すれば，地主は兼業を行ないつつ村に留まっているのであろうか。この点を明らかにするために，あとつぎ者の動向を検討しよう。

まず，両町の地主（調査対象）のあとつぎ者が，どの程度離村しているか検討してみよう。表 22 からすぐわかるように，南郷では 23 戸中 10 戸のあとつぎ者が，すでに離村するか，もしくは大学に在学中である。現在，大学卒で村に戻って居住する者がほとんどないから，これら在学中のものも卒業後はそのまま離村すると考えてよいであろう。これを先の兼業と合せて考えると，No.52，No.67 を含めて 12 戸が離村傾向をもっているといえよう。半分以上がすでに後継者の段階で村に留まる可能性がないわけである。これに在村の主業的兼業を加えると，15 戸が脱農傾向といえるであろう。残余は８戸しかないのである。

ところで田尻についてみると，ここではあとつぎ者の他出は２戸しかない。弟，もしくは次男の他出は多いが長男では少ないのである。このことは，田尻の地主の兼業の状況と関係がある。田尻という商業の一中心地にあるため，その兼業は商店が多く，容易に離村し得る状態にないのである。それゆえ，ひとしく脱農化の傾向にあるとはいえ，南郷では離村傾向が明瞭であるのに対し，田尻ではむしろ町内に居住したまま商業資本に転進するといえよう。

表 21　旧地主の兼業状況

町名	番号	世帯主	その妻
南郷	No.1	○映画館（S.14→S.38）	
	6	○ブロック会社々長（S.25→現），町長（S.32以降）	
	7		
	9		
	10	○薬局経営（S.22→現）	
	12	○パン製造（S.25→現）	○美容師（S.29→現）
	17	○県庁戦員（S.28→現，早大工卒）	○呉服小売店
	18	○石巻国営土地改良事務所（S.25→現）	
	20		
	26		
	49		
	52	○高校教員（S.22→現）	
	67	○中学教員（S.22→現）	○中学教員（S.35→現）
田尻	No.1		
	2	○町長（S.27→現）	
	3	○金物商（S.26→現）	
	5	○農協役員（S.26→現）	
	7	○呉服商（戦前から）	
	10	○青果市場経営（S.31→現）	
	11	○雑穀商（戦前から）	
	17	○米穀商（戦前から）	
	19	○呉服商（戦前から）	
	24	○町教育委員会職員（S.31→現）	
	27		
	29	○町農委事務局長（以前は役場職員，S.22→現）	
	34		○役場職員（S.37→現）

注：「調査個票」による。

この相違は，当然，町のなかの支配体制にも関係してくる。南郷では，むしろ大地主ほど離村傾向をもち，したがって，町の支配体制から急速に離脱するであろうことが予測されるのに，田尻では一部は有力な農業経営者として，そしてより大きい地主は商業資本として町に留まり，新たな支配関係を作り出すと思われる。

ところで，上にみたのは，すでに他出した後継者についてであったが，そこでは大学卒がきわめて多いことに気づくであろう。そうしてまた，現在高校以下に在学中のあとつぎ者が大学へ進学すれば，他出傾向は一層強まると考えら

後継者	その他の家族
	○次女，銀行員（S.36→現）
○獣医（S.22→現）	
	○次女，小学教員（S.35→現）
○医師インターン中	
○農協職員（S.35→現）	○妹，雑貨店（S.28→現） ○長女，役場職員（S.36→現）
○薬剤師（S.21→現）	○長男妻，高校教員（S.28→現）
○建築会社々員（S.32→現）	
○牛乳販売店（S.32→現）	
○同左（S.31→現）	
○酒屋・食料品店（S.29→現）	
○郵便局長（S.22→現）	
○同左	
	○妹，農協職員（S.38→現）

れる。そしてまた後継者の学歴水準は，旧地主の生活水準をも示すので，調査対象家のすべてのあとつぎ者の学歴をみると表 23 のとおりである。南郷では，すでに学校を終えたもののうち 3 分の 2 以上が大学・高専卒であり，これが高い離村率にも関係している。高校以下就学中のものは 4 人で，このうち他出者が何人でるか予測できないが，多少はあるであろう。このように，地主子弟，とくにあとつぎ者の学歴は，農村にあっては異常に高いといえる。そこに，改革によって経済的基盤を奪われたといいながら，なお大学へ進学させ得るだけの力があるのである。もっとも，No.27 や No.49 のように，母子世帯で土地の切売りで学費を出しており，生活状態がかなり悪い家もある。しかし，No.27 は男子 2 人を東北大に進学させ，No.49 は一人子の長男を東北学院大にやっている。それらを除けば，経済力も，また意識でも，旧地主は，やはり村の上層に属するといってよい。

田尻では，大学・高専卒はほぼ半数で，南郷よりやや低い。とくに大学卒の比重が低い。しかしここでは高校以下に就学中の者が多く，今後の変化は予測しがたい。家業をつぐ者が多いのであるから，学歴といっても就職用ではなく，

表 22　旧地主後継者の転出状況

町名	番号	続柄	学歴	転出年度	転出地	勤務先
南郷	No.4	長　男	東　北　大	昭33	三重県	関西酪農 KK
	5	〃	東北学院大	昭35	仙　台	振興相銀
	6	〃	〃	昭30	東　京	自動車販売会社
	7	〃	東 京 農 大	昭23	田尻町	高校教員
	11	〃	東北学院大	在　学　中	—	—
	12	〃	日 本 医 大	インターン中	—	—
	17	〃	東北学院専	昭35	岩手県	高校教員
	26	養　子	仙 台 薬 専	昭35	涌谷町	病院薬剤師
	27	長　男	東　北　大	昭37	釜　石	富士製鉄
	49	〃	東北学院大	昭30	仙　台	大日建設
田尻	No.7	養子の長男	東北学院大	昭35	名古屋	三幸建設
	40	長　男	高　校	昭35	〃	本田技研

注：「調査個票」による。

表 23　旧地主後継者の学歴

町名	階　層	調査戸数	学　歴				高校以下在学中	転出者（大学在学中）
			大学	高専	高校	中学		
		戸	人	人	人	人	人	人
南郷	50町以上	7	5	1	1	—	—	4
	20～50	6	2	1	1	—	2	3
	10～20	4	1	1	2	—	—	2
	5～10	6	2	—	2	—	2	1
	計	23	10	3	6	—	4	10
田尻	50町以上	5	3	—	—	1	1	1
	20～50	2	—	1	—	—	1	—
	10～20	5	1	1	1	—	2	—
	5～10	7	—	1	3	1	2	1
	計	19	4	3	4	2	6	2

注：「調査個表」による。

むしろ町内での地位を高めるために役立つことが多いと思われる。経済力で比較すれば，一般に南郷の地主より豊かであるが，あとつぎ者を村に留めるか離村させるかの選択の差違によって，あとつぎ者の学歴も異なっているのであろう。そこに，地主の離脱傾向の差違も窺われる。

4　保有地の売却

改革後の地主の生活状況とも関連して，改革で残された保有地が，その後どう変化したかをみよう。この保有地は，改革によって地主制の存立基盤が解消したかどうかという問題に関連して大いに議論された点である。改革後のインフレは，統制小作料を一層小さいものとし，地主経済にとって小作料収入はほとんど無価値となっていった。しかし，こうした地代収入としてのネグリジブルな大きさにも拘らず，保有地そのものの価格が案外高く，宮城県単作地帯の事例でみても，通常，自作地価格の半分といわれ，なかには60～70％に達する場合すらある。そこには，地主の発言力の強さがあるとともに，所有権だけの購入にそれだけの価格を払ってもいいと考える農民層の問題もある。そこには，この無価値（地代収入としては）に近い所有権でさえも確保しておきたいという農民側の不安さがある。地主の側にしても生活や経営の資金が必要なとき，保有地の売却は，もっとも簡便な方法であった。

表24 保有地の理由別売却件数

地主側の理由	南郷 7年間	田尻 6年間
	件	件
生活費補充	100	29（生活費補充・教育費補充の計）
教育費補充	19	
負債整理	10	13
医療費充当	26	12
営農資金	10	6
転兼業資金	37	13
移住のため	17	2
小作人の要望	91	44
その他	33	46
計	343	165

注：「農業委員会資料」
南郷は，昭和27～33年。
田尻は，昭和28，30，32，36～38年。

具体的に両町の保有地売却状況を，農業委員会の三条関係申請書から集計してみると，表24のようである。調査している年度が異なるため，各年の動きを傾向的に示すことをさけたが，年平均でいえば，南郷で49件，田尻で28件と，南郷の方がかなり多い。また地主側からの理由をみると，南郷では生活費関係が155件で，田尻では54件。南郷の方がかなり高い率を占めている。この点で，南郷の地主の方が生活に追われているといえよう。それは2と3の兼業やあとつぎ他出の点からも予想できたことである。両町を通じて，小作人の要望というのが26～27％に達している。これは地主の積極的な売却理由ではないが，要望があれば喜んで売る傾向も存在していた。

こうした全町的な傾向を，調査した個別地主についてみると，表25のとおりである。このなかには，交換や耕作権返還は含まれない。自作地を売却しているのは，南郷では4戸（No.9，No.12，No.27，No.46）だけであり，田尻で6

表 25　旧地主の保有地売却状況

地主階層	南郷				田尻			
	地主番号	田	畑	計	地主番号	田	畑	計
		町	町	町		町	町	町
50町以上	No.1	—	—	—	No.1	0.60	—	0.60
	2	—	—	—	2	0.08	0.40	0.48
	4	—	—	—	3	0.60	0.70	1.30
	5	—	—	—	5	0.42	0.51	0.93
	6	2.00	—	2.00	7	0.76	—	0.76
	7	0.60	—	0.60				
	9	1.10	—	1.10				
	平均	0.54	—	0.54	平均	0.49	0.32	0.81
20～50町	10	—	—	—	10	0.40	0.76	1.16
	11	1.37	0.07	1.44	11	1.00	0.02	1.02
	12	—	0.20	0.20				
	17	—	—	—				
	18	—	—	—				
	19	—	—	—				
	平均	0.23	0.05	0.28	平均	0.70	0.39	1.09
10～20町	20	0.33	—	0.33	16	0.20	—	0.20
	26	0.40	—	0.40	17	—	0.30	0.30
	27	0.70	0.30	1.00	19	0.86	0.50	1.36
	31	0.30	—	0.30	24	7.00	—	7.00
					27	—	—	—
	平均	0.43	0.08	0.51	平均	1.61	0.16	1.77
5～10町	46	1.54	—	1.54	29	0.60	0.50	1.10
	47	0.10	—	0.10	30	—	—	—
	49	0.50	—	0.50	32	—	—	—
	52	—	—	—	34	0.34	0.14	0.48
	57	—	—	—	39	0.10	—	0.10
	67	—	—	—	40	0.50	0.38	0.88
					45	0.70	—	0.70
	平均	0.36	—	0.36	平均	0.32	0.15	0.47

注：「調査個票」による。

戸（No.1，No.5，No.7，No.10，No.29，No.30）だけであるから，地主は自作地を売るよりは，まず小作地を売却する傾向があるといえる。この保有地を売却して，もはや1反歩未満しか保有しないようになっているのは，南郷ではNo.6，No.26，No.46で，他にNo.11も少なくなっている。このうちNo.46は農家として残る意向だが，他は転業傾向にある家であり，最後の地主的基盤もなくなっているといえよう。この保有地の売却について，南郷の二郷部落では「売りたくとも買手がない」といわれ，大柳部落では逆に「小作人に売ってくれといわれるが，それほど困らないから売らない」といわれている。これは個々の地主の問題というより，本質的に地主と小作人との関係の違いとして意識されている。すなわち，大柳は南郷のなかでは地主の地位の高い部落であり，二郷は逆に「解放地区」といわれるほど農民の革新性が強いのである。

田尻では，一般に保有地の売却が多い。これは，南郷流に表現すれば，地主が売却し得たのであり，地主の力が強いともいえよう。この結果，保有地がほとんどなくなったのは，No.2，No.3，No.10，No.17，No.19，No.29，No.30，No.39，No.40 などである。このうち，No.2 は売却によらず，ほとんどが返還して貰ったもので地主の手作地となっている（表 20 参照）。こうした例は他の地主にもあるかもしれない。総じて田尻では保有地が急速に解体しているといえる。それが営業資金などに使用されている点からみても，田尻の地主の兼業状況と関係があると思われる。地主として存続する意志はないが，旧地主として小作人に対する発言力はまだまだ強かったのである。

ともかくも，保有地を売りつけるだけの力をまだ地主がもちながら，しかし，もはや地主＝地代収取者として存続しようという傾向は失われている。南郷の大地主ではまだ保有地が解体しないが，それは営業資金が要るわけでもなく，また生活に急に困るわけでもなく惰性的に維持されている程度なのである。

なお，この他の地主の財産売却状況をみると，南郷の大地主では，農協に米蔵を売っている例が多い。つぎに多いのは山林立木であって，No.4 などでは 36～38 年に，医療・葬式・相続税のために 1000 万円ほど売却している。他には宅地・貸家の売却も 2，3 例ある。しかし一般的には中小地主では，土地以外に売却するものもなく，それだけますます地主的性格を失っていくことになるのである。田尻では，No.1 と No.34 が立木，No.7 が倉庫・作業舎を売却しているだけであり，南郷より少ない。

一般的にいえば，保有地の解体傾向にもかかわらず，地主の生活水準はかならずしも低くはない。生活費のためという理由はあるが，水準も高くまた余裕もあるのである。生活が極端に苦しいのは，南郷の No.26，No.47 のような母子世帯にかぎられている。保有地解体は，こうした生活苦のためというよりは，一般的にはもっと積極的な資金活用という性格の方が強いようで，地主経済転換の指標ともいえるのである。

以上，改革後の地主経済の諸指標をとって，地主の土地所有者性格の稀薄化，脱農傾向，さらに南郷での離村傾向を示したが，このように実体として崩壊してきた地主の，改革後における社会的地位を，最後に検討しよう。

Ⅳ　改革後における旧地主の社会的地位

1　町政における旧地主の地位

改革前の両町では，行政・経済ともに地主によって支配されていたが，改革後にはその様相は著しく変化した。

まず，町政における状態から検討しよう。

町長の職は，昭和 22 年から公選となったが，田尻では，この第 1 回公選に，No.12 の出身で大正末期より社会運動を行ない，昭和 2 年社会民衆党遠田支部を設立し，産業組合運動なども行なっていたM氏が当選した。M氏は No.12 の地主ともいえるが，昭和 20 年ごろまでには没落しており，彼の個人的経歴からみても地主とはいいがたい。むしろ，社会民衆党の活動家としての評価が，戦後の民主化の気運に乗ったものといえる。しかし，M氏は 25 年に引退し，代って小地主出身のＥ氏が町長となる。Ｅ氏は，あとの付表に現われない小地主であるが，改革時の解放面積 3 町歩といわれている。Ｅ氏も任期中途で退き，27 年からは，No.2 地主の長男Ｓ氏が町長となり，合併後 41 年まで勤める。Ｓ氏は，東大農学部出身で，藩政期からの旧家・大地主という家柄に加えて，知識・経験の点で高く評価されている人である。町長になってから保守政界に身をおき，新農村建設事業や農業構造改善事業などを積極的に進めるとともに，これらの農政の推進者として東北地方協議会々長などの要職につき，新しい農政のトップに立ち，田尻町の名を全国的にも有名にしていったという実績を作っている。町政のリーダーとして，田尻町の動きは町長個人の手腕によるところが大きく，地主的というよりは，国の新農政をいちはやく実践していく改革者的性格がきわめて強く現われているのである。

これに対して南郷では，22年にやはり東大出身（法学部）のNo.8地主M氏が村長（当時）となる。M氏は公職追放を受けない大地主，しかも知識階級として，民主化の時期に登場したもので，ここでは地主性がまだ強い。第2回公選の26年には，No.51地主のU氏が町長となる。U氏は保守党出身で，小地主ではあるが，南郷町政の中心人物で，保守派のチャンピオン的存在となっていた。30年からは様相が一変し，社会党員で農協組合長をやっていた大地主No.11 K氏がU氏を破って当選する。これ以降，南郷町長は社会党が占めるが，34年に町長となるU氏もNo.6の大地主であった。このように，南郷では革新色が強く，主要ポストをほとんど社会党系が占めるが，しかし町長は大地主U氏が続けるのである。大地主とはいいながら，U氏は戦前から小自作層と手をとって産業組合運動を行ない，戦後は直ちに日農系の農民組合長に選ばれていた。この間，終戦時にも村長をつとめていたが，公職追放となっていたものである。U氏のこの二度の町長就任は，しかし，まったく基盤が異なっている。最初はむしろ大地主としての登場であり，あとではむしろ革新派としての登場である。しかし，革新派でありながら，町長となるには家柄が有利に作用もしているのである。ここにも南郷の特色がある。U氏が町長となってからは，町政のスタッフは大幅に若返る。30才なかばの青年が町会議長に就任し，農協も前町長K組合長の下に，専務理事は30才台になる。これらの人は，改革前の小作・自小作農である。助役も小自作出身で産業組合運動の先頭に立っていたO氏がつとめている。

町長をともに大地主出身者が占めながら，町政の様相はきわめて異なるのである。

表26　町会議員中の旧地主数

町名	区　分	昭21	23	27	31	34	38
		人					
南郷	議員数	18	26	22	23	23	22
	うち地主	11	6	4	1	3	1
田尻	議員数	18	22	22	9	10	10
	うち地主	11	6	3	1	0	0

つぎに，町会議員についてみよう。改革前5町歩以上地主の占める割合をみるために，表26を示す。議員中の地主出身者の数は，田尻よりも南郷の方が多い。改革後減少しているが，31年の1人は50町歩以上の大地主であり，34年には5～10町歩層が2名加わり，38年には5～10町歩層のもの1名になる

のである。これに対して，田尻では，地主出身は一挙に減少する。34 年以降は 1 人もいないのである。この点も，町長に対する絶対的ともいえる支持と無縁ではないであろう。南郷町議会では内部に地主を残しながらも，議長選出にみられるような革新性を示すのであって，両町とも地主の影響力はほとんどまったくないといってよい。

2　農業団体における旧地主の地位

つぎに町内における重要な農業団体のなかでの地主の地位をみることにする。表 27 に主要な団体の状況を示した。

表 27　主要農業団体役員中の旧地主数

町名	団体名	区分	昭24	26	28	30	32	34	36	38
			人							
田尻	農業委員会	役員数	10	15	12	12	8	8	8	8
		地主数	2	2	0	0	0	0	0	0
	田尻農協	役員数	23	23	23	23	13	13	13	12
		地主数	0	0	0	0	0	0	0	0
	田尻中央農協	役員数	20	12	12	12	12	12	12	12
		地主数	3	2	1	1	1	1	1	1
	農業共済組合	役員数	12	15	14	14	5	5	5	5
		地主数	1	1	0	1	0	0	0	0
	土地改良区	役員数	12	13	6	6	5	5	5	5
		地主数	3	3	2	2	1	0	0	1
	計	役員数	77	78	67	67	43	43	43	42
		地主数	9	8	3	4	2	1	1	2
		地主実数	7	7	3	4	2	1	1	2
南郷	農業委員会	役員数	27	39	39	39	39	39	39	39
		地主数	4	2	2	2	2	2	2	1
	南郷農協	役員数	15	15	15	14	14	14	14	14
		地主数	3	1	1	2	2	2	2	2
	一市三郡水利組合	役員数	3	3	3	1	1	1	1	1
		地主数	2	2	2	1	1	1	1	1
	土地改良区	役員数	15	14	14	13	13	13	13	11
		地主数	4	5	5	5	3	4	4	4
	農業共済組合	役員数	9	9	9	9	9	9	9	9
		地主数	1	1	1	1	1	1	1	1
	計	役員数	69	80	80	76	76	76	76	74
		地主数	14	11	11	11	9	10	10	9
		地主実数	10	8	8	7	6	8	8	7

農地委員会から農業委員会と連続してみているが，ここでは田尻で28年にゼロとなっているが，南郷では現在まで地主が残っている。2名になってからの1名は大地主である。しかし，36年からは交替して2名とも小地主出身者となっている。こうした動きは，南郷での改革時の対立が残っているものとみてよい。地主らしい代表といえる人たちである。

農協は，田尻に2つあるが，1つはもともと農民系で，1つは地主，商人系といわれているように，中央農協では地主が残っている。田尻農協には始めから入っていない。南郷では，前述のように社会党系の大地主などがあり，2名となってからもともに革新系の人たちで，地主的性格ではない。南郷農委よりはるかに革新性が強いのである。

水利関係・土地改良区は，もっとも地主的性格を残存させている。これは戦前に組合員の資格が土地所有者で耕作者でなかったため，地主の主導下にあり，実務的にも運営方針も地主出身者の方が詳しいのである。とくに一市三郡の組合には，大地主No.4が出ている。これは中途からNo.51に代っている。地主が比較的はやく後退している田尻でも，土地改良区だけは地主が残るのであり，もっとも保守性が強いといえそうである。事業内容も官庁との接触が多く，中央へつながりやすいポストでもある。

共済組合は，戦後の組織でもあり，地主性はない。南郷・田尻ともに自作地主であり，むしろ富農的なものが入っている。南郷ではこの自作地主が組合長である。

以上を通じて，町議も含めて2つ以上の役職をもって活躍しているのは，田尻では，初期にNo.1，No.2，No.4，No.5であり，昭和30年ごろまでは，No.15，No.31であった。30年以降には，町議との兼職さえもなくなっている。これに対し南郷では，No.7（26年まで），No.4（30年まで4つ），No.14（32年まで），No.51，No.58はのちにいたるまで2つのポストをもっている。以上の傾向からわかるように，大地主層は比較的はやく団体から手をひいており，かえって自作地の多い富農的小地主があとまで役職にあるといえよう。南郷のNo.51はこの点で異なるが，全般的にはそうした傾向がある。つまり，農民層の代表者は，稲作上層農家の性格をもつもので，新たな商品生産者としての経済力による再編が進行しているといえよう。地主としての性格は，水利組合関係を除けばほとんど消滅しているのであり，きわめて不徹底な改革を行なった田尻の方が，急速に後退していることは注目される。

つまり，改革自体が民主的に進められたかどうかとは別に，その後の経済の展開は，地主をしていちはやく転換させていったのである。しかも，その転換は，改革が民主的でなかった田尻の方で，より容易に，有利に行ない得たということができる。これはⅢでの考察から首肯されよう。地主の支配力は，町政，農政の面からは姿を消しつつあるのである。

3　旧地主の意識と社会的地位

このように町政の中心から退いてきた旧地主層は，自分たちの地位をどう考えているであろうか。この点は，改革の評価ともつながる点があるので，その点をさきにみよう。

調査した田尻の地主層では，改革を当然だとする意見はみられない。消極的賛成としては，No.2，No.17，No.29，No.34 がある。このうち，No.2 は町長，No.29 は農委事務局長であり，現在の自分の立場もふまえた意識であろう。概して現在からふり返ってみての発言である。No.17 は米穀商であり，現在「農地被買収者連盟」の田尻分会長でもある。また，No.34 は現在 4 町 6 反を経営する富農であり，地主的意識とは異なっている。これらを除けば，改革には不満をもっており，「占領政策なので止むを得ないだろうが」という意識もかなり強い。共通しているのは「改革は拒否できないが，やり方には疑問がある」として，地主補償の意識と強く結びついているのが特徴である。改革の方法として問題となるのは，買収価格であって，No.1 が適当だったといい切っている以外，他はほとんどの地主が安すぎたと感じており，これが地主補償の根拠となっている。また，これに関連して地主の生活を考えてほしいといって，土地所有権の問題よりも買収価格など資金面を意識しているところは，商人の町らしい感を受ける。小地主（現在上層農）もそう考えている。農地委の性格に関して，地主委員であったものは問題ないといっているのに，他の大地主では小作委員の意見とくにM氏の意見が強すぎたという意識があるのは当然であろう。小地主（自作農的）では，「田尻では地主の勢力が強く結果的にはスムーズにいった」，「事務局の力が強かった」という意見もある。

全体として，改革には不満だが，これを止むを得ないとして受取り，補償に結集しようという傾向が窺われ，地主転進の方向と一致しているのである。また，政治的支配層としては現町長の体制を支持し，それにまかせておいて，自らは営業面で経済的な実力を高めようとしているといえる。

同様な点を南郷でみると，改革を当然としている意見が，No.5，No.6の大地主から出ている。前者は地主収益の低下から，はやく転進（製材業）をはかった地主で，見切りをつけていたという感じである。No.6は現町長で，改革にもきわめて協力的であり，自らの思想を身をもって示したといえよう。消極的賛成は，中小地主クラスに多く，No.46は「地主―小作関係はいい制度ではない」といっている。他はやはり不満が多い。しかし，大地主にあってはこの不満は買収価格ではない。No.2，No.5，No.6，No.9では「買収価格はまず妥当」という。「やすいようにみえるのはインフレの進行のせいである」と答えている。これは，この地帯での土地利廻り６～７％を考慮すると，国債の利子率3.7％で資本還元しているので，この計算のできた大地主では妥当と考えたのであろう。しかし，中小地主では，田尻ほどの安定的兼業が少なく生活の不安があるせいか，価格には不満が強い。しかし，農地補償の問題になると，非常に悲観的な見通しであって，生活が苦しいはずの中小地主ほど消極的である。

補償運動を続けていた（調査時点で）「農地被買収者連盟」をみると，田尻では分会長が前述のNo.17，副会長はNo.7である。なお田尻は３町村合併後の組織であるが旧田尻町の地主が中心なのである。さらにNo.29も農委事務局長であるが，実務的には積極的に加わっている。会員は旧田尻で122名，財政的にも未納はあるが（中小地主に多い），はっきり確立している。運動は役員中心にかなり活発といえよう。南郷の分会長はNo.7，これをNo.4やNo.5がバックアップしており，各部落に２～３名の世話役をおいているが，会員数も確定されず，会費徴収も整備されていない。役員が必要に応じて立替えるということが多くなっている。地主層も完全に分裂しており，まったく関心を示さないものがある。それは，連盟が，田尻・南郷ともに自民党代議士の後援会と二枚看板になっているため，南郷では社会党系地主がほとんど協力しないのである。会員ではあっても運動にはまったく加わらない。また，中小地主は会費未納も多くきわめて消極的である。この点，田尻の方が消極的な中小地主があるとはいえ，全体としてはまとまっている。これは，町全体の政治的な方向とも関係することであって，田尻では自民党系（のちに自民党から衆議院に立候補する）町長の下での町の体制がそうさせているのであろう。

以上のような形で，地主としてのまとまりが辛じて存続する田尻と，それも不充分な南郷の差違はあるが，ともに町の社会的中心にはもはや立ち得ない状況が窺われる。しかしながら，表面的な活動としては立ち現われなくとも，これら地主が社会的地位を失ったとはいい切れない。地主が民主的農民組織の前に顕著に後退している南郷でも，No.1 地主が藍綬褒賞を，No.51 地主が黄綬褒賞を受けている事実が注目されよう。そうした受賞が行なわれる程度には，地主の役割がまだ意識されており，社会的地位もあるのである。こうした地位は，もはや町政を動かす力とはなり得ないが，保守的基盤としては残っている。

それにもかかわらず，南郷では改革時の地主の代替りを機に「あと 10 年で地主は姿を消すだろう」といわれている。離村傾向をみるまでもなく，商品生産者の力として再編されてきた町の体制が，そうさせていくのである。

そうして問題は，これら商品生産者としての農民が，どういう組織に結集していくかが，町政の基本的方向を決定するという点である。自民党農政の実践的チャンピオンとしての田尻でも，基盤はこうした稲作農民であり，独自の農村確立をめざす南郷（南郷は構造改善事業の指定を拒否してきた）でも基盤は中堅農民層であった。現状の，小農民経営の農家経済解体過程のなかで，農村体制がどう変るかは，もはや旧地主的なものの力ではなく，直接生産者としての農民の運動にかかっているといえるであろう。

（1） この点に関しては，すでに村研大会でも発言しているが，最近，別に発表した拙稿「農家経済解体と家族農業労働力」（東北大学『研究年報経済学』第 23 巻第 3・4 号，1967 年 3 月）を参照して頂きたい。なお，『村落社会研究』第 1 集（塙書房，1965 年）283-9 頁の拙稿にも，村研大会の問題と関連させて述べている。

（2） なお，周知のように，この両町に関する研究報告は，われわれ自身のものを含めて，かなり多数にのぼっている。そのうち，南郷町に関しては，本章の主題に直接関連しているものとして，須永重光編『近代日本の地主と農民』（御茶の水書房，1966 年）がある。これは，われわれが，「東北大学農学研究所彙報」に発表した報告を基に，統一的に総括したものである。また，本報告に含まれる南郷に関する資料は，大部分，すでに発表した「農地改革によって生じた農村の社会的経済的変化とその現状に関する調査研究――東日本における典型農村の階層別類型農家の実態分析による――」（日本産業構造研究所，1964年）の第二部宮城県遠田郡南郷町によっている。この報告の執筆は，吉田寛一・東海林仲之助・安孫子麟である。

田尻町に関しては，戦後の「村づくり」に関する研究は多いが，農地改革乃至地主制に関したものはない。田尻町の戦後のありかたを示すものの1つとして，馬場昭「宮城県田尻町における新農村建設事業の展開」（庄司吉之助編『戦後農業資本形成に関する研究』所収，1962年）を挙げておく。これは，私も参加した調査である。

本章にふれていない点は，これらを参照して頂きたい。

（3）須永重光編，前掲書第4章第3，4節参照。

（4）吉田・東海林・安孫子，前掲論文22-25頁。なお，須永重光編，前掲書461-465頁にも同様の表を掲げてある。

（5）この点は，須永重光編，前掲書第4章第2節に，佐藤正の詳細な分析がある。

（6）安孫子麟「水稲単作地帯における地主制の矛盾と中小地主の動向」（『東北大農研彙報』第9巻第4号）参照。（第1巻第5章）

（7）須永重光編，前掲書，468-474頁。

（8）念のために記さば，17年は地主価格44円，生産者価格49円，18年・19年は47円，62円50銭，20年4月55円，92円50銭（11月には150円）となっていく。

付表A　田尻町の5町歩以上所有者

昭和3年階層	地主番号	居住部落	昭和3年		昭和20年	改革過程での解放地			事前売却
			職　業	所有面積	村内所有	被買収	物　納	計	(売逃げ)
				町	町	町	町	町	%
100町以上	No.1	仲　町		234.4	35.9	13.8	11.4	25.2	9.0
	2	大　嶺		166.0	120.9	15.2	10.1	25.4	93.8
	3	荒　町	醤油醸造	117.1	36.5	13.3	3.1	16.4	18.2
	4	通　木		113.4	20.9	16.3	0.6	17.0	2.5
	5	元　町	呉服商	104.1	47.2	14.3	5.1	19.5	25.3
	6	新　町		102.0	22.4	2.1	16.7	18.7	0.9
50〜100町	7	荒　町	呉服商	93.9	26.0	5.1	2.0	7.1	15.9
	8	仲　町		58.4	26.5	3.7	5.0	8.7	16.2
	9	八　幡		56.8	25.6	3.9	—	3.9	18.1
20〜50町	10	北小松		48.1	11.1	6.2	—	6.2	2.8
	11	荒　町	米穀商	33.1	11.1	1.3	7.7	9.1	0
	12	仲　町	蚕種商	23.5	0.2	—	—	—	—
	13	南小松		22.4	13.2	11.1	—	11.1	0
	14	通　木	医　師	20.8	0	—	—	—	—
10〜20町	15	中ノ目		18.4	11.8	5.0	0.2	5.2	2.8
	16	南小松		17.0	11.6	4.5	3.9	8.4	0
	17	田　町	米穀商	15.4	6.1	2.1	1.7	3.8	0.4
	18	北小松		14.9	4.1	0.7	0.9	1.6	0.5
	19	荒　町	呉服商	14.0	2.3	0.3	—	0.3	0
	20	大　嶺		12.8	5.3	2.0	—	2.0	0.2
	21	中ノ目	町　長	12.1	11.6	6.0	—	6.0	2.5
	22	荒　町	米穀商	11.8	5.1	3.2	—	3.2	0
	23	北小松		11.3	5.6	1.9	0.9	2.8	0.5
	24	通　木		11.0	0	—	—	—	—
	25	横　町		10.7	5.2	2.3	—	2.3	0
	26	〃		10.6	10.2	8.6	—	8.6	0.7
	27	通　木		10.3	8.2	5.1	0.5	5.6	0
	28	(仙台)	医　師	10.3	0	—	—	—	—
6〜10町	29	新　町		9.2	1.2	—	—	—	—
	30	大　嶺		9.2	8.3	3.5	—	3.5	0
	31	南小松		9.1	7.8	2.6	0.4	3.0	0
	32	諏訪峠		8.8	8.0	2.3	—	2.3	1.5
	33	沼　木		8.3	4.8	0.4	—	0.4	0.4
	34	諏訪峠		7.8	5.6	2.3	0.4	2.7	0
	35	〃		7.6	7.4	3.8	0.4	4.2	0
	36	南小松		7.4	4.6	—	—	—	—
	37	荒　町	郵便局長	7.0	0	—	—	—	—
	38	牧ノ目		6.7	5.2	0.6	—	0.6	0
5〜6町	39	南小松		5.8	2.1	—	—	—	—
	40	大　嶺		5.8	7.4	0.6	—	0.6	2.4
	41	南小松		5.6	6.4	0.8	—	0.8	1.1
	42	〃		5.5	0	—	—	—	—
	43	牧ノ目		5.3	5.6	0.3	—	0.3	0
	44	〃		5.1	2.9	1.2	—	1.2	0
	45	沼　木		5.1	4.1	1.3	—	1.3	0
	46	中ノ目		5.1	6.4	1.1	—	1.1	0.6
5町未満	47	元　町		?	10.9	3.0	—	3.0	6.4
	48	南小松		?	8.8	8.3	—	8.3	0

付表Ｂ　南郷町の５町歩以上所有者

昭和17年階層	地主番号	居住大字名	昭和３年所有面積	昭和17年所有面積			改革による解放面積		
				村内	村外	計	被買収	物納	計
			町	町	町	町	町	町	町
100町以上	No.1	大柳	346.01	112.41	244.20	356.61	275.91	—	275.91
	2	二郷	250.20	163.84	102.92	266.77	85.46	88.86	174.33
	3	練牛	126.70	115.45	103.22	218.67	129.70	4.64	134.35
	4	大柳	132.57	125.07	67.07	192.15	77.01	49.62	126.64
50～100町	5	大柳	58.63	59.60	27.79	89.39	67.47	—	67.47
	6	木間塚	86.81	76.98	3.69	80.67	19.67	41.70	61.37
	7	二郷	56.99	11.07	11.93	63.82	32.38	—	32.38
	8	福ケ袋	54.71	51.71	3.20	54.91	41.94	16.10	58.05
	9	二郷	47.84	46.26	4.45	50.71	7.32	27.05	34.38
30～50町	10	〃	35.53	42.51	0	42.51	13.47	12.75	26.23
	11	〃	42.48	42.09	0	42.09	7.92	25.47	33.50
	12	大柳	未分家	39.95	0.03	39.99	41.33	—	41.33
	13	〃	35.18	20.23	15.12	35.36	12.13	6.16	18.29
	14	二郷	45.14	31.49	1.57	33.07	13.60	12.13	25.73
20～30町	15	福ケ袋	27.14	26.96	0	26.96	3.58	20.04	23.63
	16	二郷	31.36	20.22	3.31	23.53	20.98	—	20.98
	17	大柳	34.30	23.03	0.33	23.37	18.04	1.59	19.64
	18	二郷	23.52	23.05	0	23.05	7.36	11.27	18.64
	19	〃	未分家	14.69	6.33	21.03	14.66	5.05	19.71
10～20町	20	〃	29.78	16.19	0.87	17.07	14.16	—	14.16
	21	〃	29.94	9.20	7.64	16.84	6.47	—	6.47
	22	〃	19.43	16.73	0	16.73	15.06	—	15.06
	23	〃	酒造家	6.88	9.34	16.23	10.18	—	10.18
	24	〃	13.98	13.92	1.44	15.37	10.90	—	10.90
	25	練牛	22.94	14.71	0	14.71	11.48	—	11.48
	26	二郷	未分家	10.57	3.41	13.98	4.10	—	4.10
	27	大柳	15.78	12.14	0.72	12.86	12.11	0.10	12.22
	28	福ケ袋	12.44	12.08	0.20	12.28	11.18	—	11.18
	29	和多田沼	13.21	12.15	0	12.15	9.18	—	9.18
	30	二郷	13.54	9.77	2.06	11.83	5.99	—	5.99
	31	大柳	9.36	9.10	2.55	11.66	8.04	—	8.04
	32	二郷	19.25	11.60	0	11.60	9.76	0.93	10.70
	33	練牛	17.90	9.61	1.95	11.56	8.07		8.07
	34	二郷	12.61	11.07	0	11.07	—		—
	35	練牛	17.33	10.86	0.10	10.96	7.79		7.79
	36	二郷	5.57	5.94	4.65	10.60	8.41		8.41
	37	〃	15.42	10.54	0	10.54	7.79		7.79
	38	練牛	11.82	10.53	0	10.53	6.86		6.86

付表B　南郷町の5町歩以上所有者（つづき）

昭和17年階層	地主番号	居住大字名	昭和3年所有面積	昭和17年所有面積			改革による解放面積		
				村内	村外	計	被買収	物納	計
10〜20町			町	町	町	町	町		町
	No.39	二郷	11.43	10.35	0	10.35	7.40		7.40
	40	〃	7.80	10.33	0	10.33	5.00		5.00
6〜10町	41	練牛	9.73	8.82	0.73	9.56	6.82		6.82
	42	福ヶ袋	10.09	9.32	0	9.32	6.71		6.71
	43	二郷	7.49	8.87	0	8.87	5.00		5.00
	44	〃	酒造家	1.83	6.37	8.21	3.19		3.19
	45	〃	12.76	7.04	0.19	7.24	2.22		2.22
	46	本間塚	7.71	6.97	0	6.97	2.87		2.87
	47	〃	5.24	6.81	0	6.81	2.17		2.17
	48	福ヶ袋	8.23	6.71	0	6.71	2.72		2.72
	49	大柳	5.69	6.35	0.26	6.61	4.99		4.99
	50	二郷	5.73	6.02	0.48	6.51	2.08		2.08
	51	本間塚	6.70	5.99	0.21	6.20	3.35		3.35
	52	〃	村外居住	6.19	0	6.19	5.68		5.68
	53	練牛	6.55	6.15	0	6.15	3.82		3.82
	54	二郷	8.11	5.84	0.30	6.15	2.49		2.49
5〜6町	55	和多田沼	17.55	4.52	1.25	5.77	—		—
	56	二郷	5.64	5.73	0	5.73	—		—
	57	大柳	5.42	5.68	0	5.68	0.52		0.52
	58	和多田沼	3.18	5.68	0	5.68	2.16		2.16
	59	二郷	9.41	5.57	0	5.57	3.79		3.79
	60	練牛	5.62	5.42	0	5.42	0		0
	61	福ヶ袋	6.25	5.38	0	5.38	3.13		3.13
	62	練牛	4.96	5.20	0	5.20	0		0
	63	大柳	未分家	0	5.06	5.06	4.30		4.30
5町未満に没落したもの	64	福ヶ袋	16.16	1.21	0	1.21			
	65	練牛	15.19	1.10	0	1.10			
	66	二郷	13.27	0	0	0			
	67	〃	7.56	4.24	0	4.24			
	68	〃	7.04	0.13	0	0.13			
	69	〃	6.90	4.22	0	4.22			
	70	〃	6.81	3.68	0	3.68			
	71	〃	6.50	0	0	0			
	72	〃	6.37	4.37	0.33	4.70			
	73	〃	6.23	1.11	0	1.11			
	74	〃	5.22	0	0	0			
	75	〃	5.01	3.92	0	3.93			

〔補論3〕 農地改革と部落
――部落の土地管理機能を中心に――

1 前提――昭和戦前期の部落

本論では，農地改革の過程，総じて日本地主制下に進行する土地所有変革の過程において，部落機能がどのような役割を果たしたかを，主に部落の土地への関与の仕方を中心に考察する。その前提として，この期の部落の本質をどう考えるかをまず確定しておきたい。それは，部落という語が実に多様な意味を持って使用されており，そこに理解の混乱が生じているからである。

部落という語は，公的には，郡区町村編成法の施行に際し，政府が地方官会議で行った説明のなかに見出されるのが初見であろう。しかし，現在のように町村の一部集落の意味で使用されるようになったのは，町村制の施行後のことである。つまり，町村制による新町村は，地方制度上の自治権を有する法人とはなっても，実体からいえば，小生産者が作る家連合的村落社会としての機能を果たし得るものではなかったのである。

そのため，村落社会としての機能を遂行する単位が別に存在することになった。それは旧村であったり，あるいは大字であったり，あるいはその他の範囲を有する集落であったり，実態は多様であるが，それが農民組織としての部落と観念されてきたのであった。研究史上も，部落は単なる景観的な集落ではなく，農民組織として一定の独自機能を持つものとして把握されてきた。

しかし，すでに自治法人としての町村が制定されている以上，部落が村落共同体的な完結した諸機能を有することはなかった。その意味で，部落＝共同体説は誤りであって[(1)]，部落は，村落の近代的機能分化に基づく一局面を示すものといわねばならない。

この点については，私は前に「近代村落の三局面分化構造」として，「行政区」的側面，「部落」的側面，「講」的側面の三局面を指摘した[(2)]。部落は，この三局面の1つをなすものといえる。したがって，部落はすぐれて明治期的な所産であり，それはその後の資本制・地主制の展開とともに変化していった。明治末年の部落有財産統一事業や一村一社への神社統合策は，上からの部落変質の過程であった。

この明治期的な村落三局面分化構造は，その関連性を変質させつつ，昭和戦前期には三局面分離＝解体へと進んだと考えられる。その契機としては，第1に，地主制支配の強大化による部落間対立の超克と村行政的統合の強化，第2に，地主と対抗する生産者農民の運動による新たな組織の形成，第3に，昭和農業恐慌後急速にファシズム化する国家主義的な村落再編＝支配，の3点が挙げられよう[(3)]。その詳細を論ずるのは本論の課題ではないので，結論的にいえば，この結果三局面の村落社会的関連は解体し，なかでも「行政区」的機能が著しく強化され，これが後に皇国農村体制下の「部落常会」機能へと展開していったのである。しかし，そのことによって，本来の「部落」的な独自機能や「講」的機能が，完全に消滅したわけではない。それらは，「行政区」的機能と分離され，著しく遊離した形で，弱化しながらもなお機能していたのである。そして，上述の解体契機の第2の点として挙げた面から生じた，農民組合や産業組合も，多くの町村においては，村落の新たな機構として機能した期間は短く，国家主義的再編の強行の下で，村統合の大枠の中に吸収されていった[(4)]。すなわち，農民組合・産業組合といった本来新たな独自機能を持つべき機構も，旧来の「部落」的独自機能と接近し一体化して発展することはなかったのである。

しかし，国家主義的な村統合＝再編がいかに強力になされようとも，小生産者が形成する村落的社会の持つ性格を，完全に消去することは不可能である。それは，小経営の持つ生産力が，依然として土地（耕地）に起因する原生的生産力構造に規定される面が強いために発生する性格といえよう。その消去が可能なのは，小生産者経営の資本主義的解体の過程においてであろう。しかし，戦時下の村統合は，むしろ崩壊しがちな小経営を，かえって「家」＝小生産者家族の理念で強化しようとしていた。それゆえ，形態には「部落」の独自機能は否定されていながら，実体においてはなお存続し得る余地があったのである。それはもはやかつてのような制度的・規約的な機能ではない。本質的な家関係，農耕生産過程に沈潜した機能であった。明治期に，たとえば部落有財産を物的基盤とし，部落規約によって秩序を定め，労働慣行・林野利用・水利慣行等々の面での機能を発揮していた部落は，昭和戦前期から戦時期にかけて，形態的には姿を消していたのである。「部落常会」の形で組織されたものは，「部落」結合的な意識のみは継承していたものの，本来の「部落」機能を持つものではなくなっていた。

戦後の村落が持つ基本的局面は，戦前の「行政区」,「部落」,「講」という形態に対して，内実としての「民主主義」,「自作地主義」,「協同組合主義」を持つべきことになった。行政機能や村落機能は，その内実に対応する形態を持つことになる。村落において，その転換の直接的な契機となった最も主要なものが，農地改革だったといえよう。この土地変革の過程において，最も明瞭に姿を見せているのは，上からの行政的な機能＝力，あるいは占領軍政的な力である。そこでは，一見，村落機能的な力，部落機能は現われていない。しかし，上述のように小生産者の社会たる村落の機能は，完全には消え去っていない。そうした機能が，土地変革の過程でどのように作用したのかが問題なのである。

2　土地制度への部落の関わりかた

土地，とくに農耕地に対する村落的社会の関与は，いわゆる部落が今日的に集落と呼び変えられようとも，また家族経営としての小商品生産がかなり高度に発展しようとも，容易に消滅するものではないと考えられる。だからこそ，現在，総合農政的生産力追求の道が壁につき当たり，農政の方向としても，「集落・地域の合意形成」を基礎に，土地利用の新たな集団的対応を打ち出さなければならなくなってきたのである。

こうした農耕地に対する村落的社会の関与は，当然のことであるが，人為的な農耕技術，施肥法や機械化によって変化していく。耕地の持つ制限性（豊度・面積・位置等），したがって土地所有の独占排他的性格に起因する原生的生産力は，科学技術を積極的に適用する生産力の発展によって，次第にその比重を低めてくる[(5)]。しかし，本来的な地力維持といった面では，なお原生的生産力に規定されるものが残っている。それは，土地の保全管理という形態で現象する。

土地管理の，第1次的な本源的な形態は，耕地生態系の維持という点であろう[(6)]。農民は，そのために除草，休耕・施肥，灌漑等を行う。しかし，耕地生態系から取り出したエネルギーの補充は，個別経営の労働による地力維持だけでは完結し得ない。そこに集団，つまり本来の共同体的機能が必要とされた。その集団のルールが共同体を現実的な組織とし，土地に関する規制を生み出した。そのことは，土地は本来ムラの領であるという観念や，西欧の三圃制度としてみられる。その本質は，耕地生態系維持のための土地保全のルールであった。

土地管理の第2次的形態は，支配階級による耕地維持，耕地創出のための農民統制的土地管理である。それが地代の確保，そのための耕作確保の意図から生じていることはいうまでもない。この第2次的土地管理は，部分的に本来の共同体的土地管理の形態を修正・改変するものであった。しかし，封建社会までは，第1次的本源的土地管理形態と基本的に矛盾するものではなかった。そのことはたとえば，慶安の御触書（「諸国郷村江被仰出」）の肥料に関する項（10，13項），土地と作物に関する項（20，21項）をみてもわかることである。問題は，本論が対象とする地主制下の土地管理形態，より一般化していえば資本主義下の土地管理形態である。

資本主義の下では，一方で農業生産力の社会的発展・上昇があり，前述のように原生的生産力の持つ比重は低下してきており，このため，村落の関与しなければならない必然性は弱まってきている。他方で地代収取原則は，たとえそれが地主的土地所有による地代であったとしても，次第に利子追求，価値法則的原理によって侵犯されてくるものである。そうした資本主義的原則が強まった現象としては，第1に所有権の圧倒的優位という点が挙げられよう。地主の所有権の優位は，土地はムラの領という実体を否定し，地主的土地所有は部落領域を越え，行政町村域を越えて拡大していった。そこでの土地保全は，村落的機能としての土地保全規制を離れて，地主的支配関係の規制，たとえば小作契約書のなかの条項として規定されるに至る。これは近世大名が，ともかくも藩政村を単位として土地保全を図っていたのとは，大いに異なった形態であった。

以上の2点，すなわち農業生産力の科学的発展と地代収取原則の資本主義的変化は，地主制下の土地管理のより新しい形態を生み出したのである。

しかし，その変化は，明治以降に一挙に進行したものではない。私が30年ほど前に指摘したように[(7)]，藩政期から明治中期までの地主制下にあっては，土地は農民経営の総体から切り離された一片のものとしては価値形態をとり得ない。それゆえ，小作料は，当該耕地の生産量に依拠するよりも，農民経営総体としての支払い能力に課せられるという性格を持っていたのである。この点は，最近大場正巳氏によって，より実証的，より理論的に明らかにされている[(8)]。大場氏は，地主本間家の分析を通じて，初期の土地集積は，経営総体的な生産力の集積であったとされている。しかもその生産力の認定は，村落として，時には他の村落から評価される形で行われているのである。こうした地主の土地支配の本質は，一面での利子取得原理に立脚する地代収取と，他面での村落機能的原生的生産力構造との統一的表現といえよう。

こうした地主の土地支配は，部落有財産統一や耕地整理事業の進展に代表されるように，村落の土地管理と妥協しつつ，次第に商品としての土地という性格を強めていったのである。

その顕著な現われは，農民経済に対して村落が保証していた耕作する権利の弱化，そしてそれに代わる小作権の主張の登場であろう。土地はムラの領であるということは，必然的にその土地を耕作する権利は，ムラが認めた者にのみ与えられるということである。本来のこの耕作する権利は，耕作期間中だけ存在するもので，その年の耕作が終了すれば消滅するものともいわれている。三圃制の割替はその典型であろう。したがって耕作の権は，本来その村落の成員権を持つ者にだけ保証されていたといえる。しかし，地主制下の土地制度においては，所有権の近代的性格が強化され，村落が保証する耕作の権はそれに対抗できる法的根拠をもっていない。こうして，地主の土地取り上げ，小作人の変更が，地主の意志によって可能な状況が生じてきたのである。それゆえ，耕作者はこうした地主の土地所有権に対抗して，小作権の法認を要求し，それが実現できないならば，永小作権を設定して法的対抗力を獲得しようとした[(9)]。永小作権の設定は，いうまでもなく貨幣による物権の獲得であって，村落が保証していた本来の耕作の権利とは全く異質であった。

この小作権の要求は，一般に農民組合の運動として行われるが，この組合組織は村落，現実の部落の組織とは異質なものである。しばしば，農民組合は部落を単位として結成されるが，それは明治末の小作人同盟会[(10)]の段階では部落機構にねざすものといえようが，昭和戦前期の組合にあっては，部落は本質的基盤ではない。むしろ，生産・生活上共通点の多い近隣関係という要素が強い。このように，小作権要求の基盤は，もはや村落機能にではなく階級的利害に移行していったのである。これに対して永小作権の法的設定は，個別農家の貨幣投下による土地使用権の獲得である。そこには私的対等な契約関係の生成がみられる。それゆえに永小作権は法的に登記できたのである。こうして，永小作権関係もまた村落による土地管理の外の関係となった。

昭和戦前期の状況は，ほぼ上のように理解できよう。こうした土地をめぐる関係の変化と，部落的独自機能の弱化，形態的変質は対応するものといえよう。しかし，この期にあっても，小作権の法認，すなわち小作法の制定は最終的にも流産させられている。そこに，土地が完全に商品になりきれない土地所有の前近代的関係が残っていた。そのことと，他面での村落の土地管理機能が弱まりながらも残っていたということは，共通の基盤を持つといえないであろうか。

それはつぎのような事態のなかに窺われる[11]。すなわち，地主の土地取り上げに対抗する農民組合の戦術として，しばしば農民組合員による共同田植えが行われているということである。争議係争中の田であっても田植えが適期に行われていれば，裁判所もこの田への立入禁止の仮処分を執行することはなかったのである。このことは，現実の耕作労働の投下が耕作の権の認定となったもので，田植えされた土地の耕作権は，村人によって暗黙のうちに，しかし厳然として承認されていたのである。つまり，村落が認め保証していた耕作者による土地の使用は，共同耕作の開始とともに権利として確立したものである。しかし，一旦秋に刈り取れば所有権に基づく立入禁止が発効した。このような裁判所による慣行的耕作権の保護は，小作権の保護とは全く異質である。その背景には，古代以来の村落による土地管理慣行[12]があったのである。

3　土地所有変革への動きと部落

農地改革の主要な内容は，周知のように，地主保有地の上限設定による自作地の創設（国家による買収・売渡），小作権の確立と擁護（小作料の低率金納化・移動制限を含む），農地委員会方式による業務の執行の3点にあった。しかしこうした土地所有変革の方向は，敗戦後の農地改革構想以前に，すでに戦時体制下で志向されていたものであった。とくに自作地創設の奨励は，自作農創設というスローガンの下に，1926年から開始されていた。自作地の創設だけがかけ離れて早く実施されていたのは，一方で小作争議＝小作権要求を押さえ込み，他方で地主経済の安定的転進を保証するものであったためである。その限りでは地主制下の土地所有，土地管理の本質を変えるものではなかった。この政策が，適正規模農家の育成政策と合体していったとき，はじめて土地所有変革の動きとして位置づけられることになる[13]。

このような自作地創設政策の変化は，単独で推進されたのではない。小作立法に代わる農地立法として制定された農地調整法（1938年），小作料統制令（1939年）と適正小作料の実施，臨時農地価格統制令（1941年），臨時農地等管理令（1941年）等と並行して進んだのであり，小農維持・食糧増産のために，地主的土地所有の制限を行うものであった。その立法内容の詳細は省略するが，農地賃借権（小作権）の一定の強化，小作調停の強化，適正小作料率への引き下げ，転用・所有権移動の認可制などによって，土地の管理は，地主や部落の手から，次第に国家・官僚の手に移りはじめたのである。とくに，この国家的統制の末端機関として市町村農地委員会が設置されたことは，その設置が強制されたものでなく，また権限が調査・斡旋・意見具申等に止まっていたとはいえ，新しい土地管理機関として注目しなければならない。

これによって，すでに形態的には著しく行政区的側面に偏り，内容的にも近代法的契約関係に圧迫されていた，部落の土地管理機能は，また一段と弱まっていった。その行政区もまた，ますます上意下達の機関と化し，区長・区長代理となる者の階層も，かつての中小地主・自作上層農から，中層農・自小作上層農へと下がってきた。いまや行政区すら地主の村落支配の足場たり得ないほど，国家＝町村の力が強くなっていたのである。

こうした傾向は，1940 年の村常会設置の指令によって，一挙に進展した。町村により遅速の差はあるが[(14)]，区長制は廃止され，旧来の部落も否定され，行政区の一部編成替えも伴いつつ，区域内全住民による部落常会が組織された。本来の部落機構は，全住民で構成されることはなく（行政区は全住民），一定の資格によって成員としての権利を認めていた組織であった。したがって，ここで上から作られた部落常会は，名称は部落とあっても，全く異質な，むしろ形からいえば行政区に近いものであった。行政区と決定的に異なる点は，行政区が自治的機能をほとんど持たない行政下部機構であるのに対して，部落常会は，たとえば「民心ヲ統制シ本村更生ノ目的ヲ達成」するものとか，「日本精神ノ顕現ヲ基調トシテ，部落民相携ヘテ経済力増強ヲ図リ，郷土ノ自治ヲ刷新強化[(15)]」するものといわれるように，そこに自治執行の機能が付与されていたことである。この点では，かつての行政区と独自機能を持つ部落との二局面を合体したような組織であった。しかしその機能は，一方では本来の部落に根ざすものとはいえ，他方，より直接的には国家施策滲透のための部落利用政策に基づくものであった。1943 年には，これは部落会としてさらに強化された。

部落会は，土地管理の面でいえば，国の農地統制，町村農地委員会の方針を忠実に実現するための強制力を備える組織であった。ただその強制力は，村落構造（部落規約に象徴される）に根ざすものでなく，戦争遂行の愛国心を規範として持つものであった。こうした面が端的に現われたのは，応召農家の農地の耕作援助，あるいは耕作受託，小作引き受けなどの点である。そこには当然，地力維持（施肥），水利施設の保守，適正経営規模の維持等の面が含まれていた。具体的事例でいえば，宮城県南郷村[(16)]では，増産のための暗渠排水事業が進められたとき（1943～44 年），その主体となったのは部落会とその下部組織である農家実行組合の機構であった。さらに，暗渠による乾土効果を有効にするための施肥技術（分施施肥法）の普及・徹底にも，部落会が利用されている。さらに応召農家への耕作援助は，農家実行組合ごとに割当てが定められている。土地管理の形態面でいえば以上のようなことであるが，そのことがひいては，部落の領としての土地の保全と耕作の権の維持につながっていたのである。それゆえにこそ，これらの事業が，困難ななかでも部落会に受け入れられたという点を見落してはならない。単に上からの強制だけではなかったのである。

こうした戦時下の土地所有関係の変化，土地管理機構の変化のなかで，さらに注目すべきことは，政府による交換分合の奨励である。これは，地主にとっては，小作人の変更を意味したし，また土地条件の変化をももたらすものであった。もう1つの点は，供出米の二重価格制による小作料率の低下と，事実上の小作料代金納制の実施である。このように，地主的土地所有は，その地代実現過程を制約されることで，存立基盤を失いつつあったのである。さらに実施はされなかったが，1945年6月の「国内戦場化ニ伴フ食糧対策」の一環として，小作料金納制が意図されたことは，官僚ベースによって土地所有の近代化がはかられたものであった。それは，いわば土地所有制に対する価値法則関係の貫徹を意図したものであった。それは部落の土地管理機能を大幅に否定する要素をもっていた。

こうした状況の下で，農地改革は開始されたのであった。

4　農地改革過程における部落の機能

農民組合と部落　　農地改革と部落の関連を考えるとき，通常問題とされるのは，改革の推進乃至それへの抵抗の過程で，部落機構としての農民集団がどのように関わったかという，いわば運動としての側面であろう。たしかに，部落的な農民結合が地主勢力と対抗して，農地解放に一定の成果を挙げた例もないではない。しかし，その場合にも2つの形態が考えられる。1つは，土地解放をめざして地主的土地所有と対決していった農民組合の運動が，ある局面，ある地域で部落単位に結集して強い力を発揮した場合である。もう1つは農民組合的運動としてではなく，本来の部落機能に根ざした土地保全的な運動となっていった場合である。しかしこの後者のタイプの運動は，農地改革の全過程を貫くものではなく，特定問題に関してその力を示したに止まるものである。

ところで，農民組合的運動の組織単位，活動単位としての部落的結集は，本来の部落機構とは組織原則を異にする。農民組合は，本来の部落的機構をつぎのように評価している。「日農の耕作農民が農業生活上の日常利害のために自主的に組合として部落単位に団結して，それが全国単一な集中編成をとっているという（ママ），日農の姿をゆがめくずすようなさまざまなことが全国的に生じている」（日農第二回大会組織問題報告[17]）。さらに，いわゆる全村組合（一村全農家加入組合）について，「組合再建町村において，耕作農民の８～９割，あるいは全村の組合となる傾向がある。この全村組合は発達の道程にあって，戦前のような弾圧の苦しみをなめていない。過去においては，たんに農民組合をつくるというだけでも１つの闘争になったのである。いわゆる全村組合は……社会関係，階級支配に対する理解，覚悟をもつことがない。筋金がはいりにくいのである。それだけに，全村組合が日本農業と農村の将来について正しい方向に進むにはそうとうの教育と訓練を必要とする」（同上報告[18]）。

以上の２つの引用は，土地変革の本流である農民組合の組織原則が，旧来のあるがままの村落的結合といかに異なるものであるかを示している。こうした日農の評価は，運動の経験から獲得される階級闘争についての理解を基準としているが，このことは土地問題についての階級関係的理解の有無の問題であった。個々の耕作農民としては，地主の小作料収取の重圧に苦しみ，そこから小作権確立・小作料近代化，さらには土地所有の獲得という要求をもっていたとしても，それを旧来の部落乃至一村の組織機構が要求集約して運動とすることは，原理的に無理があった。部落とは，土地所有の階級対立の両当事者を含んだまま，その対立関係を隠蔽して土地管理機能を果たしてきたものであった。さらに，部落は，地主支配の拡大とともにそれに利用され，地主―小作協調組織という本質をもたされることもあったものなのである。

さらにもう一歩掘り下げれば，農民組合のめざす土地解放は，直接生産者による生産手段所有という原則であるにせよ，実態としては近代私有財産制に規制される土地の私的所有，乃至は物権としての小作権の確立であった。これに対して，部落の土地への関わりは，土地保全のための共同関係（共同体ではない），その下での耕作の権の保証であった。そこには土地所有関係に対する原理的なちがいがある。それゆえに，部落組合・全村組合の運動が，ともすれば方向がそれて，力にならないことになったのである。

しかし以上のことは，部落が農地改革に関わらなかった，あるいは関わり得なかったことを示すものではない。また逆に，農民組合が部落を全く無視して運動を進めたということでもない。両者の運動・立場の原則的な差違を明らかにしただけである。現に，農民組合には全村組合がかなり多かったし，部落組織的組合（支部）もあった。農民組合は，これを部落組織のままとせず，例えば土地管理組合として結成し，小作権確保・小作料近代化（低率金納）を主要な内容として，小作地保有地主層と小作関係の一切を「団体契約」とする方針などを打ち出した[19]。それは，農民組合的な土地管理原理を基準として部落的結合の強さを利用した運動であった。こうした土地管理組合方式の運動においても，部落全農民の組織でないことは明瞭である。階級的にいえば小作地を耕作する農民の組合であって，これに自作農も加わって，部落単位に，または町村単位に組織したものであった。

部落と農地改革　　ところで，本来の部落的機能は，農地改革に対してどのように関わっていったのか。これを幾つかの点でみよう。

まず形式的な面からみると，部落が農地改革の実施過程に直接関わっていったのは，市町村農地委員の選出の面である。つまり，本来，階級別選挙の建前を持つ農地委員選挙が，町村会議員の選挙と同一視されて，自作・小作の別なく部落推薦の形をとった場合である。農地委員選挙が部落推薦の形をとるかどうかは，通例その町村での過去の農民運動，総じて地主層に対抗する農民の動きがあったかどうかに関わる。それは必ずしも農民組合運動に限られない。産業組合運動においても，単なる経済更生運動の一環としてではなく，地主経済の支配に対抗するものがみられるし，地域（部落）利害の対立の形をとりながら，地主層の村政支配に対抗した例もある[20]。要は，形態はともかく地主的土地所有に対する階級的対抗運動の深化と関係があった。こうした運動の深まった経験を持つ町村では，階層別候補に対する部落推薦はあっても，本質は部落の枠を越えた階級的連帯が意識されるのである。これに対して，そうした運動の蓄積のない町村においては，土地所有変革の地域的（部落的）利害が意識されるのである。それは，構成された農地委員会の運営にも反映される。

宮城県南郷村は[21]，村農委としては異例で，第 1 回以来 20 名の委員を選出しているが，小作層委員 10 名，自作層委員 4 名の大半は，農民組合推薦か産業組合指導層で，部落乃至行政区の役職についたことのない者だけである。それでも小作層委員については，各部落からバランスよく出す配慮がなされている。こうした自小作委員の構成は，南郷村における昭和戦前期の自小作上層農の地主層に対する運動を反映したものであった。これに対する地主層委員は 50 町歩以上所有地主 4 人を含む 6 人であった。この 50 町歩以上地主も村内各区に散らばっており，村政支配者として村長・県議等を経験した者ばかりである。他の小地主委員も水利組合の中心として活躍しており，後に町長となった人であった。このように，小作側・地主側いずれも過去に実績を持つ階層代表で構成されたのである。これは部落推薦的構成とは全く異質であった。

ところで，農地委員会構成に反映された部落的性格の強弱は，実務遂行の上にも現われる。そこでとくに問題となったのは，地主保有地の選定，農用付帯施設の解放，さらに土地の取り上げ・売り逃げに関する提訴の処理であった。

とくに土地の取り上げと売り逃げは，農地委員会の審議の外側で顕著に進行した。土地取り上げは，農林省の推定では，敗戦から1947年5月までの1年9ヵ月で，45万7000件に達した[(22)]。これに対し，農地委員会への提訴，農民組合の対応，裁判による訴訟・調停などで表面化したのは，3万5000件にすぎない。つまり大多数の場合は，地主の要求が通って小作人が承認させられ，表面化しなかったのである。その背景には，地主―小作の人格的従属関係の存在がある。それはまた本来の土地管理機能を失ってきた部落的秩序の状況の反映でもある。

興味深いことは，争議として表面化した場合の，争議方法による土地取り上げ撤回率の差異である。当然であるが，撤回率が最も高いのは，農民組合による解決の場合であって，80％近い撤回率を示している。農地委員会に提訴した場合は，1946年末までは30％弱の撤回率であったが，1947年からは50〜55％台にはね上がる。これに対して，裁判所の判定では当初の46％から，のちに55％に上昇する。これらの数字は，土地変革の基盤がどこにあるかを明瞭に示すものである。農地委員会が提訴された土地取り上げの約半数を容認したことは，改革基盤の弱さを示すものであった。また裁判所の判断は，依然として所有権の強さを認識し続けていたことを示している。これに対して，農民組合の争議で撤回率が著しく高いのは，土地変革がもはや部落的秩序のなかでは遂行し得ず，新たな近代的権利関係の形成としてしか進まなかったことを物語る。つまり，部落による土地管理，耕作の権の保証は，農地委員会によっても引き継がれていないのである。それよりも地主―小作の人格的土地所有関係が貫徹していたのである。それに対抗できるのは，近代的小作権の主張であって，部落の領，その保全ではなかったのである。

宮城県小斎村では，1947年春に，地主の土地取り上げをめぐって日農が介入し，これを県農地委が調停に入って取り上げを撤回させた例がある[(23)]。こうした成果を挙げながら，小斎村の改革の実態は，「大半は地主と小作人の個人の取引で進められた。地主にたてついても，地元で生活していける自信のある2，3の人が，農地委員会に持ち込んできただけだった」というものであった。日農の介入を別とすれば，農地委員会で扱うのは「地元で１人で生活できる人」だけだったのである。ここには，部落的相互扶助体制を必要としない姿がある。それだけ部落機能は，改革の重い足かせになった面もあったといえよう。

こうした点は，農用付帯施設，とくに宅地・居家の解放についてもみられる。付帯施設は強制買収の対象ではなく，当事者の申請に基づいて農地委員会が必要施設と認定すれば買収対象となるものであった。しかし地主が反対すれば，農用必要施設の認定は難しい。それゆえ，全国では宅地解放は 52% の水準に止まり，その多くが不在地主の所有宅地であった。宮城県南郷村は，戦前から借屋層が多く，小作人の 60% が借屋層であったが，ここの宅地解放はほぼ完全に行われている[(24)]。借屋層は部落秩序からいえば本戸層の一段下に置かれ，明治期の本来の部落機構においては成員権をもっていなかった層である。これが，部落が行政区機能を強め，戦時下の部落会への再編過程で，本戸層とかなり対等に扱われるようになったが，なお発言力はほとんどなかったのである。したがって，宅地解放の要求は，部落的機能のなかからは生じなかった。かつて借屋層が負担していた労働地代（宅地代）は，地主経営の農業労働力調達構造をなしており，この労働地代が貨幣に転化していく傾向をみせながらも，なお一部には残っていたものである。それはまた部落の労働力として，部落有水田の小作人，水路補修の労力となっていた。

この宅地の解放は，やはり日農南郷支部の運動として行われたが，それは全面対決というよりは，「感謝米」という裏米を添えての地主との妥協であった。農民組合の要求としても，小作権は主張し得ても，宅地の所有権に全面対抗する力はなかったといっていい。だが，この宅地解放を暗黙に支持したのもまた部落の雰囲気であった。宅地の解放は，戦前の運動の強かった部落の地主から承諾していったからである。これに対して他の部落の地主もそれにならうという形をとっている。地主との妥協も，できる部落とできない部落があったことになる。これは，本来の部落機能の解体の程度といえるだろう。その後，南郷村では，地主が保有地を売りたがる部落と，逆に小作人が地主保有地を買いたがる部落に色分けされていった。村人は前者を「あそこは解放区だから」と笑いながらいうのである。

このほか，保有地をどこにするかという問題も大きいがここでは省略しよう。

土地管理主体の変化　以上，改革過程での部落乃至その機能のありかたをみてきたが，結論としては，農地改革によって，いわゆる部落としての土地管理機能は，ほぼ消滅していったといえよう。現在もなお，土地は部落以外の人に売却しないという申し合わせを行っている例があるが，それは稀な例であり，意識としては存続しても，その基盤たる実体は失われていると思える。

　では，戦後の土地管理主体はどこにあるかといえば，農民組合が要求し目標とした土地委員会・土地管理組合も全く実現せず，創出された自作地の所有主体である個別経営に移ったといえる。他方に，土地改良区あるいは農協による地力維持運動があるが，それらの組織原理も個別経営の集団化・組織化であって，部落的な機能を基盤にしているとはいえない。この傾向に拍車をかけているのは，戦後の農地における所有権の強さである。農地改革が創出したのは自作農でなく自作地であるといわれるように，経営に対する所有権の強さは異常なほどである。それは，高度成長期の所産であるにせよ，改革過程にすでに胚胎していた本質である。部落のもつ土地保全，耕作権保証は，つまるところ小経営の維持策であったが，それが近代的所有権（対極としての小作権を含めて）によって超克されていったところに，所有権優位の基盤があったといえよう。

　しかし，そうした所有権の壁は，土地問題として，資本にとっても，また小経営にとっても隘路となっている。現在その双方にとって，土地管理の地域的・集落的対応が考慮されているのは，小経営存立の条件としての土地管理が，私的所有権に立脚しただけでは済まない内容を，依然として持ち続けているためといえよう。

（１）　安孫子麟「地主制と共同体」中村吉治教授還暦記念論集『共同体の史的考察』日本評論社，1965 年。（本書第 1 章）
　　同「地主と農民」中村吉治編『社会史』Ⅱ，山川出版社，1965 年，373-383 頁等を参照。
（２）　安孫子麟「近代村落の三局面構造とその展開過程」村落社会研究会編『村落社会研究』19 集，御茶の水書房，1983 年参照。（本書第 2 章）
（３）　同上，30-35 頁。
（４）　具体的事例として宮城県南郷町，『南郷町史』下巻，1985 年，第 5 編参照。
（５）　綿谷赳夫『農民層の分解』（同著作集第 1 巻），農林統計協会，1979 年，218-224 頁。
（６）　安孫子麟「人間社会存続のための物的諸条件」歴史学研究会・日本史研究会編『講座日本歴史』13，東京大学出版会，1985 年，6-9 頁。
（７）　安孫子麟「水稲単作地帯における地主制の矛盾と中小地主の動向」『東北大学農学研究所彙報』9 巻 4 号，1958 年 3 月，307-308 頁。（第 1 巻第

5章）

（8） 大場正巳『本間家の俵田渡口米制の実証分析』御茶の水書房，1985年，参照。

（9） その具体的事例は，前掲『南郷町史』下巻，141-145頁。

（10） 宮城県の事例は，中村吉治編『宮城県農民運動史』日本評論社，1968年，310-333頁。

（11） 以下の考察は，岩本由輝報告「本源的土地所有をめぐって」ならびにその討論（村落社会研究会『研究通信』141号，1985年8月，8-13頁），に依拠している。土地取り上げを受けている土地とそこに植えられた苗との関係は，民法242条にいう「権原ニ因リテ」附合された不動産と動産の関係ではなく，相互に独立した財産と解することによって慣行的耕作権を保護したものと，岩本氏は述べている（9頁）。

（12） 同上岩本報告，9頁。なお古代の土地管理慣行（アマツ罪としてのシキマキ）については，中村吉治「古代日本の土地所有制について」同編『土地制度史研究』芳恵書房，1948年。同『日本封建制的源流』上，刀水書房，1984年，第2編参照。

（13） 吉田克巳「農地改革法の立法過程――農業経営規模問題を中心として」東京大学社会科学研究所編『戦後改革』6，東京大学出版会，1975年参照。

（14） 具体的事例として，前掲「南郷町史』下巻，388-395頁。

（15） 同上，394頁。

（16） 同上，414-418頁。

（17） 農民組合創立五十周年記念祭実行委員会『農民組合五十年史』御茶の水書房，1972年，248頁。

（18） 同上，247頁。

（19） 青木恵一郎『日本農民運動史』5巻，日本評論社，1960年，368頁。

（20） 宮城南郷町の事例は，前掲「南郷町史』下巻，第5編第1章，第5章参照。

（21） 同上，528-533頁。

（22） 以下の土地取り上げの部分は，安孫子麟「農地改革」『岩波講座日本歴史』22，岩波書店，1977年，187-189頁。（第1巻第7章）

（23） 朝日新聞仙台支局編『斎藤家・周辺物語』宝文堂，1979年，110-113頁。

（24） 前掲「南郷町史』下巻，535-538頁。

初出一覧

第 1 章　「地主制と共同体」（中村吉治教授還暦記念論集刊行会編『共同体の史的考察』日本評論社，1965 年）

〔補論 1〕「日本の近代化過程と村落共同体」（『歴史公論』5 巻 4 号，雄山閣，1979 年）

〔補論 2〕「中村吉治の共同体論」（『伝統と現代』8 巻 1 号，伝統と現代社，1977 年）

第 2 章　「近代村落の三局面構造とその展開過程」（『村落社会研究』19 集，御茶の水書房，1983 年）

第 3 章　「地主制下における土地管理・利用秩序をめぐる対抗関係」（『村落社会研究』22 集，御茶の水書房，1986 年）

第 4 章　「村落における地主支配体制の変質過程」（東北大学『研究年報経済学』44 巻 4 号，1983 年）

第 5 章　「『満州』分村移民と村落の変質」（木戸田四郎教授退官記念論文集編集委員会編『近代日本社会発展史論』ぺりかん社，1988 年）

第 6 章　「『満州』分村移民の思想と背景」（『東日本国際大学研究紀要』1 巻 1 号，1996 年）

第 7 章　「農地改革による村落体制の変化」（『村落社会研究』3 集，塙書房，1967 年）

〔補論 3〕「農地改革と部落」（『歴史評論』435 号，1986 年）

解　題

安孫子麟の村落論

永野　由紀子

はじめに

安孫子麟が村落研究の第一人者であることはいうまでもない。第2巻は，安孫子の村落研究の論文が，明治から農地改革に至るまで年代順に収録されている。ひとつひとつの論文は，いずれも学術研究として高く評価されている。にもかかわらず，安孫子麟の村落研究が，単著のかたちで出版されることはなかった。単著にまとめることを切望された研究水準の高い村落研究が，論文集のかたちで刊行される意義は大きい。著作集第2巻は，単著を書かない[(1)]大家として知られる安孫子麟の村落研究の集大成である。

私の専門は社会学である。日本経済史の安孫子とは専門領域が異なるので，解題者であることを不思議に思う読者もいよう。私は，東北大学文学部社会学研究室の大学院で，初期・中期マルクスの学説研究からスタートし，山形県庄内地方を主なフィールドとする農村社会学を研究している。経済学部のゼミナール制と違い，文学部社会学研究室では，指導教員のいない大学院生・助手が珍しくなかった。自己流で研究するわけではなく，自分の研究テーマに近い先達をもとめて，学部や大学の垣根を越えて教えを請うのが常道であった。私も，院生・助手が細谷ゼミと勝手に名付けた教養部の細谷昂先生の研究会に参加していた。そういう雰囲気のなかで，地主制研究の第一人者として知られる安孫子先生の経済学部のゼミの門を叩くことは自然だった。それ以前に，東北大学教養部の社会科学総合の授業「日本資本主義と農業・農村」で安孫子先生の授業を受講している。菅野俊作先生がコーディネーターで，安孫子麟，菅野正，細谷昂，河相一成によるオムニバス形式の講義である。今から考えると教養部

1年生には過ぎた授業だった。だが，農村の地主制をとおして日本資本主義の成立や構造を分析する研究の視点が新鮮で，大学のアカデミックな雰囲気に触れた思いになれた。安孫子ゼミに参加したのは，先生が宮城教育大学から東北大学経済学部に赴任した直後である。歴史学や経済学の基礎知識をもたない社会学の院生が，日本経済史のゼミに押しかけたことは，さぞ迷惑だったろう。だが，先生はそのようなことは表にださず，近世の禁止事項の語るもの，制度と実態のずれなど，中村吉治から継承した庶民の生活史を知るうえで一番大切な視点を分かりやすく解説してくださった。

愛媛大学に研究ポストを得て仙台を離れ，安孫子ゼミで学ぶ機会はなくなった。その後，山形大学に赴任して仙台に居を移し，再び教えをうける機会を得た。村落社会研究会の黄金時代を支えた先達から学びたいという東北地区の日本村落研究学会の会員の声をうけて，中村門下の安孫子麟先生と岩本由輝先生，木下彰門下の東敏雄先生，社会学の新明正道門下の細谷昂先生の4人が順に報告する「村落研究を語る会」を，発起人の一人として立ち上げた。2006年の第1回から2019年の第32回まで13年間続いた。安孫子先生には，初回の登壇を含めて計6回報告していただいた。その内容は，本巻の章立てと重なる。

2020年夏に解題執筆の依頼があった時，社会学には荷が重いし，力不足と感じた。先生からのお手紙で，先生ご自身の指名と分かり誇らしく思えた。「語る会」の解散時に開催した2019年6月の座談会「村落研究をめぐって」[(2)]が，先生にお目にかかる最後の機会となった。解題脱稿後の2021年5月の電話が，先生とお話しする最後の時間となった。不十分な点や理解が及ばなかった点も多々あったと思うが，「ひとつひとつきちんと読んでいただきました。こんなに褒めていただいていいのかと思いながら読みました」という先生の言葉に，及第点をもらったようで安堵した。安孫子先生の訃報に接して細谷先生が発した「巨星墜つ」という言葉ほど，安孫子麟の逝去を表現するにふさわしい言葉はあるまい。

＊この解題を書き終えたのは，安孫子先生が亡くなる前年の2020年末である。2021年9月の訃報を受けて，「はじめに」を追加した。

1　第2巻の構成と『南郷町史』

第2巻の構成について説明する。本巻には，「日本地主制と近代村落」というタイトルがつけられている。この巻は，7章構成で，3つの補論も含めて計10本の村落研究の論文が収録されている。

第1章「地主制と共同体―いわゆる『部落共同体』の歴史的検討―」(1965)は，『共同体の史的考察』(中村吉治教授還暦記念論集刊行会編，日本評論社)所収の論文である。第1章には，2つの補論がつけられている。〔補論1〕は，『歴史公論』(5巻4号，雄山閣出版)所収の「日本の近代化過程と村落共同体」(1979)である。〔補論2〕は，『伝統と現代』(8巻1号)所収の「中村吉治の共同体論」(1977)である。第2章「近代村落の三局面構造とその展開過程」(1983)は，『村落社会研究』(19集，御茶の水書房)所収の論文である。第3章「地主制下における土地管理・利用秩序をめぐる対抗関係」(1986)は，『村落社会研究』(22集，御茶の水書房)所収の論文である。第4章「村落における地主支配体制の変質過程―宮城県南郷村における『分村問題』―」(1983)は，『研究年報経済学』(44巻4号)所収の論文である。第5章「『満州』分村移民と村落の変質―宮城県遠田郡南郷村の事例―」(1988)は，『近代日本社会発展史論』(木戸田四郎教授退官記念論文集編集委員会編，ぺりかん社)所収の論文である。第6章「『満州』分村移民の思想と背景」(1996)は，『東日本国際大学研究紀要』(1巻1号)所収の論文である。第7章「農地改革による村落体制の変化―水田単作地帯における地主制廃棄過程―」(1967)は，『村落社会研究』(3集，塙書房)所収の論文である。第7章には，『歴史評論』(435号)所収の「農地改革と部落―部落の土地管理機能を中心に―」(1986)が，〔補論3〕としてつけられている。

発表年は，1965年から1996年までの31年間に及ぶ。第1巻に比べると新しい論文が多い。安孫子の関心が地主制の研究それ自体から，地主制に視点をすえた村落研究にシフトしていることがうかがえる。掲載誌は，日本村落研究学会の学会誌『村落社会研究』所収論文が3本ある。それ以外は，所属大学の紀要，歴史学雑誌，先学の還暦・退官論集など多様である。当時の論争状況を背景に，村落共同体，土地管理と利用秩序，小学校の学区問題，満州移民，むら解体等が，とりあげられている。執筆期間は長期に及び，掲載誌もテーマも多岐にわたる。にもかかわらず，本巻には安孫子の村落研究の全貌が示されており，安孫子の村落論の特質を本巻をとおして知ることができる。安孫子の村落研究の課題意識が一貫しているからであり，各論文が年代順に配置されているからである。村落研究者のなかには，歴史的射程を明確にすることなく，日本の村落一般・農村社会一般を論じる者も少なくない。安孫子の村落論は，このような傾向とは対照的に近代村落の研究であることが明示されている。本巻は，地主制に視点を据えて近代村落の特質を把握すると同時に，その変遷過程をとおして日本の「近代」をとらえ返そうとする安孫子のねらいに貫かれている。その基底にあるのは，中村吉治の共同体論である。

中村共同体論の優れた実証研究の場として知られるのは，岩手県紫波郡煙山村（現矢巾町）である。中村研究室の煙山村にあたる安孫子の実証研究の場は，宮城県遠田郡南郷町（現在の美里町）である。安孫子は南郷を「もうひとつの研究の場」（1992）と呼んでいる。安孫子の村落論が，日本の近代村落についての優れた一般理論であることは間違いない。村落論と特定村落についての個別具体的なモノグラフ研究は，相互促進的である。安孫子ほど，南郷に足しげく通い，南郷のひとつひとつの農家および家々の関係を知り尽くした研究者はいない。安孫子が編さん委員長になって刊行した『南郷町史』は，研究者の評価が高い自治体史のひとつである。単著に代わる安孫子の代表作といわれることもある。この巻に収録された論文のなかで，引用数が多くもっともよく知られた論文は，第 2 章「近代村落の三局面構造とその展開過程」（1983）（以下，「三局面構造論文」と略記）であろう。この論文を間にはさんで『南郷町史』上巻（1980）と下巻（1985）とが刊行されている。安孫子の村落論の精緻化と南郷の実証研究の深まりを切り離して考えることはできない。『南郷町史』を手元におきながら第 2 巻の各論文を読むことを勧めたい。

2　村落社会研究会

7 章構成のうち「三局面構造論文」を含む 3 つの章（第 2 章，第 3 章，第 7 章）は，村落社会研究会（1992 年に日本村落研究学会に改称。以下，通称の「村研」と略記する）の年報『村落社会研究』（単行本）（以下，『村研年報』と略記）の特集論文である。『村研年報』の特集は，前年の大会の共通課題を踏襲する。

安孫子の村落論は，村研の論争と深く関わる[(3)]。

村研は，社会学の有賀喜左衛門が中心になり，狭い学問の垣根を越えて村落（ムラ）を研究する者が集い討論することを目的に，1952年に結成された。村研の機関紙『研究通信[(4)]』第100号記念特集号（1976）には，設立当時を振り返る有賀の寄稿がある。そこで有賀は，当時まだ「学際的」という言葉はなかったが，専門だけで小さく固まることなく広い視野をもつことが，研究に深みをもたせるうえで大切であると説く。そして，社会学以外にも歴史学や経済学の人材がそろった仙台の東北大学で第1回大会をやるのが誰が見ても一番いいと思われた（2‐3頁）と回顧する。当時の東北大学には，教育学部に竹内利美，経済学部に日本経済史の中村吉治と農業経済学の木下彰がおり，村落研究の人材がそろっていた。社会学者が多い村研にあって，学際的な学会のひとつの柱になったのは，有賀の呼びかけに「諸学交流の風」を起こそうと応じた中村吉治の存在である。とはいえ，諸学の交流や総合は簡単にはいかず，「かみあわない」という思いを残したと中村は語る（4頁）。興味深いのは，「今日ふり返ってみれば，最初に意図したような諸科学の分野の専門家が入会するということは思ったほどに実現しなかった」という言葉に続けて，有賀が「少数でも力のある人々がいたので充実していた」（3頁）と述懐していることである。

社会学中心の村研に少数精鋭の日本経済史の村落研究者の一人として関与し，長きにわたって村研の共通課題の形成に指導的な役割を果たしてきたのが安孫子である。社会学と経済学，社会学と歴史学双方に残る「かみあわない」思いを乗り越えるべく，これまでの討論をふまえて残された課題を整理し，論点を明確にして次なる共通課題を練りあげるうえでの貢献は大きい。本書は，安孫子の村落論の集大成であると同時に，日本経済史サイドから見た村研の論争の記録であり，その到達点を示している。

歴史学の近現代史研究は，一般的には高度成長期までとされる。安孫子は，歴史学を専門としながらも社会学や農業経済学と一緒に，その時々の〈今・現在〉の農業・農村の現実がつきつける問題に真摯に向き合っている。異なる専門分野の研究者と議論するには，共通の土俵づくりが必要である。その前提として，まず学術上のキータームをそれぞれの研究者が明確にする必要がある。「部落，集落，村落，共同体という語を厳密に区別している」（安孫子 1994a,

8頁）と語るように，安孫子は多くの研究者が同一視してきた概念を峻別する。安孫子の村落論を理解するには，これらの概念の意味内容を正確につかむことが必要である。これらのキータームについての解題者の理解は，この解題全体をとおして説明する。

解題者は，安孫子の村落論を理解するには，部落と村落一般の区別を見極めることと同様，多くの論者が混同しがちな共同体と共同一般が峻別されていることを見落としてはならないと考える。この両者の概念的区別によって，ムラや自然村と同様に超歴史的に理解されてきた「部落」が，近代村落の特質を体現する歴史的概念であることが明確にされる。「三局面構造論文」は，この視点を理論的に精緻化したものである。この論文は，村研30周年記念大会の共通課題での報告をもとに執筆された論文である。この時の共通課題を特集した『村研年報』19集（御茶の水書房）の編集後記のなかで，中野卓はこの論文について以下のように評している。「久々に社会学的充実感の深かったこの論文が社会学からではないことを社会学研究者の一人として恥じたい」，「特定の深い事例研究が，同じ日本近代の各地での諸事例にも広くあてはまる社会関係の特質を可能にするという，当然の事実を改めて確信させて頂けた」。有賀を師とする社会学者の中野が日本経済史の安孫子論文に寄せた言葉だけに，絶賛といえるほど高く評価していることが分かる。

3　明治期：「部落＝村落共同体」説の批判

第1章「地主制と共同体―いわゆる『部落共同体』の歴史的考察―」（1965）では，明治の行政村の一部となった「部落」が，もはや村落共同体とはいえず，明治期の産物であることが見事に論証される。「三局面構造論文」（1983）につながる重要な視角を，18年前に執筆したこの論文のなかに見いだすことができる。

当時は，農地改革の評価をめぐって，地主制が解体されたか否か議論されており，これと結びついて村落共同体の残存が問題とされた。この論文の優れた点のひとつは，中村共同体論を基軸に，研究分野や学派ごとに多義的に使われてきた「共同体」概念を整理していることである。安孫子は①共同体的所有を重視する立場と②共同体的諸関係を重視する立場と③共同体的組織のメンバーシップや権利を重視する立場と④共同組織を重視する立場という4つの立場を区別する。①は林野などの入会地に目を向ける古典的な村落共同体論の立場である。②は中村グループや水利組織を重視する立場である。④の立場がもっとも多いとされる。安孫子によると，④の立場が共同体とみなすもののなかには，「部落」を単位とする行政的組織や近代的な生産の共同組織が含まれている。安孫子は，近代的・行政的共同組織の存在をもって共同体と誤認する立場が多いとして，④の立場を批判する。④の立場の当事者には，③と④の立場の違いが自覚されることはない。

ここで，③共同体的組織と④共同組織とが安孫子によって明確に峻別されていることに留意したい。①から③についても共同体そのものではなく，共同体的所有や共同体的諸関係や共同体的組織とされている。近世封建制がすでに共同体の解体期にあることを実証した岩手県煙山村の共同研究に参加した安孫子が，農地改革前の農村に共同体がそのまま残存していたと考えるはずがない。残存しているとしたら，共同体ではなく，共同体的なものにほかならない。こうして，安孫子は，①共同体的所有と②共同体的諸関係と③共同体的組織との3つを区別しながら，ひとつひとつ検証する。地主制の展開と行政村の統合強化によって，「部落」は，①共同体的所有に裏打ちされた③共同体的組織としての性格を喪失し，②生産面での共同体的諸関係を残しつつも地主的な階級支配が貫徹する近代的な④共同組織に次第に変化する。中村グループや水利組織に着目する研究者が重視する②生産面での共同体的諸関係とは，水利関係，労働力関係，家畜・農具の利用関係，血縁関係，生活慣習の関係，公共的共同作業などである。戦後の農業協同組合が「部落」単位で編成されることは，今日まで続いている。ここでは，戦後の近代的・民主的な④共同組織を③共同体的諸組織と同一視し，「部落」＝村落共同体の残存とみなす超歴史的な近代村落の理解が批判されている。

この論文のもうひとつの優れた点は，「部落」の語源を示し，その本質を考察していることである。部落とは，農民が親しみを込めて「うちの部落」と自らが属する地域を称する際に用いられてきた日常用語である。村落研究者もまた，近世村に近い旧村の範囲を対象とする研究が多く，現場にならって「部落」を頻繁に使用してきた。だが頻出タームであるにもかかわらず，「部落」

の語源や定義が明確にされてきたわけではない。安孫子は，「部落」という用語は，1878 年（明治 11）の郡区町村編成法が初出で，旧村を「自然の一部落」と称したことに始まると指摘する（1965，375-8 頁）。つまり，近代日本の地方制度改革のなかで，反発が強かった大小区制を否定し，自由民権運動の要求に応えて近世村（旧村）の自治を「自然の一部落」として明治政府が承認せざるをえない中で，「部落」が行政用語として使われるようになった。中央政府にとって部落は，地方行政の末端としての明治行政村の一部分（行政区）にすぎない。それゆえ「この部分村落を"部落"と称することになった」（同上 378 頁）と説明する。

原宏は，「部落」の語源についての村研の議論を整理して，『研究通信』79 号（1971，9-11 頁）に寄稿している。原は，お雇い外国人モッセの自治部落制草案（1887）中のゲマインデの訳語が部落の初出とする福武説と同時に，それより早い郡区町村編成法（1878）を部落の初出とする安孫子説を紹介する。明治の町村制によって，近世村時代より大きな範囲に行政上の村が設定された。それ以降，農民の日常の生活単位としてのムラを表す言葉は，行政村のなかの部分村落＝部落しかない。「部落」が，歴史を古くさかのぼるわけではなく，近代国家の行政用語に始まるとする村研の議論の到達点は，興味深い。「部落」は，前近代の村落や共同体を表す用語ではなく，明治行政村の成立と不可分の関係にある。つまり，「部落」は，明治日本の町村合併の産物であり，近代になって成立したカテゴリーといえよう。

この論文では，共同体との関わりで論じられる対象が，行政村の中の部分村落としての「部落」であることを明確にしている。そのうえで，農地改革の評価と地主制の残存をめぐる論争の中で，多くの論者が前提としてきた「部落＝共同体」説が，根底から批判される。この論文のねらいは，農地改革の評価ではない。また，マルクスの学説における共同体論の検証でもない。農地改革をめぐる論争のなかで自明視されてきた部落を村落共同体とみなす超歴史的な見方が，批判されているのである。「部落」は村落共同体ではないが，近代的な共同組織や行政組織とも言い切れない。町村制施行後の部落は，行政的な側面を次第に強め，地主制の展開のなかで変質した。だが，完全に近代的機構や階級的諸関係に変化することはなかった。その間隙に存在する共同体的な諸関係を残した共同体的組織こそが，「部落」にほかならない。この意味で，「部落」とは，その独自の機能と役割に着目するならば，きわめて「明治期」的な所産であり，「明治期」にのみ存在した制度と結論づけられる。

4　中村＝安孫子共同体論

このような三局面構造につながる視点を導いたのは，中村吉治の共同体論である。中村共同体論については，第1章の2つの補論（補論1「日本の近代化過程と村落共同体」（1979）と補論2「中村吉治の共同体論」（1977））で過不足なく説明されている。この2つの補論が書かれた1970年代後半と，第1章「地主制と共同体」（1965）が書かれた1960年代との社会状況の違いに目を向ける必要がある。共同体および村落共同体についての学界のスタンスは，1960年代と1970年代後半とで180度変わる。1960年代前半までは，戦後の日本社会の民主化という課題意識から農村の封建制の残存が問題とされ，村落共同体は否定的にとらえられてきた。だが，高度経済成長期の矛盾が噴出する1970年代になると，近代批判の基盤として共同体を肯定的にとらえる論者が増えてくる。

この2つの補論以上に，中村＝安孫子共同体論の説明に付け加えるものはない。これほど明瞭に説明されているにもかかわらず，中村共同体論は誤解されることが多い。その理由は，中村共同体論の独自性のためである。共同体については，前近代社会の基本的構成とみる立場と，人間社会を貫く超歴史的な基本的構成とみる立場に大別される。共同体を肯定的にとらえる論者は，近代の矛盾の超克を過去の共同体への回帰にもとめて未来に活かそうとするので後者の超歴史的な立場といえよう。中村共同体論は，共同体を前近代社会の本質ととらえているので，前者の近代以前の諸社会に限定する立場である。共同体を前近代に限定する立場は，マルクス主義の通説理解（唯物史観の公式）や，戦後の日本の社会科学に大きな影響を及ぼした大塚共同体論も同様である。だが，中村社会史の共同体論は，唯物史観とは異なるし，大塚史学とも異なる。大塚史学の共同体は，共同体の諸形態にアジア的，古典古代的，ゲルマン的等のエリア名を冠して類型化し，世界史の発展段階として理論化する。唯物史観の公式は，原始共産制，古典古代，封建制，資本制を経て社会主義ないしは共産主義に至るという人類史の五段階の発展段階論のなかで，私的所有成立以前の共同所有の段階（原始共産制）に共同体を限定する。中村社会史の共同体は，近代の階級関係とは峻別される近代以前の諸社会に共通する人格的結合原理を基本とする諸社会構成を指す。それゆえ，平等関係が主軸の共同所有の社会か，支配従属関係が主軸の身分社会かという区別は，中村共同体論にあっては２次的な意味しかもちえない。平等関係であれ支配従属関係であれ，人格的な結合原理が基本に据えられているか否かを，共同体を見分けるメルクマールとしているのである。つまり，中村社会史にあっては，原初形態から古代・中世を経て近世に至るまで，前近代の社会はすべて人格的結合原理を基本とする共同体と解される。煙山村の調査研究で実証されたように，近世は人格的支配従属関係が一元的ではなく，諸契機や諸機能ごとに分化・拡散する共同体の解体期と考えられた。中村を師とする日本経済史の研究者の多くが近世史を専門とするなかで，安孫子がなぜ近代史を専門とするのか疑問に思ったことがある。これについては，「中村共同体論の実証的研究の一端として，中村が充分に果たさなかった共同体的構成の解体過程に焦点をおいて，日本近代の村落を考察してきた」（1994a，６頁，傍点は解題者）と安孫子自身が説明している。

もうひとつ，中村共同体論がマルクス主義の通説理解と異なるのは，多くの論者が同一視する村落共同体と共同体を概念的に区別している点である。このことは，共同体の結合原理と関わる。中村共同体論にあって，共同体のメンバーを人格的に結合する紐帯は血縁規範である。実際に生物学的血縁をもつ必要はない。集団を構成するメンバーが，同一の祖先をもつ同一の血縁で結合していると相互にみなす血縁観念こそが重要なのであり，擬制的血縁で構わない。それゆえ，中村共同体論は，狩猟採取の移住社会から農耕による定住社会への移行を，血縁から地縁への移行ととらえるエンゲルス流の社会進化論の発展図式とは異なる。村落が地縁的な関係を土台とすることから，共同体を超歴史的にとらえる立場では，地縁的な共同関係があればすなわち村落共同体とみなされる。だが，中村共同体論にあっては，共同体が常に村落共同体として現れるわけではない。地縁関係は共同体の属性ではなく，血縁規範で人格的に結合した共同体が，村落というかたちをとるときに，村落の属性が共同体に付与されると考える。共同体は抽象的かつ包括的な概念であり，村落共同体は共同体のひとつの形態にすぎない（安孫子 1994a，13-16 頁）。安孫子によると，村落共同体のかたちをとらない村落一般もある。つまり，村落共同体にも，共同体的関係が残る「部落」にち，戦後の「集落」にも共通する長い歴史的射程をもつ村落一般である。いずれにしても，中村＝安孫子共同体論にあっては，共同体と共同関係一般の区別こそが重要なのであり，村落に共同関係があるとき，それをつねに共同体とみなす超歴史的理解が批判される。中村＝安孫子共同体論とは，庶民生活に視点を据えて通史（人類史）を論ずるときの立脚点にほかならない。このような歴史認識の視座が，各時代・各地域の多様な歴史事象をとらえることと矛盾するはずがない。中村・安孫子共同体論は，イデオロギー的な共同体論はもとより，それにあてはめれば世界史の歴史現象がすべて解明されるかのような図式的な歴史理論とは一線を画する。

5　明治期：三局面構造

第２章「近代村落の三局面構造とその展開過程」(1983）では，近代村落の特質を，①行政局面の機能と②生産局面の機能と③生活局面の機能という３つの機能に分化した三局面構造にもとめている。近代村落において①行政局面の機能は「区」②生産局面の機能は「部落」③生活局面の機能は「講」が遂行する。なお，この論文は，「部落」そのものではなく，近代の「村落」に考察の対象が据えられていることに注意したい。安孫子による「村落」の定義は，家族小経営が単独では存立しえないなか，独立した小経営が相互に連合し協力する社会関係や共同組織が重層する場である。この論文では，三局面構造をもつ近代「村落」の一局面を「部落」と捉える安孫子の見解が示されている。

町村制を画期として，旧村（≒「部落」）は，村請制下の近世村に付与された自治体（近世の行政村）がもつ独自の権能を失い，明治行政村の末端の行政区に位置づけられる。明治行政村は，小生産者の経営を遂行するために，あるいは家存続のために果たしていた家連合的村落社会の機能を遂行しえない。このため，村落社会としての機能を遂行する単位が別に想定されねばならない。この機能を遂行してきたのが，研究史上「部落」と称されてきた行政村の一部の部分村落にほかならない。「部落」の範囲は，旧村であったり，大字であったり，その他適当な範囲の集落であり，各地の実態に即して多様である。部落＝区＝大字であるケースが多い。だが，安孫子は，大字とは行政区画上の地域であり，機能を指す言葉ではないとする。それゆえ大字の区画が，旧村や部落の範囲と重なるとしても，大字と部落は概念的に区別されねばならない（『南郷町史・上』10 頁，594 頁）。大字と部落と旧村の範囲が重なるケースが多いのは，町村制施行に至るまでの経緯をふまえて，旧慣や現状に鑑みて民情に背かないように明治政府が配慮したからである。つまり，合併した行政町村に新しい名前をつけるときは，旧村名を大字名として残してもいいと指示したことに関わる（『南郷町史・上』576 頁）。この点について安孫子は，部落は制度上の組織ではないので，それがもつ独自の自治機能は，地域の実情に応じて多種多様な形態で存在し，内容も多様であると説明する。さらに，研究者の把握だけでなく，農民の意識においても部落は多様である。戸数の大きな旧村では，区のなかの字や組を部落とみなすこともある。また，町村制施行前に旧村の合併をある程度おこなった地域では，行政村の一部となった合併村が部落の機能をもち，部落とみなされる。

近世村時代の自治は，南郷村を構成する 6 つの旧村にあっては，契約講が果たしていた。講のもっとも重要な機能は，現在の総会にあたる寄合いである。講は団結を維持するための規約や罰則をもち，生産と生活の両面にわたる様々な議題について協議していた。町村制が整備される過程で，南郷の各旧村では，部落の機能をもつ組織に自由民権の影響をうけて結社名をつけるようになる。これは，いくつかの講組織を部落でひとつに統合して近代的形態で維持・発展しようとしたものである。行政区は，その性格上，そこに居住するすべての世帯がメンバーである。部落機能をもつ結社は，部落有財産の管理と関わるため，南郷では借家層を除く本戸層がメンバーである。こうして近世村の契約講が果たしていた様々な事項を協議する機能のなかから，行政区が整備されるにつれて行政的機能が失われる。さらに，部落有地の管理に代表される生産的機能も失われて，講とは別の「部落」機能として遂行されるようになる。こうして，講には親睦・冠婚葬祭という生活面の機能だけが残される。

「部落」は，三局面に分化した機能のひとつであり，三局面的な村落構造をもつ近代村落の特質を集中的に表現する形態にほかならない。それゆえ，部落の独自機能として自治的機能をあげてはいるが，齋藤仁や牛山敬二の自治村落論とは異なる（1994a，12 頁）。「部落」は，行政村では遂行しえない生産面の機能を果たし，その機能を遂行する限りである程度の自治が認められる。だが，村請制のもとで独立した近世行政村に認められていた自治と，明治の行政村のなかの「部分村落」（行政区）に認められた自治とでは，大きな断絶がある。

「部落」は，共同体的諸関係を残していても，もはや共同体（＝村落共同体）とはいえない。「部落」とは，明治の行政村が行政的財政的に十分な統合力をもちえず，部落が共有地を管理し，生産面の機能を遂行していた時期の産物である。三局面構造は，「構造」と称されるように，3つの機能に分化してもなお三局面の構造的連関が保たれている状態を指す。明治末期に，部落有財産が統一され，行政村による統合が強化されて，地主による村落の再編が進む。こうして，部落の独自機能は縮小し，次第に行政組織や近代的な階級的・経済的組織に替わる。こうして，三局面の構造的連関は，分離して断ち切られる。

近代村落を特徴づける三局面構造は，南郷村のように，メンバーが一致しない3つの別組織の機能として三局面機能が遂行されるケースにだけあてはまるわけではなかろう。3つの機能が同一のメンバーから成る同一組織で遂行されたとしても同様である。近代村落は，近代国家の末端の行政村の一部である行政「区」に位置づけられることで機能分化し，近世村とは異なる性格を付与される。それゆえ，仮に，旧村と同じ範域で旧村時代と同一の家々から構成される「部落」であったとしても，近世村の自治と近代の「部落」の自治とは，質的に区別して考える必要がある。

6　明治後期から明治末：部落有財産の統一と土地管理・利用秩序の変化

第3章から第7章の論文では，明治後期，大正期，昭和戦前期，戦時体制期を経て農地改革に至るまでの時期が扱われる。近代村落の三局面が，地主制の展開と行政村的統合強化のなかで次第に分離し，解体する過程が考察される。第3章「地主制下における土地管理・利用秩序をめぐる対抗関係」（1986）は，第33回村研大会の共通課題「土地利用秩序の変化と土地管理機能」の報告をもとに執筆された論文である。この論文の前半は，地主制的土地管理・利用秩序が，共同体的性格を残した部落的土地利用との対抗関係のなかで展開する明治後期の様相が描かれる。

安孫子は，農耕における本源的な土地利用と管理の内容として，作物栽培における除草や灌漑，休耕や施肥という地力維持の機能をあげている。開墾や灌漑は，個別経営の力だけでは十分遂行できず，集団や組織の力を必要とする。共同体的土地利用とは，土地は本来，共同体（集団，むら）のもので，共同体の一員として耕作している期間に限り土地を利用する権利を認める慣行的耕作権のことである。部落的土地管理は，町村制後の行政村や行政区では果たしえない土地管理機能を，近世村の共同体的土地管理機能を継承した明治期の「部落」が遂行することである。

南郷村では，明治中期までは各部落（旧村）単位で部落有地を管理し，官有地の払い下げと開墾，道路・河川の修復，萱刈の統制，洪水対策をおこなっていた。しかし，水田の保全管理の一部が土地所有者のみで構成される水利組合に移ると，現実の水田の保全管理は，末端の部落の自主的決定を弱め，部落は水利組合の決定を下請けして実行するだけの組織に変化する。つまり共同体的性格を残した部落の土地管理機能は著しく弱められた。南郷村では，地租改正と耕地整理の過程で，部落の入会利用地（秣場と萱刈場）を開田し，部落有地のかなりの部分を水田化していた。部落の共有財産が，共同利用の入会地ではなく，個別に所有し利用できる水田に変わったことが，部落の土地管理機能を弱体化したひとつの要因といえる。こうした傾向は，明治末に部落有地が統一されて決定的になる。部落有財産の統一といっても，全国的にみると，財産の一部だけの統一か，名目だけの統一で実態は変わらない町村も多い。だが，南郷村では，6部落（行政区）が所有する部落有地が行政村に統一されて，計210町（うち水田146町）の土地が名実ともに行政村の村有財産に移行する。部落の土地管理機能が弱体化した何よりも大きな要因は，部落を超えて土地所有を拡大した大地主がリーダーシップをとる編成に部落も行政村も変化していたからである。こうして部落の大きな抵抗なく，明治末期には部落有財産が行政村に統一される。

この論文の後半は，大正期の小作争議の展開と昭和戦前期の小作保護政策のなかで地主制的土地管理・利用秩序が制限されるまでを論じている。この時期の土地管理は，〔補論3〕の内容と重複するので，本解題11でとりあげる。

7　明治末から昭和初期：学区をめぐる対立と「分村問題」

第4章「村落における地主支配体制の変質過程―宮城県南郷村における『分村問題』―」(1983) では，部落有財産統一後の南郷村の状況が分析される。明治末から昭和初期までは，南郷村の行政村的統合の矛盾が表面化する時期である。この矛盾は，学区をめぐる村内の北方上三区と南方下三区の対立として現れる。就学率があがり，義務教育年限も延長されて児童数が増加すると，どの小学校の増改築を村の予算方針が優先するかは，各地区にとって大きな意味をもつようになる。下三区には，高等小学校の中心校がおかれ，優れた設備を備えることが決まっていた。こうしたなかで，1921（大正10）年に，上三区の住民が移転増築を村議会に請願する。だが，小学校の移転場所は上三区の児童が通学しにくい場所にあるうえ，上三区のひとつの部落を分断するかたちの学区原案が村議会に提出される。上三区選出の議員は原案に反対するが，村議会では上三区の反対は容れられない。こうして問題が紛糾し，ついには上三区住民が宮城県知事に「分村」を請願するに至る。

このような問題は，学区をめぐる地区間の抗争あるいは地区と行政村との対立として理解されることが多い。だが安孫子は，単に子どもの通学の便をめぐる問題とは考えない。下三区は議員数が多く，大地主も多い。このため，行政村での発言力は，上三区より下三区のほうが強くなる。中小地主や自作，自小作上層の利害は，部落利害として表れる。これに対して，大地主の利害は，部落有財産の統一に象徴されるように，行政村への一元的統合によって果たされる。部落有財産の統一は，南郷有数の大地主が村長に就任中の1907（明治40）年に，各部落中堅層の中小地主の発言を封じ込めるかたちで遂行された。部落有財産が統一される前は，学校田という名称の部落有財産から学校の運営維持費が捻出されていた。だが，部落有財産統一後は，各地区にとって身近な学校問題についての部落の発言力は弱まり，一元化された行政村が決定することになる。

学区をめぐる分村問題は，県や郡や隣村の調停もあり，1927（昭和2）年に「南郷村自治要綱」をまとめることで決着する。そこには，上三区の要求を大幅にうけいれた内容と，自小作上層の要求である産業組合の設置も盛り込まれている。このような問題解決について，安孫子は，力をつけてきた自小作上層による一種の農民運動であり，その要求の前に成立した地主の妥協とみる。そして，昭和初期の村政は，もはや部落的な要求だけで動くのではなく，全村的な階級的要求が，地主支配体制を一定後退させたと分析する。学区をめぐる地区間対立のように見えた現象は，部落連合としての多元構造の村から一元的に統合された村に変化する過程で現われた問題である。つまり，行政村的な利害を代表する大地主と部落秩序を代表する小地主および自小作上層との利害が対立し，矛盾が噴出する過程で現われたのが，学区をめぐる対立に端を発した南郷の分村問題にほかならない。この論文は，第 2 章に収められた三局面構造論文と同年の 1983 年に発表されている。南郷町史の刊行とも重なり，安孫子の村落研究が成熟した時期の独自でダイナミックな歴史分析が示された論文といえよう。

8　昭和戦前期から戦時体制期：満州移民と「分村問題」

第 5 章「『満州』分村移民と村落の変質―宮城県遠田郡南郷村の事例―」(1988) と第 6 章「『満州』分村移民の思想と背景」(1996) では，満州移民をとりあげて，昭和恐慌・凶作から戦時体制期までの村落が考察される。安孫子の満州移民研究の特質は，移民を送り出す側の村落に目を向けて満州移民を論ずることである。経済更生運動の一環として満州移民を論じる研究は多い。拓務省の国策である移民政策と農林省の経済更生運動が結合していく過程に目を向ける点でも，安孫子の満州移民研究は独創的である。このような着眼点は，分村計画をたてて移民を進めた日本最初の村である南郷村の事例と深くかかわる。南郷村の満州移民の特徴は，村当局による分村移民を遂行した長野県大日方村とは対照的に，加藤完治・石原莞爾に結びつく村の一部有志によっておこなわれた。池上甲一は，大日方の満州移民を事例に，満州移民を農村の経済更生のために過剰人口を排除した「排除の論理」で説明する。安孫子は，池上の大日方の事例と対比して，南郷型の移民を，経済更生運動とは関わりなく村内の体制がもつ矛盾のなかから自生的に発生した「脱出の論理」で説明する (安孫子 1998，1 頁)。

村内体制の矛盾は，学区問題に端を発する自小作上層の要求に対応・妥協して再編された地主的秩序に内包される。その後も，自小作上層農の運動は，産業組合活動や中堅農民育成の学校設立要求運動として続く。こうした地主と中堅農家層が対立する村内の階層秩序からこぼれ落ちているのが，零細貧農層である。南郷の満州移民は，零細貧農層の潜在的支持の下に，村の有志がつくった後援会によって推進される。貧農層の次三男を中心とする個々の農家の移住として移民が遂行される時期には，村内で移民反対の動きはほとんどない。しかし，母村の戸数を減らし，経営規模を安定水準まで引き上げる本格的大量移民を送出する分村計画の段階になると，地主勢力を中軸とする村当局の強い反対がでる。地主の所有権の制限につながるうえ，貧農層を供出源とする労働力の確保ができなくなるからである。さらに，耕作規模の増大によって中堅層が力をつけることも，大地主層にとって問題である。

村の一部有志による後援会が主催した第1回分村移民は，1936（昭和11）年からの3年間で130戸を超える世帯を送出する。だが，独身者が多く挙家移住が少ないこともあって，適正経営規模の実現という目標からは遠く，経営規模の大きな上昇は見られなかった。1943（昭和18）年からの3年間は，初めて村当局の主催で，第2回分村移民計画が実施される。だが，応召や動員による戦争末期の労力不足のために応募者は少なく，大東亜共栄圏の国策のもとでの精神的イデオロギー的運動としての移民であり，土地問題の解決からは遠いままに敗戦を迎えた。

9　農地改革：ムラの解体

第7章「農地改革による村落体制の変化―水田単作地帯における地主制廃棄過程―」（1967）は，『村研年報』3集（塙書房）に収められた論文である。1960年代も半ばに近づくと，村研は「むらの解体」を共通課題としてとりあげる。この論文は，地主制の解体過程に視点を据えて農地改革前後の村落の変化を論ずることで，この課題に応えている。なお，執筆の時期は，「部落」が村落共同体ではないことを論証した第1章「地主制と共同体」に近い。だが，この論文では，部落という概念は一度も使われない。農地改革後の「むら」の解体を論ずる際には，部落ではなく「村落」が使用されている。

この論文では，南郷村と宮城県田尻町の事例が対比的に取り上げられている。この2つの地域は，ともに宮城県遠田郡大崎地方の水田単作地帯である。南郷が純農村であるのに対し，仙台藩の直轄支配地である田尻は，商業・米取引の中心のひとつとなる街場である。田尻の地主は，街場で商業も兼営している。このため，戦時体制期の小農維持・食料増産のための一連の政策が地主制の制限に及ぼす影響が，南郷村より小さい。これに対して南郷では，中小地主の土地所有の縮小と並行して自小作層の経営規模の拡大が，田尻より顕著に進んでいた。こうした農地改革前の地主と中堅層の勢力図の違いは，農地改革の実績にも大きく影響する。南郷では，地主の勢力が後退しているため，いわゆる地主の「売り逃げ」がほとんどない。だが，地主層の力が温存された田尻では，改革の最中に大地主の売り逃げが進行し，改革によらずに解消された小作地が多かった。

農地改革によって地主制は止揚され，農地改革後の村落の階層序列が，経営規模に規定される村落秩序に変化した点では，田尻も南郷も共通である。改革後の村落体制は，両者ともに，旧大地主が町長に就任する。だが，その地盤は，戦前と戦後とでまったく異なる。どちらも小商品生産者として力をつけてきた中堅の稲作農民を支持基盤としており，直接生産者としての農民がどのような組織に結集するかに町政はかかっている。農地改革終了から10年ほど経た高度経済成長期には，早くも中農層まで巻き込む農家経済の解体傾向がでてくる。田尻の町政のリーダーは，新農村建設事業や農業構造改善事業など国の新農政を積極的に進める保守系のリーダーである。これに対して，南郷は革新系が強く，構造改善事業の指定を拒否して独自の農村確立を目指す。

この論文では，同じ宮城の水田単作地帯の田尻と南郷を対比することで，南郷の特質が浮かび上がってくる。満州移民を論ずる際の長野県大日方村および宮城県耕野村と南郷との対比，明治期の「部落」を論ずる際の山形県庄内地方と南郷との対比も同様である。村落論と特定村落の事例研究の進展が相互促進的であることと同様に，たくさんの村々を見ることと特定村落の事例研究の深まりも連関する。

10　有賀のイエ・ムラ論と安孫子の村落論

安孫子の村落研究では，戦後のムラを分析する際は，「部落」ではなく「村落」という用語が使われている。これは，安孫子が，農地改革後のムラは，共同体的諸関係が完全に解体され，小商品生産者秩序が形成されたと考えているからである。ムラの解体を論ずるには，その前提として，それぞれの研究者のムラの概念規定が明確にされていなければ，議論がかみあわない。1970年になると村研では，イエ・ムラ理論と総称される村落社会研究の分析枠組みの有効性を問う共通課題が登場する。この課題に経済学の立場からアプローチする安孫子は，社会学のイエにあたるものは経済学では家族小経営，小経営が取り結ぶ社会関係を基軸とする小経営の補完システムを村落社会と規定する。安孫子は，社会学のイエ・ムラ論のなかでは，イエ（家族小経営）とムラ（村落社会）の間にイエ連合という媒介環をおく有賀のイエ・ムラ論を評価する（1994b，4－5頁）。小経営を補完するのは，かつては同族団や同族的組織であった。同族団的結合のみがイエ連合だとすれば，同族団や同族的組織の崩壊とともにイエ・ムラも崩壊する。だが，有賀のイエ連合が，同族団的結合をイエ連合の一形態（有賀1943，3頁）とする機能的な家連合論であることで，有賀のイエ・ムラ論の射程は長く広いものになる。

共同体的関係が残る「部落」は，農地改革までにほぼ消滅する。だが，イエを家族小経営と規定するならば，小経営の再生産を補完するイエ連合的村落社会としてのムラは，農地改革後も解体することなく存続する。戦後の家族経営は，個別性・独立性を強めたように見える。だが，防除・水利・基盤整備など土地の管理・利用機能を中心に，単独では遂行できないことが多い。安孫子が，農地改革後のムラを表す用語として，「部落」や「村落共同体」ではなく「村落」という用語を使うのは，家族小経営がある限り，共同体的諸関係や共同体的組織がなくなっても，家族経営を補完する様々なイエ連合および家々の結合，集団，共同関係，共同組織が存続すると考えるからである。安孫子によると，村落一般は，様々な歴史段階にみられる。生産力の低い自給的な段階の小経営と小商品生産的段階の小経営とでは，その内実も小経営を補完システムも異なり，質的に変化している。農地改革後の近代化・民主化された村落は，「部落」というより「集落」[(5)]と表現するほうがふさわしいと述べている。

村研第50回大会（2002）の記念講演では，村研50年の歩みを振り返りながら，10年前の第40回大会時点では「私はまだムラは解体したとはみなかった」（2004，15頁）と回顧する。ムラの解体とは，村落社会を構成するイエ，すなわち家族小経営の解体を意味する。逆にみると，この時までは，日本農業における家族小経営の強靭性を確信していた（1994b，15頁）。法人経営や生産組合も，家族農業経営の集合とでもいうべき性格のもので，農作業，転作，出荷，機械利用等の共同組織はあっても，イエの経営の独立性を否定するような共同経営はほとんどなかった。だが1990年代後半になると，規制緩和によって経済のグローバル化が徹底され，低コストで採算のみを考える市場原理至上主義に歯止めがかからなくなる。こうしたなかで，競争力の弱い農林漁業部門の小経営は世界各地で破滅の危機に瀕する。そして，もし日本で米輸入の完全自由化が実現するならば，その時日本の家族農業経営の大部分は解体するという警句が発せられる（2004，20頁）。解題者から見ても，1990年代半ばから2000年代前半に至るまでの10年間の変化のスピードは急激で，かつてない変化の画期に直面していると考えざるをえなかった。現在もこの傾向は変わらず，加速しながら進行している。家族小経営が解体し資本主義的経営体に替わるとき，家族経営を補完する家連合的村落社会は崩壊し，分析枠組みとしてのイエ・ムラ論も有効性を失う。

有賀は，戦前の日本資本主義論争のなかで，講座派にも労農派にも与しない「第三の立場」を表明したことで知られている。小作料の原義を，地主・小作関係のルーツであるオヤ（本家）・コ（分家）の全体的相互給付関係の一環としての子作の奉仕活動にもとめるのが有賀理論の特質である。このような観点に立つ有賀は，地主・小作関係を高率小作料の搾取・被搾取の一面でしかとらえないマルクス経済学に対する批判的立場を生涯もち続けた。戦後の地主制研究を，社会科学の精緻な理論と方法でリードしてきた安孫子が，有賀のイエ（家族小経営）―イエ連合―ムラ（村落社会）を評価するのは一見すると意外に思える。岩本由輝は，有賀の地主制理解の歴史的射程を「封建制に適合的な地主制，封建制から資本制への過渡期の地主制，農地改革で廃絶された，いわゆる寄生地主制の三段階に分けてみるとき，最初の封建制に適合的な地主制にしか適用できないのではなかろうか」と述べて，有賀の地主－小作関係の理解が，地主制成立期の原義にとどまることを批判している（2002，129-130頁）。このような岩本の有賀批判に安孫子も異論はなかろう。安孫子の地主制研究は，近世の地主制生成期の小作料の原初形態の性格を分析して，賃貸料としての小作料とは質的に異なることを経済学的に指摘したことでも評価されている（本著作集第1巻第5章）。

11　農地改革：ムラ（村落）の土地管理機能

補論3「農地改革と部落―部落の土地管理機能を中心に―」は，『歴史評論』1986年7月号の特集「共同体は変わったか」への寄稿である。補論3および土地管理機能を論じた第3章については，編著『日本地主制と近代村落』(1994) のなかで，共同体の再生を企図する「共同体の復権」であるとする自説に寄せられた森武麿等の批判的コメントを，安孫子自身が紹介している。そして，この批判に対するリプライのかたちで，部落の土地管理機能の歴史的位置づけと村落の土地管理機能について解説する（安孫子 1994a，6-12頁）。

補論3のねらいは，部落の土地管理機能が消滅した農地改革後も，家族小経営を補完する村落の土地管理機能が続いていることを示すことにある。そのような観点からみた農地改革の限界が，ここでは論じられているのである。その基底には，ムラ（村落）の土地はムラ（村落）で管理し利用するという観念のもとで，ムラ（村落）の一員あるいはムラ（村落）が認めた者だけがムラ（村落）の土地を利用できるとする慣行的耕作権の理解が据えられている。ムラ（村落）の慣行的耕作権は，さまざまな歴史段階の村落共同体的社会構成にあっても，共同体的性格を残す明治期の「部落」にあっても，農地改革後の共同体的性格を払拭した村落にあっても存続する。

第3章の論文では，「部落」的土地利用が地主的土地利用との対抗関係のなかで縮小し，戦時体制期の国家・官僚による直接的生産農民の掌握のための一連の小作保護政策のもとで地主制的土地所有もまた制限されるに至る過程が論じられる。昭和初期の小作争議の焦点は，地主の土地取り上げである。これに対抗する小作権の要求は，耕作の継続の保証という意味では，村落の土地管理利用機能と重なるように見える。だが，安孫子は，小作権は，国家の法としての司法制度に守られた近代的な貸借権であり，村落の慣行的な耕作権とは質的に異なると説明する。この区別に加えて，小作権と永小作権も異質な権利として区別されている。永小作権は，所有権の一面を制約する法認された権利で，金銭を支払って獲得する所有権の一種と考えられる。それゆえ，小作争議の展開過程で，部落の土地管理機能は，地主の耕地支配権，商品生産者として成長する農民の耕地管理権（物権的永小作権），農民組合の運動の目指した耕地管理権（賃借権的小作権）という3つのいわば近代的契約的な権利の間にあって縮小される（安孫子 1994a，10頁）。だが，縮小しても完全に消滅したわけではない。小作争議の際の農民組合の戦術である共同田植えを例に挙げ，弱体化してもなお慣行的な耕作権を保証する部落の土地管理機能は存続したと説明する。

戦時体制期の「部落常会」や「部落会」は，名称は「部落」であっても，国家や官僚によって直接掌握され再編された部落的結合であり，明治期の三局面構造の一局面としての「部落」とは異質である。いわば，国家に直接掌握されることで，三局面構造の行政区的局面が極端なまでに肥大化し，部落や講の局面をも統合して再編したものと解される。だが，戦時体制期にあっても，応召農家への耕作援助の割り当てや，増産のための暗渠排水事業の主体に部落がなっていることを例に挙げ，部落の土地管理機能はなお存続していたとする。「部落」による土地管理がほぼ消滅したと安孫子が考える画期は，農地改革である。戦時下の国家による地主制の制限下においてもなお，地主の小作に対する人格的支配力は，部落のなかで温存されていた。部落に残存する共同体的関係は，農地改革前の売り逃げや土地取り上げとして現れ，部落機能は農地改革の足かせになった。だが，このような共同体的諸関係は，農地改革によってほぼ消滅する。安孫子は，「部落」が遂行してきた土地管理機能を評価することはあっても，共同体的諸関係を残す「部落」それ自体を手放しで肯定しているわけではない。

補論3で投げかけられているのは，「部落」という明治期的な形態で遂行されてきた村落（ムラ）の土地管理機能は，農地改革後は，土地改良区や協同組合や行政的な機構に完全にとってかわられ消滅するのかという問いである。農地改革後の村落においては，部落的土地管理は消失する。だが，村落の土地管理機能は存続する。共同体的性格を払拭した農地改革後の家族小経営を結合する村落の土地管理は，部落の土地管理というより，今日的な用語で「集落」の土地管理と表現したほうがふさわしいとされる。そして，土地管理の地域的・集落的対応が要請される今日的状況に照らして，農地改革の限界を指摘する。すなわち，現在の土地問題は，小経営存立の条件としての土地管理が，私的所有権に立脚するだけではすまなくなったところにまできている。このような観点に照らしてみると，経営・利用・耕作の権利よりも所有権を上位においた農地改革の問題から目を背けることはできない。

近世までの共同体的構成にあっても，共同体的関係が残る農地改革前の部落にあっても，農地改革を経て今日に至るまで続く集落にあっても，家族小経営が続く限り，それを補完する村落の土地管理機能は存続する。第2巻の安孫子の論文のなかで，部落と村落一般，村落一般と村落共同体という概念が，一貫して明確に区別されていることを理解するならば，共同体復権説という安孫子の村落論に投げかけられた誤解は払拭されよう。共同体を前近代の本質と考える中村＝安孫子の歴史的な共同体論が，共同体を超歴史的にとらえて肯定し再生を図る立場を容認することはありえない。

村落社会（ムラ）は，共同体が解体し，共同体的諸関係が残る部落が近代的・民主的な集落に変化してもなお，家族小経営（イエ）が資本主義的経営体に変わらない限り存続すると考えられている。安孫子が，ムラ＝村落が解体したと考えるのは，家族小経営が資本主義的経営に変わる時である。1990年代半ば以降の家族経営解体の危機は，変化しながら長く存続してきた村落（ムラ）の土地管理機能をも揺さぶっている。家族小経営解体後の状況を予測して発した安孫子の警句（2004，20頁）を，南郷村の豊かな実証研究に裏打ちされた独自の近代村落論を確立した歴史学者の言葉として重く受け止めねばなるまい。

おわりに

本書に収録されなかった論文を援用しながら，キータームを説明することで安孫子の村落論を解題してきた。ひとつひとつの論文が，〈今・現在〉がつきつける問題の解明につながる現代的意義をもつ。今日の南郷に足を運び，安孫子の思考の跡をたどりたいという思いにすら駆られる。この論集の章立ては，安孫子自身が構想したものだという。50年以上に及ぶ社会科学や村研での論争をとおして練り上げられた精緻な概念を正確に理解することは簡単ではない。とはいえ，第1章から第7章までとおして読むことで，安孫子の村落論の理解を深めることができるし，日本の村落研究の魅力を知ることができる。安孫子の村落論が，歴史学や経済学にとどまらず社会学を含む村落研究にとって今日でも重要な研究上の意義をもつことは明らかである。

［注］

（1） 地域の歴史を単独で書いた『宮城県の 100 年』（1999）を単著とみることはできる。「あとがき」には，安孫子の歴史認識を読みとることができる。

（2） この時の座談会は，安孫子麟，岩本由輝，柿崎京一，細谷昂の 4 人の先達を迎えての会であった。時代状況や当時の論争をふまえて安孫子の研究を掘り下げて理解するには，東北大学退官時の記念座談会「土地と村落を追い求めて―安孫子麟教授にきく」（安孫子他 1992）がふさわしい。

（3） 年報『村落社会研究』（年 1 回発行）は，時潮社，塙書房，御茶の水書房，農山漁村文化協会と出版社を 4 回替えて今日まで刊行されている。『村研年報』に掲載された安孫子の諸論文は，4 つの出版社にまたがる。村研大会の共通課題と『村研年報』特集号のタイトルについては，高橋明善による「研究通信」データベース「解題」（8 -10 頁）参照（日本村落研究学会「研究通信」データベース　http://sonken.adam.ne.jp/　閲覧日 2024 年 5 月 3 日）。

（4） 戦後の村落研究の歩みを語る村研の会報『研究通信』（年 3 〜 4 回発行）は，復刻を望まれるなか，データベース化されて，村研のホームページに，第 1 号から第 200 号（1953 年から 2001 年）まで公開されている（同上）。

（5） 近年は，村研でも部落に替わり集落という用語が使われることが多い。ここでの集落は，村落研究者によく使用されているため便宜的に採用された用語で，「部落」や「共同体」のような学術用語とはいえないだろう。

［引用文献］

安孫子麟（1965）「地主と農民」（中村吉治編）『社会史Ⅱ』山川出版社
―――（1992）「もうひとつの研究の場」『経和会会報』東北大学経済学部同窓会
―――（1994a）「近代村落と共同体的構成」『日本地主制と近代村落』創風社
―――（1994b）「現代農村の生産関係と社会関係―ムラ・イエの解体論をめぐって」『社会学年報』23 号
―――（1998）「戦時下の満州移民と日本の農村」『村落社会研究（ジャーナル）』No.9
―――（1999）『宮城県の 100 年』山川出版社
―――（2004）「21 世紀からみた村研の 50 年―村研 50 周年記念講演」『年報村落社会研究』39 号，農山漁村文化協会
安孫子麟他（1992）「記念座談会　土地と村落を追い求めて―安孫子麟教授にきく

―」『研究年報経済学』53巻4号
有賀喜左衛門（1943）『日本家族制度と小作制度』河出書房（『有賀喜左衛門著作集Ⅰ』未来社，2000年）
岩本由輝（2002）「労働組織としての家父長制家族」佐々木潤之介編『日本家族史論集1　家族史の方法』吉川弘文館
南郷町史編纂委員会（1980・1985）『南郷町史』上・下

（専修大学教授）

著作・論文目録*

① 卒業論文（1952年1月）以降，2004年6月までに刊行された著作を，刊行年月順に配列した。
② 無署名の著作であっても，捨てがたいと考えた著作は取り上げた。
③ 〔共〕は，共著あるいは共同執筆者名のある論文，討論など。
〔編〕は，編著あるいは編集執筆をした著作。
〔無〕は，無署名の著作。
以上の記号のないものは，単独執筆である。
④ 執筆部分はつぎのように示した。
単独執筆の場合は，ページ付けがあれば，pp.10-40と記し，ページ付けのないものは，相当するページの量を（p.2）のように記した。
共著等の場合は，著作全体のページ数を〔p.350〕と記し，続けて執筆部分を，pp.100-130, 210-250のように記した。
⑤ 編者名と発行所が同じ場合は，発行所名を省略した。
⑥ 編者，定期刊行物名が長いとき，初出のつぎから略称を用いた。
⑦ 同一定期刊行物は，初出のつぎから，編者名，発行所名を省略した。
⑧ 書式は安孫子麟編著『日本地主制と近代村落』（創風社，1994年）巻末の「安孫子麟　著作・論文目録」による。

1952. 1　卒業論文　羽州村山郡における商品的農産物の性格　東北大学経済学部へ提出，400字詰276枚

1953. 11　幕末における水ノ目留山と村落構造――煙山村調査報告(2)――〔共〕　東北大学経済学会『研究年報経済学』29号，〔pp.49-114〕pp.53-78.

1954. 3　山村経済実態報告書・部落有林編5（青森県上北郡横浜村）〔共〕　農林省林野庁，〔p.187〕pp.33-94.

7　江戸中期における商品流通をめぐる対抗――羽州村山郡の紅花生産を中心として――　『研究年報経済学』32号，pp.71-118.

12　Historical Review and Constitution of State Forests　The Science Reports of the Research Institutes. Tohoku University. Series D.（以下S. R. R. I. T. U.-Dと略記），Vol. 6, No.1, pp.49-77.

1955. 1　封建部会「寄生地主制の諸問題」討論参加〔共〕　歴史学研究会『歴史と現代――1954年度大会報告――』岩波書店，〔p.276〕pp.121-122, 135, 174.

---

* 〔編者注：この目録は，第1回村落研究を語る会（2005年）で著者により配布された資料による〕

2　書評　七十七銀行編『七十七年史』　東北大学経済学会『経済学会々報』（『研究年報経済学』34 号付録）p.3.

3　明治期における地主経営の展開――南郷町調査報告(1)――　『東北大学農学研究所彙報』6 巻 4 号，pp.225-276.

1956. 2　書評　古島敏雄著『近世入会制度論』・『法律学体系』30 巻（日本評論社）『研究年報経済学』38 号，pp.124-137.

3　大正期における地主経営の構造（上）――南郷町調査報告(4)――　『農研・彙報』7 巻 4 号，pp.315-333.

3　村落構造の史的分析――岩手県煙山村――〔共　中村吉治編〕日本評論社，〔p.908〕pp.242-266, 437-456, 788-841, 890-908.

4　幕末における地主制形成の前提――市場関係の歴史的吟味――　歴史学研究会編『明治維新と地主制』岩波書店，pp.115-150.

7　辞典項目　羽後国延宝五年由利矢島一揆，羽後国延宝七年由利矢島愁訴，羽後国享保十年秋田坊沢一揆，羽後国慶長十七年由利矢島一揆，羽後国慶長八年仙北角館一揆，羽後国慶長八年仙北六郷一揆，羽後国慶長八年比内一揆，羽後国元和三年秋田大森一揆，羽後国天保五年両北浦一揆，羽後国天明五年亀田一揆，羽後国宝暦十三年秋田飯島一揆　日本歴史大辞典編集委員会編『日本歴史大辞典』2 巻，河出書房.

11　辞典項目　買米制度　『日本歴史大辞典』4 巻，河出書房.

1957. 2　大正期における地主経営の構造（下）――南郷町調査報告(5)――　『農研・彙報』8 巻 3 号，p.203-225.

3　草地利用実態調査報告書・昭和 31 年度東北地区（山形県西置賜郡小国町・岩手県岩手郡雫石町）〔共〕　農林省畜産局，〔p.314〕pp.92-169，188-213.

4　草と米と――畜産振興の疑問点――　宮城県農業普及協会『五城農友』121 号，pp.14-15.

5　鴇波一揆――農民運動物語 1 ――〔無〕　『河北新報』昭和 32 年 5 月 16 日号.

6　産業組合運動――農民運動物語 19――〔無〕　『河北新報』昭和 32 年 6 月 7 日号.

11　辞典項目　公儀肝入　『日本歴史大辞典』7 巻，河出書房.

1958. 3　水稲単作地帯における地主制の矛盾と中小地主の動向――南郷町調査報告(6)――　『農研・彙報』9 巻 4 号，pp.291-349.

3　草地利用実態調査報告書・昭和 32 年東北地区（青森県南津軽郡大鰐町）〔共〕　農林省畜産局，〔p.302〕pp.93-170.

3　自分たちだけでやっている家畜共済――山形県上山市のばあい――　『農

村文化』37 巻 3 号，農山漁村文化協会，pp.82-86.

3 辞典項目　佐藤卯兵衛　『日本歴史大辞典』9 巻，河出書房.

7 辞典項目　居免，仙台織，仙台通宝　『日本歴史大辞典』11 巻，河出書房.

9 辞典項目　大省の法　『日本歴史大辞典』12 巻，河出書房.

10 東北農村の変貌〔共〕　村落社会研究会編『戦後農村の変貌』・村落社会研究会年報V，時潮社，〔pp.56-108〕pp.84-108.

11 辞典項目　堤焼　『日本歴史大辞典』13 巻，河出書房.

12 書評　高橋幸八郎・古島敏雄編『養蚕業の発達と地主制』(御茶の水書房)　福島大学経済学会『商学論集』27 巻 3 号，pp.254-265.

1959. 3 The Transition of the Rice-Raising Districts in Post-War Days　S. R. R. I. T. U-D, Vol.10, No.2, pp.125-145.

3 牧野利用構造に関する研究（岩手県九戸郡山形村）〔共〕　農林省林野庁，〔p.167〕pp.1-25, 33-46.

3 草地利用実態調査報告書・昭和 33 年度東北地区（秋田県北秋田郡鷹巣町）〔共〕　農林省畜産局，〔p.226〕pp.1-106, 207-226.

5 辞典項目　紅花　『日本歴史大辞典』16 巻，河出書房.

7 辞典項目　宮城県明治三年登米郡一揆，宮城県明治三年伊具郡一揆，宮城県明治二年登米郡佐沼郷一揆，宮城県明治二年西磐井郡登米郡一揆　『日本歴史大辞典』17 巻，河出書房.

7 東北地方国有林における奥地ブナ林開発と放牧採草地との関係ならびにその対策に関する調査報告書（山形県東置賜郡高畠町）〔共〕　農林省林野庁，〔p.565〕pp.184-186, 216-223.

7 安全保障条約問題とはなんでしょうか〔無〕　東北大学職員組合連合会情宣部，(p.4)

9 農業経済入門〔共　馬場昭・安孫子麟・吉田寛一〕　農山漁村文化協会，〔p.319〕pp.121-203.

9 辞典項目　山田次左衛門，山内甚之丞　『日本歴史大辞典』18 巻，河出書房.

11 辞典項目　陸中国明和元年志和通一揆　『日本歴史大辞典』19 巻，河出書房.

1960. 1 賃金問題に関する討論資料〔無〕　東北大学職員組合連合会給与対策部，pp.1-21.

3 昭和期における地主的土地所有——南郷町調査報告(10)——〔共〕　『農研・彙報』11 巻 3 号，〔pp.271-288〕全ページ.

3 草地農業の経済的研究〔共〕　『農研・彙報』11 巻 4 号，〔pp.402-426〕pp.402-406, 410-426.

3　北上川――産業開発と地域変動――〔共　日本人文科学会編〕　東京大学出版会，〔p.668〕pp.273-282, 332-360.

7　大崎耕土の村・ある地主の物語　下中邦彦編『日本残酷物語』第五部・近代の暗黒，平凡社，pp.264-284.

7　戦後農業資本形成に関する研究――農業財政投融資と農業資本形成に関する研究（宮城県遠田郡田尻町）――〔共〕　農林省農林漁業試験研究費補助金研究報告書，〔p.115〕pp.38-69.

7　安保条約廃棄改定反対闘争の総括〔無〕　東北大学安保条約反対全学連絡会議，pp.1-10.

1961. 2　山地酪農経営　岩片磯雄・金沢夏樹編『農業経営の進路』4，農山漁村文化協会，pp.42-63.

2　日本地主制分析に関する一試論　『農研・彙報』12巻2号，pp.199-216.

3　日本地主制分析に関する一試論（承前）　『農研・彙報』12巻3号，pp.239-260.

3　戦後農業資本形成に関する研究――農業財政投融資と農業資本形成に関する研究（長野県上高井郡小布施町）――〔共〕　農林省農林漁業試験研究費補助金研究報告書，〔p.80〕pp.31-45.

3　軽種馬小作の経済構造に関する実態調査――昭和34年度（北海道浦河郡浦河町）〔共〕　中央畜産会，〔p.249〕pp.219-249.

3　行㈠行㈡不当格付反対闘争について〔無〕　日本教職員組合大学部，教発659，〔p.39〕pp.9-19.

7　On Intensive Utilization of Common Grassland　S. R. R. I. T. U-D, Vol.12, No.2, pp.105-131.

1962. 3　幕末における領主財産の危機――山形水野藩財政を中心として――　『研究年報経済学』23巻4号，pp.97-166.

3　長野県小布施町における共同資本の育成　庄司吉之助編『戦後農業資本に関する研究――農業財政投融資と農業資本の形成――』福島大学，pp.117-133.

3　Landlordly Landownership in The Showa Era　S. R. R. I. T. U-D, Vol.13, No.1, pp.7-25.

12　軽種馬小作の経済構造に関する実態調査――昭和35年度（北海道静内郡静内町）〔共〕　日本中央競馬会，〔p.122〕pp.57-122.

12　大学管理運営における自主性について〔編・無〕　東北大学職員組合連合会『日教組第12次教育研究集会報告書』17分科会，pp.1-15.

1963. 3　和牛生産からみた牧野利用の高度化に関する研究（青森県上北郡十和田町）〔共〕　農林省畜産局，〔p.61〕pp.3-8, 11-13, 16-20, 22-28, 50-54.

5　幕末・維新史における地域分析　歴史学研究会『歴史学研究』276号，青木書店，pp.29-30.

7　水稲単作地域における経営規模別階層の分化――庄内飽海郡中平田地区の分析――　『農研・彙報』15巻1号，pp.63-85.

8　幕末・明治前期の産業体制と地主制の役割　『歴史学研究』279号，pp.10-15.

8　国立学校設置法の一部改定の問題点〔無〕　日教組大学部『大学部報』1963年4号，教発173，(p.4).

10　水稲単作農業の動向と農民層の分解　村落社会研究会編『農民層分解と農民組織』・村落社会研究年報 IX，時潮社，pp.165-194.

10　農業における土地所有と土地価格　全国農業協同組合中央会編『農協教科書　新しい農業経済』同会，pp.72-110.

12　大学における科学技術政策〔編・無〕　東北大職組連『日教組第13次教育研究集会報告書』17分科会，〔p.26〕pp.1-12, 23-26.

1964. 1　軽種馬小作の経済構造に関する実態調査――昭和36年度（北海道浦河・静内・新冠・門別各町）〔共〕　日本中央競馬会，〔p.151〕pp.65-151.

3　Trend of Single-Crop Farming and Disintegration of the Farmers' Class　S. R. R. I. T. U-D, Vol.15, No.2, pp.151-174.

3　農地価格の形成要因とその地帯的性格に関する研究（宮城県栗原郡若柳町）〔共　阪本楠彦編〕　農林水産業特別試験研究費補助金研究報告書，〔p.81〕pp.35-50.

3　農地改革によって生じた農村の社会経済的変化と現状――類型農村の階層別農家の農政学的・農村社会学的な実態分析（第1部）――（宮城県遠田郡南郷町）〔共〕　内閣総理大臣官房臨時農地等被買収者問題調査室，〔p.152〕pp.17-38, 48-66.
（再録　日本産業構造研究所『農地改革によって生じた農村の社会的経済的変化とその現状に関する調査研究(1)――東日本における典型農村の階層別類型農家の実態分析による――』1964.3）

11　宮城学芸大学の設置に関する意見〔無〕　東北大職組連（東北大学教育学部教授会宛），(p.4)

11　ふたたび宮城学芸大学設置問題に関して〔無〕　東北大職組連（東北大学教育学部教授会宛），(p.4)

12　東北大学評議会の教員養成課程廃止決定に関する声明〔無〕　東北大学平和と民主教育を守る連絡会議，(p.1)

12　再び大学の自治について〔編・無〕　東北大職組連『日教組第14次教育研究集会報告書』18分科会，〔p.35〕pp.18-23, 26, 29-31, 33-35.

1965. 2　地主制と共同体――いわゆる「部落共同体」の歴史的検討――　中村吉治教授還暦記念論集刊行会編『共同体の史的考察』日本評論社，pp.327-367.

2　研究動向　明治以降に関する共同体論　同上書，pp.479-502.

3　農業生産力の展開と農村労働力就業構造の変貌――青森県津軽地方のりんご生産地帯――〔共〕　『農研・彙報』16巻3・4号，〔pp.151-184〕全ページ.

3　書評　木村礎・杉本敏夫編『譜代藩政の展開と明治維新――下総佐倉藩――』（文雅堂銀行研究社）　『歴史学研究』298号，pp.41-45.

7　書評　菅野俊作著『小岩井農場の経営構造』（風間書店）　『河北新報』昭和40年7月19日号.

7　本学移転計画（青葉山移転問題）に関するわれわれの意見〔無〕　東北大学平和と民主教育を守る連絡会議（東北大学評議員宛），（p.2）

7　わたしたちはこんな討議をしています(1)〔無〕　第3回国公立大学婦人職員全国集会実行委員会『第3回全国大学婦人集会ニュース』2号，p.3.

7　わたしたちはこんな討議をしています(2)〔無〕　同上『集会ニュース』3号，pp.2-3.

8　わたしたちはこんな討議をしています(3)〔無〕　同上『集会ニュース』4号，pp.2-3.

8　第3回国公立大学婦人職員集会のための討議資料〔編・無〕　日教組大学部，教発139，〔p.32〕pp.1-17, 24-32.

10　研究動向　経済学における村落研究　村落社会研究会編『村落社会研究』1集，塙書房，pp.283-290.

10　社会史Ⅰ――体系日本史叢書8――〔共　中村吉治編〕　山川出版社，〔p.371〕pp.169-182.

12　農家経済と農業近代化資金の動向――投資効果の実態報告――（福島県原町市）〔共〕　福島県農政部，〔p.198〕pp.79-104.

12　「学園整備計画」と大学の自治――東北大学の九月のたたかい――〔編・無〕　東北大職組連『日教組第15次教育研究集会報告書』18分科会，〔p.37〕pp.1-3, 18-21.

12　第3回国公立大学婦人職員全国集会報告書〔編・無〕　日教組大学部，〔p.42〕pp.4-5, 7-8, 15-18.

1966. 2　社会史Ⅱ――体系日本史叢書9――〔共　中村吉治編〕　山川出版社，〔p.466〕pp.232-249, 369-466.

5　近代日本の地主と農民――水稲単作農業の経済学的研究・南郷村――〔共　須永重光編〕　御茶の水書房，〔p.540〕pp.27-39，158-184, 246-282,

439-474, 505-513.

5　諏訪製糸業研究のための一覚書　東北大学日本経済史研究室『月報社会史研究』1巻2号，pp.1-3.

7　学園での十二年間　東北大学農学研究所職員組合『ひろば』復刊8号，pp.1-2.

1967. 3　幕末期の流通統制と領国体制――羽州村山郡における「郡中議定」――　小樽商科大学経済学会『商学討究』17巻4号，pp.1-54.

3　「農家経済解体」と家族農業労働力　『研究年報経済学』28巻3・4号，pp.55-71.

9　農地改革による村落体制の変化――水稲単作地帯における地主制廃棄過程――　『村落社会研究』3集，塙書房，pp.99-152.

10　「結婚退職制」と婦人の立場　菊池由美子さんの文集発行実行委員会編『泣くよりも胸をはって――結婚による不当解雇と闘った勝利の記録――』pp.16-19.

12　軽種馬仔わけの生産構造に関する調査――昭和41年度（青森県三戸・八戸地方）〔共〕　日本中央競馬会，〔p.168〕pp.119-168.

1968. 1　日本経済史〔共　中村吉治編〕　山川出版社，〔p.314〕pp.174-185, 272-298.

3　北海道関係資料目録――小樽商科大学経済研究所特殊文献目録3――〔編〕　小樽商科大学経済研究所資料部，〔p.183〕

3　昭和20年代後半の中村研究室――中村研究室年代記 Ⅲ――　『月報社会史研究』2巻12号，pp.7-9.

3　宮城県農民運動史〔共　中村吉治編〕　日本評論社，〔p.1310〕pp.3-14, 45-65, 84-101, 179-244, 404-419.

7　問屋再興期の商品流通――問屋再興令評価のための序論――　『研究年報経済学』29巻3・4号，pp.117-135.

1969. 4　私の学位論文　小樽商科大学緑丘新聞会『小樽商大緑丘新聞』371号，1969年4月25日号.

5　1968年の歴史学界――回顧と展望・日本史・近代経済史　史学会『史学雑誌』78編5号，山川出版社，pp.149-156.

6　地主経営と農村の階級構成――山形県庄内旧中平田村の分析――　森嘉兵衛教授退官記念論文集編集委員会編『社会経済史の諸問題』法政大学出版局，pp.103-122.

8　推薦文　今後の地主制史研究に寄与　安良城盛昭編『貴族院多額納税者議員互選人名簿』全50巻，パンフレット，御茶の水書房.

9　農業における土地所有と土地価格　全国農業協同組合中央会編『農業経

済概論』同会，pp.97-126.

1970. 6　裁判証言　東北大学自治侵害事件対策委員会編『東北大学自治侵害事件公判記録集』3集・教官証言集，pp.253-311.

8　婦人労働と「家庭科教育」〔共〕　北海道家庭科教育研究者連盟『第3回全道家庭科研究集会討議要項』〔pp.5-14〕pp.5-6, 10-14.

10　研究動向　史学・経済史学における村落研究　『村落社会研究』6集，塙書房，pp.385-392.

1971. 2　限られた言葉　小樽商科大学学生部学生課『学園だより』創刊号，p.3.

3　山形市史　中巻・近世編〔共　山形市史編纂委員会編〕　山形市，〔p.1155〕pp.751-814.

3　村落社会研究の方法・報告討論〔共〕　村落社会研究会『研究通信』75号，〔pp.1-8〕全ページ.

6　寄生地主制論　歴史学研究会・日本史研究会編『講座日本史』9・日本史学論争，東京大学出版会，pp.149-182.

7　「アカデミア」復刊によせて　小樽商科大学ゼミナール協議会『緑丘アカデミア』復刊1号，p.2.

7　書評　藤田五郎著『近世経済史の研究』・藤田五郎著作集第5巻（御茶の水書房）　『日本読書新聞』1605号，昭和46年7月19日号.

9　「現場」に立つ　小樽商科大学学生部学生課『学園だより』2号，p.2.

10　村落社会研究の課題と方法　『村落社会研究』7集，塙書房，pp.163-185.

1972. 1　婦人の労働と婦人解放　北海道家教連『1972年冬季合宿研究会テキスト』pp.1-5.

2　歴史科学としての経済学〔共　嶋田隆・矢木明夫編〕　山川出版社，〔p.317〕pp.280-317.

3　婦人の労働と婦人解放　北海道家教連『会報』17号，pp.2-6.

6　基調報告――いのちとくらしを守る家庭科教育を地域・父母と手を結んでどう進めたか　北海道民間教育研究団体連絡協議会『民教』24号，pp.4-6.

（再録　北海道家教連『会報』19号，1972.7.）

7　書評　矢木明夫著『封建領主制と共同体』（塙書房）　『日本読書新聞』1659号，昭和47年7月24日号.

12　第2回東北農文協シンポジウム「東北農業の技術的諸課題と発展の形態」討論参加〔共〕　『農村文化運動』48号，農山漁村文化協会，〔p.53〕pp.46-47.

12　思いだすこと――はじめてのストライキ――　宮城教育大学職員組合『職組ニュース』16号，pp.12-14.

1973. 1　日本地主制規定の視角について――明治30年代確立説をめぐる二，三の問題――　『社会科学の方法』6巻1号，御茶の水書房，pp.1-6，16.

1　婦人解放と婦人の労働　札幌婦人問題研究会『前進する婦人』8号，pp.2-11.
（再録　北海道家教連『会報』24号，1973.7.）

1　農家経済のしくみを考える――農業経済講座1――　『現代農業』52巻1号，農山漁村文化協会，pp.360-365.

2　資本は農家経営をねらっている――農業経済講座2――　『現代農業』52巻2号，pp.360-365.

3　家族経営における「生産力」――農業経済講座3――　『現代農業』52巻3号，pp.358-363.

3　働くものの要求実現と権利の擁護　宮教大職組『職組ニュース』17号，pp.1-4.

4　地方史研究のひとつの視角――国内市場＝社会的分業のなかの「地方」――茨城県郷土史の会『会報』7号，pp.1-2.

4　書評　永原慶二・中村政則・西田美昭・松元宏著『日本地主制の構成と段階』（東京大学出版会）　土地制度史学会『土地制度史学』15巻3号，pp.76-78, 59.

4　会員通信　大会テーマについて　村研『研究通信』85号，pp.5-7.

4　機械化と家族経営のゆがみ――農業経済講座4――　『現代農業』52巻4号，pp.358-363.

4　家族経営と経営規模の拡大――農業経済講座5――　『現代農業』52巻5号，pp.358-363.

6　「土地所有」の意味と家族経営――農業経済講座6――　『現代農業』52巻6号，pp.358-363.

6　小農経営をめぐる農業経済学上の諸問題――第2回東北農文協シンポジウム経済分科会の検討会の記録――〔共〕　『農村文化運動』50号,〔p.43〕pp.15-43.

7　農家経営における地価の負担――農業経済講座7――　『現代農業』52巻7号，pp.358-363.

8　農産物の販売と農家経営――農業経済講座8――　『現代農業』52巻8号，pp.358-363.

8　書評　今田信一著『最上紅花史の研究』（井場書店）　『歴史学研究』399号，pp.48-51.

9　農民層分解論の現段階的把握について　『東北大学農学研究所報告』（彙報の改題）25巻1号，pp.57-90.

9　家族経営と価格形成――農業経済講座9――　『現代農業』52巻9号，pp.358-363.
10　なぜ農業で食えなくなるか――農業経済講座10――　『現代農業』52巻10号，pp.358-363.
10　「助手問題」と組合　宮教大職組『職組ニュース』18号，pp.1-5.
11　「兼業」は農家を解体する――農業経済講座11――　『現代農業』52巻11号，pp.358-363.
12　家族経営を発展させる共同の力――農業経済講座12――　『現代農業』52巻12号，pp.352-357.
12　第3回東北農文協シンポジウム「東北農業における飼料自給の可能性」総合討論司会〔共〕　『農村文化運動』52号，〔p.135〕pp.111-135.
12　婦人解放の基礎的視点――マルクス主義古典理論に学ぶ(1)――　東北大学学友会新聞部『東北大学新聞』1973年12月20日号.
1974. 1　婦人解放の基礎的視点――マルクス主義古典理論に学ぶ(2)――　『東北大学新聞』1974年1月30日号.
2　婦人の労働と家庭観――家事労働の歴史的役割――　『家庭科教育』48巻2号，家政教育社，pp.8-13.
4　宿題委員通信　課題の設定について　村研『研究通信』91号，pp.10-12.
7　都市の家と農村の家　村研『研究通信』92号，pp.1-10.
7　農民層分解論の現段階的把握　吉田寛一編『労働市場の展開と農民層分解』農山漁村文化協会，pp.67-120.
8　家庭経済の機能と「家事」労働　北海道家教連『会報』29号，pp.7-13.
9　地主制――シンポジウム日本歴史17――〔共　司会山崎隆三〕　学生社，〔p.302〕pp.9-267. うち報告分pp.227-241.
9　東北大学教員養成課程の廃止10年に際して　『東北大学自治侵害事件守る会ニュース』54号，p.2.
10　家庭経済の機能と「家事」労働――働くものの家庭観のために――　北海道家教連『会報』30号，pp.1-9.
12　第4回東北農文協シンポジウム「東北農業における地力維持問題」総括討論参加〔共〕　『農村文化運動』56号，〔p.90〕pp.82-83.
1975. 1　農村の工業化に思う　『河北新報』昭和50年1月1日号.
2　山形市史　下巻・近代編〔共　山形市史編纂委員会編〕　山形市，〔p.1012〕pp.535-596, 860-905.
7　国際婦人年と家庭科教育　北海道家教連『会報』34号，pp.6-10.
9　日本農業分析における栗原理論――戦前日本農業の把握を中心として――『社会科学の方法』8巻9号，pp.1-7.

9　婦人解放のみちすじ　　みやぎ婦人講座『学習のしおり』pp.6-9.

10　国際婦人年と家庭科教育――北海道家教連『会報』35 号，pp.1-5.

11　宮城教育大学職員組合の課題――挨拶にかえて――　　宮教大職組『職組ニュース』22 号，pp.16-18.

11　東北ブロック教研に参加して　　同上『ニュース』pp.19-21.

11　項目解説　産米政策と小作争議の発生，農民運動の展開，農民運動の激化と自創政策，食糧管理と地主制の変容　　大石嘉一郎・宮本憲一編『日本資本主義発達史の基礎知識』有斐閣，pp.262-263, 341-342, 372-373, 422-424.

11　真木実彦氏の講演によせて　　宮城教育大学学生自治会『講演会パンフレット』p.3.

12　市町村史編纂における歴史意識について　　『歴史学研究』427 号，pp.44-49.

1976. 1　農村生活の歴史と現状――農民にとっての“生活破壊”とはなにか・報告討論〔共〕　　村研『研究通信』100 号，〔pp.15-47〕全ページ.

3　過疎農村における農業の解体と再編　　斎藤晴造編『過疎の実証分析――東日本と西日本の比較研究――』法政大学出版局，pp.46-55.

3　北海道山村における挙家離農と農業経営の再編過程――北海道上川支庁占冠村――　　同上書，pp.509-537.

3　第 5 回東北農文協シンポジウム「東北農業における機械化段階と複合経営の諸問題」司会・討論参加〔共〕　『農村文化運動』61 号，〔pp.2-80〕pp.65-68, 74.

5　小さな挑戦者　　宮城教育大学附属小学校父母教師会『いずみ』89 号，p.1.

6　辞任にあたって　　宮教大職組『職組ニュース』23 号，pp.22-24.

6　東京学芸大学大学院見聞記　　同上『ニュース』pp.2-4.

6　公開研究会にあたって　　宮教大附小『昭和 51 年度公開研究会要項』p.1.

7　家庭科における学力をどうおさえるか　　北海道家教連『会報』39 号，pp.8-11.

8　公開研究会を終えて　　宮教大附小父母教師会『いずみ』90 号，p.1.

8　「現段階の農民層分解」論の理解について――田代・宇野・宇佐美の近著によせて――　　『社会科学の方法』9 巻 8 号，pp.10-16.

9　公教育の「私的」性格について　　宮城教育振興会『みやぎ教育振興』38 号，pp.2-3.

9　研究動向　経済学における村落研究　　『村落社会研究』12 集，御茶の水書房，pp.297-305.

10　生産組織と生活破壊・討論参加〔共〕　村研『研究通信』104号，〔pp.16-27〕pp.19-27.

11　体育大会のめざすもの　宮教大附小父母教師会『いずみ』91号，p.1.

11　学ぶということ　宮教大学生部『学園だより』23号，p.1.

1977. 1　中村吉治の共同体論　『伝統と現代』8巻1号，伝統と現代社，pp.158-165.

2　家庭科教育の目標はなにか　『家庭科教育』51巻2号，家政教育社，pp.8-12.

3　戦後日本の農村調査文献目録・安孫子麟　福武直編『戦後日本の農村調査』東京大学出版会，pp.332-335.

3　複合経営の論理と成立条件　『農村文化運動』65号，pp.130-143.（討論pp.143-169).

3　卒業生に期待する　宮教大附小父母教師会『いずみ』93号，p.1.

3　魅力ある豊かな個性を　宮教大附小卒業記念文集・昭和51年度『いずみ』18号，p.1.

3　一冊の本と図書館　宮教大図書館『図書館ニュース』8号，p.1.

4　農地改革　『岩波講座日本歴史』22巻・現代1，岩波書店，pp.175-219.

5　豊かなこども　宮教大附小父母教師会『いずみ』94号，p.1.

6　公開研究会にあたって　宮教大附小『昭和52年度公開研究会要項』p.1.

6　村落生活の変化と現状――その主体的再編成をめぐって――討論参加〔共〕村研『研究通信』107号，〔pp.21-48〕pp.31-48.

7　農地改革後土地所有の性格について　宮城歴史科学研究会『宮城歴史科学研究』3号，pp.1-13.

7　公開研究会を終えて　宮教大附小父母教師会『いずみ』95号，p.1.

8　宇佐美氏の反批判によせて――現段階の農民層分解について――　『社会科学の方法』10巻8号，pp.8-11.

8　素人が校長になって考えたこと――一年間をかえりみて――　宮教大附小『もくせい』8号，pp.1-8.

9　農業危機　中村政則・石井寛治・海野福寿編『近代日本経済史を学ぶ』下巻，有斐閣，pp.46-62.

11　宮教大よもやま話・座談会〔共〕　宮教大豊かな大学生活をきずく会『きずく会ニュース』1号，p.2.

11　戦勝の蔭に泣く農民――宮城県農民運動史物語「土地と自由を求めて」・近代農民運動の幕明け(1)――〔筆名千谷道生〕　『新みやぎ』535号，新みやぎ社，p.4.

11　相つぐ凶作と米穀検査――同上(2)――　『新みやぎ』537号，p.4.

12　立ちあがる小作農民――同上(3)――　『新みやぎ』540 号，p.4.

12　小作人同盟会のたたかい――同上(4)――　『新みやぎ』541 号，p.4.

12　地主制の展開(1)，(2)　塩沢君夫・後藤靖編『日本経済史』有斐閣，pp.342-350, 395-403.

1978. 1　村研大会をかえりみて　村研『研究通信』109 号，pp.1-6.

1　アンケート回答　エリート校批判と入試改革について〔無〕　『のびのび』5 巻 1 号，朝日新聞社，pp.39-40.

1　連合する小作同盟会――前出近代農民運動の幕明け(5)――　『新みやぎ』543 号，p.4.

2　同盟会の要求と戦術――同上(6)――　『新みやぎ』546 号，p.4.

2　地主，ついに屈服――同上(7)――　『新みやぎ』547 号，p.4.

2　同盟会の闘いはひろがる――同上(8)――　『新みやぎ』549 号，p.4.

2　授業研究と教材研究の間　宮教大附小『もくせい』9 号，pp.1-3.

3　「もくせい」10 号によせて　同上『もくせい』10 号，p.1.

3　自分の目を持とう　宮教大附小卒業記念文集・昭和 52 年度（卒業アルバムと合冊）p.1.

3　支配する地主たち――前出近代農民運動の幕明け(9)――　『新みやぎ』551 号，p.4.

3　近代的運動の基盤は何か――同上(10)――　『新みやぎ』554 号，p.2.

5　日本経済史〔共　嶋田隆・矢木明夫編〕　山川出版社，〔p.326〕pp.180-195, 278-300, 308-326.

5　こどもが育つということ　宮教大附小父母教師会『いずみ』99 号.

6　公開研究会にあたって　宮教大附小『昭和 53 年度公開研究会要項』p.1.

6　資本循環の論理と農業　東北農村文化協会『第 7 回東北農文協シンポジウム経済分科会報告書』pp.5-7.

8　「白わく」活動にかける願い　『特別活動』11 巻 8 号，日本文化科学社，p.5.

9　地主的土地所有の解体過程　菅野俊作・安孫子麟編『国家独占資本主義下の日本農業』農山漁村文化協会，pp.13-43.

9　吉田寛一先生の業績によせて　同上書，序 pp.7-16.

9　よりよい PTA 新聞づくりをめざして・対談〔共〕　宮教大附小父母教師会『いずみ』100 号，p.3.

12　近代教育がかかえる矛盾――経済史家のみた小学校――　『教育の森』3 巻 12 号，毎日新聞社，pp.118-125.

1979. 1　教科と合科　宮城教育振興会『みやぎ教育振興』43 号，pp.2-3.

1　社会認識を深める社会科教材のありかた――暗記物でない社会科のために

――　宮教大附小『もくせい』12 号，pp.1-5.

3　卒業生諸君ありがとう　あとは頼んだよ　力を尽して生きたまえ　宮教大父母教師会『いずみ』102 号，p.1.

3　お話しじょうずになろう　宮教大附小『いずみ』1・2・3 年，1 号，p.1.

3　文は生きている　宮教大附小『いずみ』4・5 年，1 号，p.1.

3　君が苦しいときに　宮教大附小卒業記念文集・昭和 53 年度『いずみ』20 号，p.1.

3　小学校教員養成課程における社会科学教育の改善に関する実践〔編〕　宮城教育大学社会科プロジェクト，〔p.91〕pp.23, 29-32, 48-51, 57-62, 68, 75-91.

4　辞典項目　地主制論争　経済学辞典編集委員会編『大月経済学辞典』大月書店.

4　日本の近代化過程と村落共同体　『歴史公論』5 巻 4 号，雄山閣出版，pp.119-123.

5　「栄養」の条件　日本栄養士会宮城県支部『栄養みやぎ』20 号，pp.17-20.

6　辞典項目　地主制，地主制論争，質地地主，手作地主　大阪市立大学経済研究所編『経済学辞典』第二版，岩波書店.

10　コメント　暉峻・西田報告に対する討論　土地制度史学会編『資本と土地所有』農林統計協会，pp.263-267.

12　大学部東北地区教研に参加して　宮教大職組『職組ニュース』30 号，p.27.

1980. 2　農業への視座――今農業・農村は――　宮教大生活協同組合『生協 News』4 号，pp.2-3.

3　(復刊) 村落構造の史的分析――岩手県煙山村――〔共　中村吉治編〕　御茶の水書房.

3　山形市史　近現代編〔共　山形市史編纂委員会編〕　山形市，〔p.803〕pp.51-64.

4　農村自治――構造と論理――　村研『研究通信』119 号，pp.1-6.

7　社会関係文書　社会問題，都市問題・農村問題　三上昭美編『日本古文書学講座』10・近代編 II，雄山閣出版，pp.135-148, 163-174.

7　家事労働をどうとらえるか　家庭科教育研究者連盟『第 15 回夏季集会要項』pp.10-11.

8　最近の家庭政策と婦人の問題　国際婦人年みやぎ婦人のつどい『ニュース』7 号，pp.5-7.

11　書評　中村政則著『近代日本地主制史研究』(東京大学出版会)　『歴史評論』367 号，校倉書房，pp.107-110.

12　南郷町史　上巻〔編〕　宮城県遠田郡南郷町，〔p.1090〕pp.3-23, 315-341, 352-371, 382-402, 443-559, 571-605, 684-718, 815-821, 848-861, 872-884, 930-992, 1074-1090, あとがき (p.7)

1981. 3　日本資本主義の展開過程と地主制　代表矢木明夫『日本資本主義の展開過程と村落構造の変容』昭和 55 年度科学研究費補助金研究成果報告書，pp.30-36.

6　家庭の日をめぐる婦人政策を考える　『宮城県教育新聞』号外・高教組婦人部報，pp.10-13.

9　農業の再生と国民の生活　十勝高等学校家庭科研究会『30 年のあゆみ』pp.3-9.

1982. 3　親として――卒業式にあたって――　仙台市立立町小学校 PTA 広報委員会『たちまち』32 号.

3　科学を学ぶ力を求めて――第 66 合研の 3 年間――　宮城教育大学 A コース教育プロジェクト (代表安孫子麟)『A コース教育過程の実践的探求――いわゆる “合研教育” の点検とその再創造――』昭和 56 年度大学教育方法等改善経費報告書，pp.106-113.

3　視察記　横浜国立大学大学院教育研究科　同上書，pp.114-115.

3　農地改革と農民的土地所有　同上書，pp.132-134.

4　事典項目　北上川改修，品井沼干拓，地価修正問題　河北新報社宮城県百科事典編集本部『宮城県百科事典』河北新報社.

4　村落の変貌と村落研究の論点――戦後の村落研究をふりかえって――　村研『研究通信』127 号，pp.8-13 (討論 pp.13-26)

7　(復刊) 宮城県農民運動史　Ⅰ・Ⅱ〔共　中村吉治編〕　国書刊行会.

7　宮城教育大学における教育体制改革　日教組大学部『第 2 回大学部教職員研究集会分科会レポート集』pp.81-82.
(再録　宮教大職組『職組ニュース』36 号，1983.1.)

8　村落社会研究会三十周年にあたって・座談会司会〔共〕　村研『研究通信』129 号，pp.1-26.

9　戦後村落研究の諸論点――“村研” 30 年によせて――　『社会科学の方法』15 巻 9 号，pp.1-6.

9　近代村落の本質と展開過程――明治・戦前期を対象として――　村研『研究通信』130 号，pp.3-5.

9　“教科書問題” について訴える――その状勢と運動――　『宮城歴史科学研究』17・18 号，pp.29-30.

12　学ぶことの出発点　日本教育大学協会『会報』45号，pp.5-7.

1983. 2　建部清庵著『民間備荒録』翻刻・書下し・現代語訳・注釈・解題〔共〕『日本農書全集』18巻，農山漁村文化協会，〔pp.3-235〕pp.5-111, 197-235.

3　授業「農業のはじまり」について　宮城教育大学『授業分析センター研究紀要』3号，pp.58-65.

3　科学的な社会認識ができる力を求めて――小学校教員養成課程における社会科学学習――　宮城教育大学国語・社会・外国語プロジェクト・チーム（代表若生達夫）『小学校専門科目と教科教育の関連による授業内容の再構成の研究――国語・社会・外国語を中心にして――』昭和57年度大学教育方法等改善経費報告書，pp.24-32.

3　村落における地主支配体制の変質過程――宮城県南郷村における「分村問題」――　『研究年報経済学』44巻4号，pp.81-94.

3　卒業する人たちへ　宮教大第66合同研究室『金曜会』創世記，p.1.

4　書評『山形県史』資料篇18・近世史料3（山形県総務部）　『山形新聞』夕刊，昭和58年4月21日号.

4　『東北農業―技術と経営の総合分析』をめぐって　総合司会　東北農村文化協会『第11回東北農文協シンポジウムの記録』pp.4-105.

9　近代村落の三局面構造とその展開過程　『村落社会研究』19集，御茶の水書房，pp.3-35.

9　第33回東北・北海道地区大学一般教育研究会・人文社会分科会司会・討論〔共〕　『第33回東北・北海道地区大学一般教育研究会議事要旨』〔p.61〕pp.24-29, 47-48.

1984. 1　大学を創るということ――シリーズ林氏と私(4)――　林竹二講演会実行委員会『林竹二講演会 News』5号，pp.1-2.

3　ゼミナール三景　宮教大経済学演習『研究年報経済学』1巻1号，pp.17-19.

3　また春がきて‥…　宮教大第66合同研究室『金曜会』1983-1984，P.1.

4　“卒業”の条件　宮教大生活協同組合「すいせん図書」pp.16-17.

8　書評『山形県史』4巻・通史近現代編（上）（山形県総務部）　『山形新聞』夕刊，昭和59年8月9日号.

9　人権としての婦人労働問題　『名寄新聞』昭和59年9月16日号.

10　大学案内　『昭和60年度宮城教育大学学生募集要項・附大学案内』pp.10-12.

11　『物語宮城県農民運動史』によせて　斎藤芳郎著『物語宮城県農民運動史』上巻，ひかり書房，序文p.2.

11　事典項目　寄生地主制，経済外的強制　『平凡社大百科事典』4，平凡社，pp.2-3, 1134-1135.

11　事典項目　耕地整理，小作制度　『平凡社大百科事典』5，平凡社，pp.523, 856-858.

12　地域の歴史遺産と自治体　仙台市政を発展させる研究者の会『会報』7号，p.1.

（再録『宮城歴史科学研究』23号，1984.12）

1985. 2　去り行く人に　宮教大第66合同研究室『金曜会』1984-1985，p.1.

3　南郷町史　下巻〔編〕　宮城県遠田郡南郷町，〔p.1145〕pp.3-52, 132-148, 164-214, 252-271, 336-398, 411-430, 447-499, 561-571, 594-600, 666-673, 723-741, 748-802, 830-853, 902-914, 1024-1068, 1101-1121, あとがき(p.5)

3　地域の歴史遺産と自治体　仙台市政を発展させる研究者の会『仙台市政に対する提言』pp.1-3.

5　卒業論文の「志」　宮教大社会科演習代表者会議『G. S. ——たのしい社会科』20号，p.3.

6　事典項目　名子，農民層分解　『平凡社大百科事典』11，平凡社，pp.97-98, 786.

6　村落社会と農民層分解　地域経済セミナー『会報』9号，山形大学農学部農業経済研究室，pp.1-10.

6　教員養成大学・学部の課程制に関する調査報告〔共〕　日本教育大学協会『会報』50号，〔pp.25-93〕pp.28-40.

8　書評　大石嘉一郎編『近代日本における地主経営の展開』（御茶の水書房）『農林水産図書資料月報』36巻8号，農林統計協会，p.260.

9　本源的土地所有について・討論司会〔共〕　村研『研究通信』141号，pp.7-13.

9　宮城教育大学における入学者選抜方法改善の試み　日教組大学部『第5回大学部教職員研究集会分科会レポート集』p.45.

9　追憶断章　斎藤晴造先生追想文集編集委員会編『紫煙珈琲』同会，pp.167-171.

9　斎藤芳郎『物語宮城農民運動史』全3巻の完結によせて　『宮城歴史科学研究』24号，pp.13-14.

10　地主制下における土地管理・利用秩序をめぐる対抗関係　村研『研究通信』142号，pp.8-10.

11　人類社会存続のための物的諸条件　歴史学研究会・日本史研究会編『講座日本歴史』13・歴史における現在，東京大学出版会，pp.1-23.

11　お別れのことば　宮教大第66合同研究室編『教師になりゆく道——日向

俊道君追悼・遺文集』pp.1-2.
（再録　日向徹雄編『日向俊道遺文集』1986.7）

11　辞典項目　佐藤卯兵衛　国史大辞典編集委員会『国史大辞典』6巻，吉川弘文館，p.407.

1986. 1　書評　大場正巳著『本間家の俵田渡口米制の実証分析』（御茶の水書房）『土地制度史学』28巻2号，pp.63-66.

2　卒業生に渡すもの　宮教大第66合同研究室『金曜会』1985-1986，p.1.

3　明治初年の欧米認識にみられる実学観――岩倉使節団の認識を素材として――　宮城教育大学社会科プロジェクト（代表安孫子麟）『世界認識と国際理解教育に関する基礎研究』昭和59・60年度特定研究報告書，pp.14-24.

3　書評　荒木幹雄著『農業史――日本近代地主史論』（明文書房）『農林水産図書資料月報』37巻3号，農林統計協会，p.9.

4　新入生にすすめるこの一冊　宮教大生活協同組合『News』86年4月号，p.3.

6　新版歴史科学としての経済学〔共　嶋田隆・矢木明夫編〕　山川出版社，〔p.318〕pp.278-318.

7　農地改革と部落――部落の土地管理機能を中心として――　『歴史評論』435号，pp.32-45.

7　書評　大石嘉一郎編『近代日本における地主経営の展開――岡山県牛窓町西服部家の研究――』（御茶の水書房）　東京大学社会科学研究所『社会科学研究』38巻1号，pp.203-211.

9　近代工業の発祥地三居沢――2000錘紡績と最初の発電――　東北大学開放講座『人と国家と社会と――宮城経済近代のダイナミックス――』東北大学教育学部附属大学教育開放センター，pp.57-70.

9　みちのくを走る鉄道――鉄道政策と東北本線――　同上書，pp.83-99.

9　サーベル農政と開田事業――水稲単作農業の確立と農民――　同上書，pp.101-116.

9　自力更生と満州移民――恐慌・凶作・戦争の荒波の中で――　同上書，pp.131-144.

9　家庭科に，家庭科教師に贈る言葉　『新しい家庭科 We』5巻7号，ウイ書房，p.31.

10　地主制下における土地管理・利用秩序をめぐる対抗関係　『村落社会研究』22集，御茶の水書房，pp.1-38.

1987. 2　地域像再構成のために　全国放送公開講座研究会『地域課題と放送公開講座――その意義と問題点――』pp.4-5.

2　大学は二度入るところ　宮教大第 66 合同研究室『金曜会』1986-1987, p.1.
3　中村吉治先生逝去〔無〕　東北大学経済学部同窓会『経和会々報』20 号, p.1.
4　宮教大の先生がすすめる本　東北大学生活協同組合『教師になりたい人へ』pp.13-14.
5　農業の危機と日本国憲法　宮城憲法会議『宮城の憲法運動』pp.11-14.
6　教官がすすめる本　宮教大生活協同組合『すいせん図書』pp.10-11.
7　不当かつ公約違反の中曽根税制　宮教大職組『職組ニュース』45 号, pp.7-9.
7　集団転作と集落――宮城県米山町――・討論司会〔共〕　村研『研究通信』149 号, pp.11-15.
10　辞典項目　仙台織　『国史大辞典』8 巻, 吉川弘文館, p.450.
1988. 1　地域史と国家――「満州」移民研究をめぐって――　『宮城歴史科学研究』28 号, pp.1-10.
1　私の食物はだれが作ってくれるのか(1)　宮教大職組『第 20 期ニュース』21 号, (p.1)
1　私の食物はだれが作ってくれるのか(2)　同上『ニュース』22 号, (p.1)
1　私の食物はだれが作ってくれるのか(3)　同上『ニュース』23 号, (p.1)
2　私の食物はだれが作ってくれるのか(4)　同上『ニュース』25 号, (p.1)
2　いま教育に求められているもの　宮城県高等学校教職員組合登米支部教文部『ひたかみ』3 号, pp.1-10.
(再録　宮城県高教組登米支部『群論』1987 年度, 1988.3)
2　宮城師範発・東北大経由・宮教大行き――宮教大はいかにして創られてきたか――　安孫子麟教授講演会実行委員会『講演記録』pp.1-27.
2　旅立つ人に言葉を贈る　宮教大第 66 合同研究室『金曜会』1987-1988, pp.1-2.
3　農地改革実施過程にみられる諸問題　代表安孫子麟『農地改革による農業変革の理論的実証的分析――宮城県を事例として――』昭和 61・62 年度科学研究費補助金総合研究(A)報告書, pp.1-21.
3　「満州」分村移民と村落の変質――宮城県遠田郡南郷村の事例――　木戸田四郎教授退官記念論文集編集委員会編『近代日本社会発展史論』ぺりかん社, pp.321-351.
3　中村吉治先生を偲ぶ会開かれる〔無〕　東北大学経済学部同窓会『経和会々報』21 号, p.6.
3　新任教官挨拶　同上『会報』p.7.

4　東北農文協の歴史について――戦後民主化運動と東北農文協――〔座談会司会〕　『自然と人間を結ぶ』1988年4月号（農村文化運動，108号），農山漁村文化協会，pp.144-179.

4　映画「こどもたちの昭和史」を観て　宮城教育大学豊かな大学生活をきずく会『戦争を考える会第4回報告書』pp.3-8.

4　大学というところは……　東北大学経済学部昭和63年度『学習案内』pp.3-4.

7　宮城県の電気事業史　創童社編『東北の電気物語』東北電力株式会社，pp.335-382.

7　家族・家庭の未来像を求めて　北海道家教連編『北海道家教連20年のあゆみ』pp.32-41.

7　解題　中村吉治著『社会史論考』・社会史への歩み3（刀水書房）　同書所収，pp.377-393.

10　書評　故中村吉治先生の遺稿集『社会史への歩み』全4巻　『河北新報』昭和63年10月21日号.

11　中村吉治先生の遺稿等公刊される　東北大学経済学部同窓会東京支部『東京経和会報』12号，p.6.

12　序文　加藤治郎著『日本農業変遷史（資料）――付宮城県農業史（資料）』東北農業技術調査所，（p.1）

1989. 1　家，家族・家産・家業　村研『研究通信』155号，pp.9-11.

3　国際化時代の日本農業をめぐる状況　宮城教育大学 村・食糧・農業に関する公開講座グループ『国際化時代の食糧問題』pp.31-46.

4　大学で学びたい人に　東北大学経済学部平成元年度『学習案内』pp.31-46.

4　教官がすすめる入門書　東北大学生活協同組合書籍部『'89教科書購入マニュアル』pp.37-38.

6　天皇をめぐる空間と時間――国民の歴史的意識確立のために――　宮城県教職員組合『教育文化』280・281号，pp.2-8.

8　東北大農研「松川を守る会」　松川事件無罪確定25周年記念出版委員会編『私たちの松川事件』昭和出版，pp.134-137.

9　辞典項目　名子抜け，名子・被官　『国史大辞典』10巻，吉川弘文館，p.345.

1990. 1　近代東北の農業問題　『高校通信――日本史・世界史――』160号，東京書籍，pp.6-7.

4　開会の挨拶・閉会の挨拶――第17回東北農文協シンポジウム『現段階における東北農業の地域的・技術的課題――有機・低農薬栽培の技術と地域

協同——』　『自然と人間を結ぶ』1990 年 4 月号（農村文化運動，116 号）pp.3, 110.

4　大学で学びたい人に　東北大学経済学部平成 2 年度『学習案内』pp.3-4.

5　推薦　満州移民の基礎資料を提供する『資料集成』　『満州移民関係資料集成』全 40 巻，パンフレット，不二出版，（p.1）

6　書評　河北新報社編『百姓元年——農業おもしろ宣言——』（河北新報社）『河北新報』平成 2 年 6 月 25 日号.

6　昭和 20 年 8 月 15 日　旅順高等学校向陽会『向陽』1990 年号，pp.126-127.

7　ゲリラから統一闘争へ　小樽商科大学教職員組合『商大職組 35 年のあゆみ』pp.52-54.

7　研究紹介——日本経済近代化に関する研究——　『東北大学学報』1275 号，pp.1-3.

10　経済学・農業経済学の研究動向　転換期の家と農業経営　『村落社会研究』26 集，農山漁村文化協会，pp.225-231.

11　農地改革の功罪　『日本学』16 号，名著刊行会，pp.86-93.

1991. 3　故佐藤正氏主要著作目録　佐藤正著『国際化時代の農業経営様式論』農山漁村文化協会，pp.241-248.

3　イギリス管見　東北大学経済学部同窓会『経和会々報』24 号，p.4.

4　『函館市史』通説編第 2 巻の魅力　函館市史編さん室『地域史研究はこだて』13 号，pp.128-129.

4　専門分野を学ぶ意味　東北大学経済学部平成 3 年度『学習案内』p.3.

4　開会の挨拶・閉会の挨拶・農業の怒りと涙を分かち合いたい——第 18 回東北農文協シンポジウム『有畜複合経営と地域協同』　『自然と人間を結ぶ』1991 年 4 月号（農村文化運動，120 号）pp.3-4, 74, 122.

5　忘れられない一言　島崎稔追悼文集刊行会編『回想・島崎稔』時潮社，pp.134-135.

5　穀物自給政策下の高地・寒冷地農業における土地利用の調査——日本と西ヨーロッパとの比較研究——　経和会記念財団『平成 2 年度研究成果概要』pp.30-32.

8　自治体史編纂をめぐる諸問題——宮城県の事例を中心として——　中新田町史編さん委員会『中新田町史研究』5 号，pp.1-14.

8　ハイランドの村　東北大学経済学部同窓会東京支部『東京経和会報』18 号，p.4.

9　ゆとりある住生活への提言〔共〕　宮城ゆとりある住生活懇談会編，宮城県，〔p.21〕全ページ.

10　歴史の標――志津川町誌Ⅲ・歴史編――〔共　志津川町誌編さん室編〕志津川町，〔p.917〕pp.429-582, 713-896.
10　憲法会議の役割　宮城憲法会議『1992 年度総会議案』pp.1-2.
1992. 1　"研究第一主義" ということ　『東北大学学報』1312 号，pp.10-12.
3　記念座談会　土地と村落を追い求めて――安孫子麟教授にきく――　『研究年報経済学』53 巻 4 号，pp.177-207.
3　安孫子麟教授略歴・著作目録　同上誌，pp.209-220.
3　もう一つの研究の場　東北大学経済学部同窓会『経和会々報』25 号，p.2.
3　安孫子麟教授著作目録　東北大学記念資料室『著作目録』459 号，pp.1-25.
3　辞典項目　地主制，地主制論争，手作地主　大阪市立大学経済研究所編『経済学辞典』第三版，岩波書店.
3　解題Ⅱ　佐藤正著『農業生産力と農民運動』　同書，農山漁村文化協会，pp.196-202.
4　開会の挨拶・総括および閉会の挨拶――第 19 回東北農文協シンポジウム『90 年代有畜複合経営――その課題と展望』　『自然と人間を結ぶ』1992 年 4 月号（農村文化運動，124 号）pp.3, 102-103.
4　補論・宇佐美報告をめぐる論点の整理　同上誌，pp.104-106.
6　今日の自治体史編纂をめぐって　『歴史評論』506 号，pp.2-11, 21.
10　「晴山文書」について　『東北大学附属図書館報木這子』17 巻 2 号，pp.2-6.
11　労働とジェンダー　女性学セミナー企画委員会『平成 3 年度女性学セミナー学習記録』仙台中央市民センター，pp.26-39.
1993. 7　宮城師範発・東北大経由・宮教大行――1993.2.4 安孫子麟教授講義要旨――　宮城教育大学同窓会叢書第 1 集　同同窓会，pp.1-27.
7　平和経済学の課題と構想　いわき短期大学『平和経済学の理論的構成に関する基礎研究』第 4 集，pp.47-59.
1994. 3　仙台経済圏の経済的発展からみた特性〔共・6 名〕　日本学術会議『平成 5 年度地域学術力向上のためのふるさと学会報告書』pp.123-144.
7　現代農村の生産関係と社会関係――ムラ・イエの解体論をめぐって――東北社会学会『社会学年報』23 号，pp.1-20.
10　村落研究　これからの課題　日本村落研究学会『年報村落社会研究』30 集――家族農業経営の変革と継承――　農山漁村文化協会，pp.7-25.
10　近代村落と共同体的構成　安孫子麟編著『日本地主制と近代村落』創風社，pp.5-24.

1995. 1　家庭科教育と国際家族年　　宮城県民間教育研究団体連絡協議会『カマラード』16号，pp.4-15.

3　東北における女性の社会進出の促進に関する調査研究報告書〔共〕　　東北開発研究センター，pp.19-30, 124-146, 166-168.

10　環境的生存条件と農業環境政策　　東日本国際大学『平和経済学の理論的構成に関する基礎的研究』第5集，pp.31-51.

1996. 3　「満州」分村移民の思想と背景　　東日本国際大学『研究紀要』1巻1号，pp.35-54.

1998. 9　戦時下の満州移民と日本の農村　　『村落社会研究』5巻1号，pp.1-8.

9　日本との比較における中国の農業過剰労働力移動の特質〔共〕　　東日本国際大学『研究紀要』4巻1号，pp.89-109.

1999. 10　宮城県の百年――県民の100年史　　山川出版社，pp.304＋30.

2000. 3　東北産業の展開に関する一私論　　東日本国際大学『地域経済研究所年報』3号.

2001. 1　占領下　大学の自由を守った青春――東北大学イールズ闘争50周年記念――〔共〕　　同実行委員会，pp.14-23, 43-46, 56-58, 74-87, 271-278.

5　シンポジウム20世紀の農業・農民をふり返り21世紀を考える　　吉田寛一先生米寿祝賀会『農民の心　農業の論理』pp.45-57, 60-66, 75-76.

2003. 9　「満州」移民政策における分村送出方式の意義　　中国社会科学院日本研究所国際シンポジウム第21回　報告集.
（再録　季刊中国刊行委員会『研究誌季刊中国』76号，pp.33-42.）

2004. 3　満州移民と日本の農村　　仙台市歴史民族資料館『調査報告書――足元からみる民俗（12）』22集，pp.45-67.

5　科学を学ぶ力を求めて――第66合研の9年間――　　『学ぶを学びなおす』共同探求通信22号，pp.68-87.

6　二十一世紀からみた村研の五十年　　『村落社会研究年報39――21世紀村落研究の視点』　農山漁村文化協会，pp.7-34.

編集後記

安孫子麟著作集との関わりは，2020 年夏に安孫子先生から解題を依頼する手紙をうけとってからである。その年の春，日本でもコロナによるパンデミックが始まり，不要不急のスローガンのもと，それまで当たり前とされていた対面での会話や移動がはばかられるようになっていた。先生は，翌 2021 年 9 月 4 日に 92 歳で逝去された。研究者としての先生を心から尊敬し，著作集の刊行を楽しみにしていた奥さまの安孫子敬子さんも 3 ヵ月後に後を追うように亡くなった。この著作集を，おふたりの生前にお届けできなかったことが残念でならない。

それまで面識がなかった 2 人の解題者（第 1 巻 森武麿，第 2 巻 永野由紀子）が互いに連絡を取り合うようになったのは，今年になってからである。解題原稿を脱稿してから数年が経っていた。出版社に問い合わせたところ，著作集のゲラは 2 巻ともすでにできあがっていた。大部のゲラと 2 つの解題が揃っているにもかかわらず，著作集を出版できないことは，安孫子先生の研究上の偉業を著作のかたちで世に出すことの意義を一段と知るようになった解題者にとって，耐えがたいことだった。安孫子麟著作集刊行会の中心だった大和田寛さん（元仙台大学）の体調不良が分かり，出版実現に向けての協力を頼まれ，実質的な編集を引き継ぐことになった。解題者が，編集後記を書くことになったのは，このような経緯による。

安孫子先生の論文集を出版する話は，先生が東北大学を退官された 30 数年前にさかのぼるようである。小樽商科大学・宮城教育大学・東北大学の安孫子ゼミナールの OB・OG 会が合同で刊行会をたちあげ，固辞する先生を説得して出版の準備を進めていたと聞いている。そこには，ひとつひとつの論文が高く評価されながら，入手しにくくなったという若い研究者の声に応えたいという思いがあったようだ。発足当初の刊行会の中心は，小樽商大安孫子ゼミの第 1 期生で東北大学大学院農学研究科でも先生の指導を受けた中村福治さん（元立命館大学）である。第 1 巻を地主制論，第 2 巻を村落論とする 2 巻の著作集の構成や章立て，どの論文を収録するかといったことは，安孫子先生ご自身と中村福治さんとで話し合って決めたと聞き及んでいる。先生の長い研究生活における多くの労作のなかから取捨選択して 2 冊にまとめることは，容易な作業ではなかったはずである。解題を依頼されたときに刊行会から送られてきた章立てには，各巻の巻頭に「序論」がついていた。「序論」は，先生ご自身が執筆されるつもりだったと推察している。今は，この序論の内容を確かめる術もない。

中村さんが早世され，その後の事情は分からないが，出版は長く実現しなかった。解題者は，長く複雑な過程の最後に，著作集刊行会の名前で送られてきた正式な執筆依頼によって，初めてその存在を知った。こうした経緯もあり，刊行会のメンバーの人数や顔ぶれはもとより，個々のメンバーが著作集を世に出すために尽力してきた内容や思いを具体的に知る位置にいない。大学教員としての安孫子先生の勤務先は，小樽商科大学，宮城教育大学，東北大学である。母校の東北大学経済学部に赴任したのは退官の 4 年前である。研究者を養成するにはあまりに短い期間である。刊行会のメンバーは，研究者よりも，小樽商大と宮教大のゼミナールで指導を受けて活躍する社会人や小中校の教員の教え子のほうが多かったはずである。卒業後も，市民向けの公開講座や勉強会に参加していたメンバーもいたようである。もっともすぐれた研究者だけが，研究レベルを下げることなく教育できる。安孫子先生が一流の研究者であると同時に一流の教育者であったことはいうまでもない。この著作集を出版することができたのは，何よりも，先生の研究を世に出そうとする安孫子麟著作集刊行会の強い意志と希望である。人間として，研究者として，教育者としての先生に対する深い敬意と，卒業後も温かくご自宅に迎えてくれた先生ご夫妻への感謝の思いがなければ，長い時を経た先生の最晩年に，出版の企画が再興するはずがない。

実質的な編集を引き継ぐにあたって，解題者は，安孫子麟著作集刊行会の名前を引き継ぐと同時に，先生の意図をそこなわないように原文を変えないとする編集方針を確認した。だが，1950 年代に出版された論文もあり，手を加えないわけにはいかない参照文献の記載や注の配置はあった。編集の不手際や不十分さは，この間の事情をおくみとりいただき，ご寛恕願うほかない。

最後になったが，学術書の出版事情が厳しい中，出版を引き受け，長きにわたる出版までの時間を辛抱強くおつきあいいただいた八朔社の片倉和夫氏には，大変お世話になった。先生の３人のお子さま（稲の生長を表わす名をもつ富永佳苗さん，安孫子一穂さん，安孫子秀実さん）には，写真を提供していただいた。心からお礼申し上げたい。

2024年８月

編集を代表して　永野　由紀子

〔著者略歴〕

安孫子　麟（あびこ　りん）

本籍　山形県寒河江市

1928 年 9 月 12 日　北海道旭川市に生まれる。

1945 年 3 月　奉天第一中学校卒業

1945 年 7 月　旅順高等学校理科甲類入学

1945 年 8 月　敗戦により旅順高等学校廃校

1946 年10月　山形高等学校（旧制）理科甲類転入学

1949 年 4 月　東北大学経済学部入学

1952 年 4 月　同大学院入学

1954 年 3 月　東北大学助手（農学研究所）採用

1965 年12月　小樽商科大学助教授

1972 年 4 月　宮城教育大学教育学部教授

1988 年 4 月　東北大学経済学部教授

1989 年 9 月　中国東北師範大学日本経済研究所客員教授

1992 年 3 月　東北大学停年退官

1992 年 4 月　いわき短期大学教授

1995 年 4 月　東日本国際大学教授

2000 年 3 月　東日本国際大学退職

2021 年 9 月 4 日　逝去

安孫子麟著作集 2
日本地主制と近代村落

2024年12月25日　第1刷発行

著　者　安 孫 子　麟
発行者　片　倉　和　夫

発行所　株式会社　八（はっ）朔（さく）社（しゃ）
101-0062 東京都千代田区神田駿河台1-7-7
Tel 03-5244-5289　Fax 03-5244-5298
http://hassaku-sha.la.coocan.jp/
E-mail：hassaku-sha@nifty.com

組版・森健晃／印刷製本・藤原印刷
ISBN 978-4-86014-118-9